职场办公，一本就够，案例教学，提高效率，不加班

兼容 Office 2010/2013/2016 版本

Word
Excel
PPT

职场办公

从新手到高手

案例全彩版

互联网＋计算机教育研究院 编著

人民邮电出版社

北 京

图书在版编目（CIP）数据

Word Excel PPT职场办公从新手到高手：案例全彩版 / 互联网+计算机教育研究院编著. -- 北京：人民邮电出版社，2017.9（2022.8重印）
ISBN 978-7-115-46389-0

Ⅰ. ①W… Ⅱ. ①互… Ⅲ. ①办公自动化—应用软件
Ⅳ. ①TP317.1

中国版本图书馆CIP数据核字(2017)第168267号

内 容 提 要

本书主要讲解 Office 2013 的 3 个主要组件 Word、Excel 和 PowerPoint 在职场办公中的实战应用。全书分为"行政篇""人力资源篇""市场篇""物流篇""财务篇"，基本覆盖了目前 Office 软件的常用领域。在每一篇中，将结合该领域的实际情况，通过制作各种极具实用性的文件，使读者不仅可以掌握相关文件的制作方法，还能进一步提高使用 Office 2013 中各个组件的水平。

本书适合需要编写及美化简历、论文和报告等文档的院校师生，适合需要快速掌握 Office 办公应用能力的职场新人，适合需要处理办公文件、制作各种专业报告和商务演示文稿的文秘、行政、人事等部门的人员，适合需要制作各种销售、财务报表的市场营销和财务人员等。

◆ 编　著　互联网+计算机教育研究院
　　责任编辑　刘海溧
　　责任印制　彭志环

◆ 人民邮电出版社出版发行　　北京市丰台区成寿寺路11号
　　邮编 100164　　电子邮件 315@ptpress.com.cn
　　网址 http://www.ptpress.com.cn
　　固安县铭成印刷有限公司印刷

◆ 开本：700×1000　1/16
　　印张：20　　　　　　　　　　2017 年 9 月第 1 版
　　字数：456 千字　　　　　　　2022 年 8 月河北第 6 次印刷

定价：49.80 元（附光盘）
读者服务热线：(010)81055256　　印装质量热线：(010)81055316
反盗版热线：(010)81055315

前 言
PREFACE

　　日常办公中，很多领域都会使用 Office 软件来制作各种文件，例如，使用 Word 制作各种通知、规章和制度等文档；使用 Excel 进行数据录入和管理，以制作考勤表、工资表和销售分析表等各种电子表格；使用 PowerPoint 来制作各种报告、演讲、展示和培训演示文稿等。本书汇集了当下使用 Office 软件最频繁的几个领域的实用性案例，介绍如何使用 Office 2013 的 3 大组件来完成实际工作中的各种文件制作。

■ 内容特点

　　本书以案例带动知识点的方式来讲解 Office 2013 在实际工作中的应用：每章组织一个行业案例，强调了相关知识点在实际工作中的具体操作，实用性强；每个操作步骤均进行了配图讲解，且操作与图中的标注一一对应，条理清晰；文中穿插有"操作解谜"和"技巧秒杀"小栏目，补充介绍相关操作提示和技巧；另外，每章均设有"边学边做"和"知识拓展"，其中，"边学边做"给出了相关操作要求和效果，重在锻炼读者的实际动手能力，"知识拓展"为读者提供了相关知识的补充讲解，便于读者课后拓展学习。

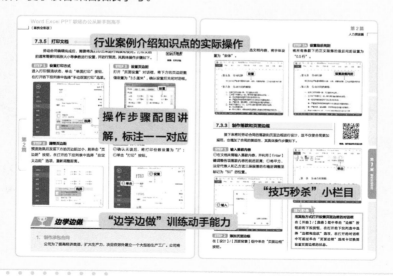

■ 配套资源

　　本书配有丰富的学习资源，以使读者学习更加方便、快捷。配套资源具体内容如下。

视频演示： 本书所有的实例操作均提供了教学微视频，读者可通过扫描二维码进行在线学习，也可通过光盘进行本地学习。此外，读者在使用光盘学习时可选择交互模式，也就是光盘不仅可以"看"，还提供实时操作的功能。

素材、效果文件： 本书提供了所有实例需要的素材和效果文件，素材和效果文件均分章保存，便于读者查找。例如，如果读者需要使用第 3 章中的"制作商务邀请函"素材文件，按"光盘 \ 素材 \ 第 3 章 \"路径打开光盘文件夹，即可找到该案例对应的素材文件。

海量相关资料： 本书配套提供 Office 办公高手常用技巧详解（电子书）、Excel 常用函数手册（电子书）、十大 Word/Excel/PPT 进阶网站推荐以及 Word/Excel/PPT 常用快捷键等有助于进一步提高 Word/Excel/PPT 应用水平的相关资料。

　　为了更好地使用这些内容，保证学习过程中不丢失这些资料，建议将光盘中的内容复制到硬盘中使用。另外，读者还可以从 http://www.ryjiaoyu.com 人邮教育社区下载后续更新的补充材料。

■ 鸣谢

　　本书由互联网＋计算机教育研究院编著，参与资料收集、视频录制及书稿校对、排版等工作的人员有肖庆、黄晓宇、蔡长兵、牟春花、蔡飓、曾勤、廖宵、李星、罗勤、何晓琴、蔡雪梅、罗勤、张程程、李巧英等，在此一并致谢！

编者

2017 年 5 月

CONTENTS 目录

第1篇
行政篇

第 4 章

制作来访登记表 ………… 41

第 5 章

制作办公用品申领单 ……… 51

第 6 章

制作年终分析与总结 PPT
……………………………… 65

CONTENTS 目录

第2篇
人力资源篇

CONTENTS 目录

第 **3** 篇
市场篇

CONTENTS 目录

第4篇
物流篇

CONTENTS 目录

第 5 篇
财务篇

X

第1篇

第1章

制作并打印通知

无论是大企业还是小公司，都会涉及各种日常文书的使用。通知是常见的一种文书，它准确且全面地传达上级对下级的各种要求和指示。本章将详细介绍一则较为正式的通知的制作方法，通过制作过程掌握 Word 2013 中的各种基本操作。

☐ 设置字符格式

☐ 设置段落格式

☐ 添加项目符号和编号

☐ 设置底纹和边框

☐ 使用格式刷快速应用格式

☐ 拼写和语法检查

☐ 预览并打印通知

1.1 背景说明

通知是运用广泛的知照性公文，是用来发布法规、规章，转发上级机关、同级机关、不相隶属机关的公文，以及批转下级机关，要求下级机关办理某项事务的公文等。通知的应用极为广泛，如下达指示、布置工作、传达有关事项、传达领导意见、任免干部和决定具体问题等，都可使用通知。

1.1.1 常见通知的分类

根据适用范围和内容的不同，通知可以分为以下 6 类。

- **指示性通知**：用于上级机关对下级机关布置任务、指示和安排工作时使用的通知，如《国务院关于今年下半年各级政府不再出台新的调价措施的通知》等。
- **颁发性通知**：国家机关发布（印发、下达）有关规定、办法、实施细则等规章和发布有关重要文件时使用的通知。所发布的规章名称要出现在主标题中，并使用书名号，如"林业部关于发布《中华人民共和国陆生野生动物保护实施条例》的通知"等。
- **批转性通知**：将有关公文作为附件下发的通知，主要用于批准下级机关，再转发给其他下级机关或有关单位贯彻执行时使用的通知，如《省政府办公厅转发省教育厅等部门关于进一步做好生源地信用助学贷款工作意见的通知》等。
- **转发性通知**：用于转发上级机关和不相隶属的机关的公文给所属人员，让其周知或执行的通知，如《××镇人民政府转发××县人民政府关于做好乡村环境卫生综合治理工作总结的通知》等。
- **任免性通知**：用于上级机关任免下级机关的领导人或上级机关在需要下达有关任免事项却不宜用任免命令时使用的通知，如《××县人民政府关于×××等同志职务任免的通知》等。
- **事务性通知**：指关于一般事项的通知，主要用于处理日常工作中带事务性的事件，常把有关信息或要求用通知的形式传达给有关机构或群众。

1.1.2 通知的组成部分

通知一般是由标题、发文字号、主送机关（称呼）、正文、落款、主题词和抄送等 7 部分组成，如下图所示。

- **标题**：位于第一行正中，可直接以"通知"为题，或采用公文标题的常规写法，即由发文机关、事由和文种组成，

也可以省略发文机关。
- **发文字号**：发文字号一般标注在标题之下、横线上方、居中。发文字号由发文机关代字、发文年度和顺序号 3 部分组成。
- **主送机关**：指发文机关要求对公文进

行办理或给予答复的机关，应使用全称或规范化的简称，在第二行顶格写。如主送机关较多，要注意排列的规范性。

- **正文**：叙述通知缘由、通知事项和执行要求。
- **落款**：分两行显示在正文右下方，一行署名，一行写日期。
- **主题词**：为便于计算机管理和查找，根据通知内容优选的词或词组。
- **抄送**：需要了解通知内容以便协助办理或周知的机关或部门，位于主题词之下、印发机关之上。

1.2 案例目标分析

本例要求制作一个关于公司配备业务手机卡、手机接听和电子邮件等相关事项的通知。公司发布的《通信费用管理有关规定》已经实施了一段时间，实施过程中反映出了一些问题。本例制作的通知就是针对这些问题而对员工提出了新的要求。因此，通知的内容首先应该提出员工在执行规定时出现的问题，然后再根据这些问题制定新的规定。这个通知非常重要和正式，因此可将其标题设计为红头文件效果。文档制作完成后的参考效果如下。

阿玛斯尔股份有限公司文件

阿玛斯尔〔2016〕17 号

关于公司配备业务手机卡、手机接听和电子邮件等相关事项的通知

公司各部门：

2015 年 12 月，公司印发了《通信费用管理有关规定》[阿玛斯尔〔2015〕60 号]，对通信费报销范围、标准、手机卡管理、手机接听等事项做出了规定，运行两年多来，总体执行效果良好，但是，仍存在一些问题。

- 一是个别部门擅自扩大通信费报销范围。
- 二是擅自提高报销标准。
- 三是一人使用多个手机卡，私人手机卡号码和公司配备的业务手机卡号码区分不清，甚至在公司业务活动中使用私人手机号码。
- 四是有部分话费报销人员（包括个别高管人员）未能执行公司《通信费用管理有关规定》，擅自更换公司配备的业务用手机号码，或者未能执行"凡享受报销话费待遇者，应 24 小时开机，确保通信畅通"的规定，不接听电话或关机，造成无法联系，严重影响工作和沟通等现象。

为进一步加强通信管理，保持通信畅通，现就公司配备业务手机卡和手机接听等有关事项通知如下。

一、重申严格执行公司《通信费用管理有关规定》[阿玛斯尔〔2015〕60 号]文件的有关规定。

二、未经公司信息中心、财务部门标准同意，任何部门不得擅自扩大移动电话报销范围或提高话费报销标准。管理中心、总经办、信息中心、财务中心等部门对现有报销移动话费的人员岗位情况和话费标准进行评估和调整。

三、凡属报销范围的人员，所配备的手机号码为公司资源和公司业务电话，不得擅自更换手机号码，确调换号（或停机）时，要通知信息中心，办理相关手续，新号码启用由信息中心或子公司信息员办理，子公司由报销人或（子公司或子公司下属的注册分公司）出具相关户主手续，并报信息中心备案。

四、所有享受公司报销移动话费的人员，从本月起，手机卡必须过户到公司名下。报销发票抬头必须是公司或公司，发票抬头是个人的，一律不予报销。

五、公司配备的业务手机号码、电子信箱是唯一的，是公司的重要资源。在业务活动中，所印制的名片上，必须使用上述号码和电子邮箱，报销话费和名片印制费用时，要附报发票和名片样品。

六、公司不提供一人报销多个手机号码，特别是管理层以上职务人员。公司内部联系或对外业务活动，一律使用公司配备的手机号码，严格使用非公司配备的手机号码。

七、凡报销移动话费的人员，调整岗位或离职时，必须办理手机卡交接

1.3 制作过程

本例首先需输入通知的所有内容，然后依次为文本和段落设置各种格式来美化文档，接着为重点文字和段落设置底纹和边框，以突出显示具体的内容。完成内容编辑后，还需对通知的内容进行拼写和语法检查，最后阅览文档，确保内容正确后将其打印。

1.3.1 设置字符格式

首先，拟出通知内容并输入到 Word 中，并对输入的文本进行格式设置和美化，包括设置字体、字号、字体颜色，添加下划线等，其具体操作步骤如下。

微课：设置字符格式

第 1 篇

> **STEP 1　启动 Word 2013**
> ❶单击桌面左下角的"开始"按钮；❷选择【所有程序】选项，在打开的菜单中依次选择【Microsoft Office 2013】/【Word 2013】选项。

> **STEP 2　保存空白文档**
> ❶启动 Word 2013 后，按【Esc】键退出默认界面，然后单击快速访问工具栏中的"保存"按钮；❷在打开的界面中单击右侧的"浏览"按钮。

技巧秒杀

快速启动Word 2013

如果桌面上存在Word 2013的快捷启动图标，则可双击该图标将其启动；另外，若经常使用Word 2013，"开始"菜单中会直接显示Word 2013的启动选项，选择该选项也可快速将其启动。

STEP 3 设置文档的保存位置和名称

❶打开"另存为"对话框,利用左侧的导航窗格选择文档的保存位置;❷在"文件名"下拉列表框中输入"通知";❸单击"保存"按钮。

STEP 4 输入通知内容

根据实际情况输入通知的所有内容,注意第三行和第五行需要按【Enter】键留下空行。为了提高练习效率,本书附赠的光盘中提供了通知的所有内容,打开"通知.txt"按【Ctrl+A】组合键全选文本,并按【Ctrl+C】组合键复制文本,然后在 Word 2013 中按【Ctrl+V】组合键粘贴到文档中即可。该素材地址为"光盘\素材\第 1 章\通知.txt"。

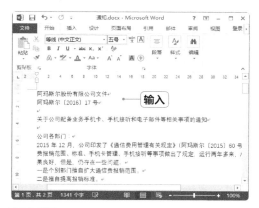

STEP 5 设置标题的字体和字号

❶拖动鼠标,选中第一行标题文本;❷选择【开始】/【字体】组,单击"字体"下拉列表框后

的下拉按钮,在打开的下拉列表框中选择"方正姚体"选项;❸按相同的方法在"字号"下拉列表框中选择"48"选项。

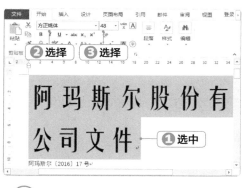

操作解谜

找不到字体怎么办

如果在 Word 中未找到需要的字体,表明该字体并没有安装在计算机中。这时只需将获取的字体文件存放在系统盘的字体文件夹中即可使用。举例来说,系统盘为 C 盘,获取的字体文件在 F 盘中,只需选择该字体文件并复制,然后打开"C:\Windows\Fonts"窗口,粘贴复制的字体文件即可。

STEP 6 设置标题的字体颜色

❶保持文本的选中状态,在【开始】/【字体】组中单击"字体颜色"按钮后的下拉按钮;❷在打开的下拉列表中选择"红色"选项。

操作解谜

注意字形和字体的应用场合

在启事、通知等行政公文中尽量不要设置字形，且字体常使用宋体和黑体等。

STEP 7 设置发文字号的字号

❶拖动鼠标，选中标题下方发文字号文本；❷按照相同的方法将其字号设置为"小四"。

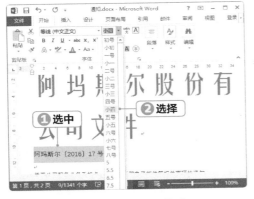

STEP 8 设置副标题的字符格式

选中副标题文本，按照相同的方法设置其字体为"方正黑体简体"，字号为"二号"。

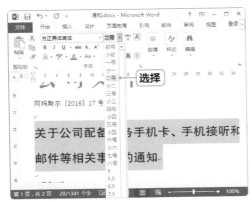

STEP 9 设置文档的英文字体

❶按【Ctrl+A】组合键全选文档；❷在【开始】/【字体】组的"字体"下拉列表中选择"Times New Roman"选项，更改文档的英文字体。

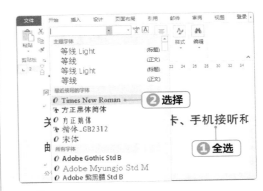

操作解谜

为什么中文字体不发生变化

全选文本后，文本一般都会包含中文、数字和英文字母。而"Times New Roman"字体只会针对数字和英文字母，因此中文不会应用该字体而产生变化。需注意的是，中文里的全角引号会发生变化。

STEP 10 设置标题字符缩进

❶选中标题文本，单击【开始】/【字体】组中的"对话框启动器"按钮，在打开的"字体"对话框中单击"高级"选项卡；❷在"间距"下拉列表中选择"紧缩"选项；❸在"磅值"数值框中输入"7磅"；❹单击"确定"按钮，将标题设置为1行显示。

1.3.2 设置段落格式

通知属于较为正式的文档，为了体现这种正式感，一般应将其标题居中对齐，落款为右对齐。同时为了减轻阅读纯文字引起的视觉疲劳，应适当调整字号和行距，其具体操作步骤如下。

微课：设置段落格式

STEP 1 设置对齐方式

❶保持标题的选中状态，然后在按住【Ctrl】键的同时依次选中发文字号和副标题；❷在"段落"组中单击"居中"按钮，使其居中对齐。

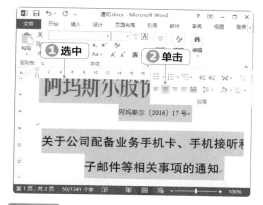

STEP 2 调整落款对齐方式

❶选中除抄送词外的落款文本；❷在【开始】/【段落】组中单击"文本右对齐"按钮，使其右对齐。

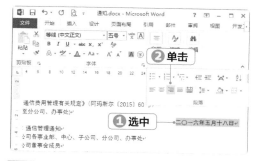

STEP 3 设置正文的段落格式

❶选中主送机关和落款之间的所有正文，在【开始】/【段落】组中单击"对话框启动器"按钮，打开"段落"对话框，在"缩进和间距"选项卡的"缩进"栏中设置特殊格式为"首行缩进"，缩进值为"2字符"；❷单击"确定"按钮。

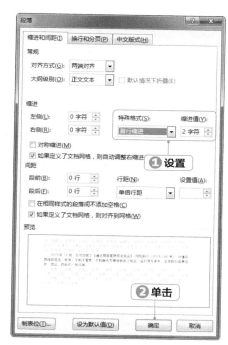

STEP 4 设置标题的行距

选中发文字号文本，按相同的方法打开"段落"对话框，在"缩进和间距"选项卡中的"间距"栏中设置段前为"2.5行"，段后为"1.5行"。

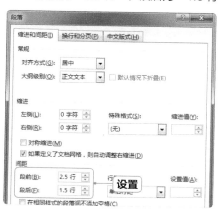

STEP 5 设置副标题的行距

❶选中副标题文本，打开"段落"对话框，在"间距"栏中设置段前为"1 行"，段后为"2 行"；
❷在"行距"下拉列表框中选择"固定值"选项；
❸在"设置值"数值框中将磅数设置为"30 磅"。

STEP 6 设置正文的行距

❶选中包括称呼在内的正文；❷单击【开始】/【段落】组中的"行和段落间距"按钮，在打开的下拉列表中选择"1.5"选项。

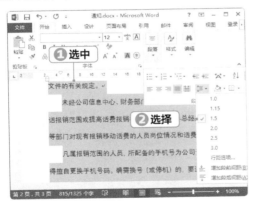

STEP 7 设置落款的段前间距

选中落款文本，打开"段落"对话框，在"间距"栏中设置段前和段后均为"2 行"。

STEP 8 设置字体大小

❶选中除标题外的所有文本；❷将字号设置为"13"。

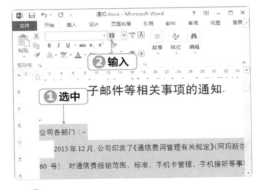

操作解谜

字号的设置

在Word中可以直接选择预设的各种字号选项，也可以通过输入来确定字号大小。

1.3.3 添加项目符号和编号

员工出现的问题罗列在文档中一般都是并列的关系，可以考虑使用项目符号增强层次性，便于阅读。对员工新的要求则具有顺序性，因此考虑为其添加编号来体现前后关系，其具体操作步骤如下。

微课：添加项目符号和编号

第1篇

STEP 1　设置项目符号

❶选中"一是……"~"四是……"这 4 个段落；❷单击【开始】/【段落】组中"项目符号"按钮后的下拉按钮；❸在打开的下拉列表中选择实心圆点符号作为项目符号。

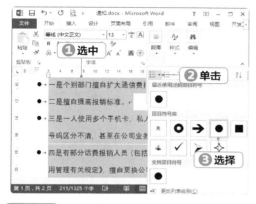

STEP 2　设置编号

❶选中"为进一步加强通信管理……"段落后面的连续 10 个段落；❷单击【开始】/【段落】组中"编号"按钮后的下拉按钮；❸在打开的下拉列表中选择样式为"一、二、三……"的编号。

STEP 3　调整缩进

❶确认文档中显示出了标尺，如果没有，则可在【视图】/【显示】组中选中"标尺"复选框，将其显示出来；❷将光标插入点定位到添加编号的第一个段落中的"60 号"前面，然后按住鼠标左键拖曳"悬挂缩进"滑块，将其拖至标

尺起始点，释放鼠标即可。

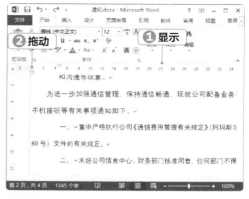

STEP 4　调整编号后的空距

❶保持光标插入点在当前的位置，打开"段落"对话框，单击"制表位"按钮，在打开的"制表位"对话框的"默认制表位"数值框中设置数字为"0字符"；❷单击"确定"按钮。

操作解谜

项目符号和编号后的间距

为段落添加项目符号和编号后，会出现一个格式标记（即符号后的间距），这个符号就是制表符，这个间距就是制表位。默认情况下，此间距为2字符，根据需要可适当更改该间距的字符数，以使文档更为规范、美观。

1.3.4 │ 设置底纹和边框

由于此通知涉及到《通信费用管理有关规定》，并需要将通知传送至各分公司和各办事处，因此这些重要信息需要利用底纹强调出来，避免忘记。另外，对于主题词、抄送等附加信息，为清晰显示，可以添加边框进行分隔。其具体操作步骤如下。

STEP 1 **添加底纹**

❶选中落款上面倒数两个段落；❷在【开始】/【字体】组中单击"以不同颜色突出显示文本"按钮后的下拉按钮；❸在打开的下拉列表中选择"灰色 -25%"选项。

STEP 2 **添加边框**

❶选中抄送词的第一行段落文本；❷在【开始】/【段落】组中单击"下框线"按钮后的下拉按钮；❸在打开的下拉列表中选择"边框和底纹"选项。

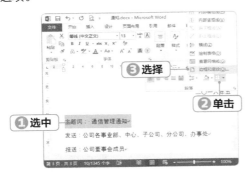

STEP 3 **设置边框**

❶打开"边框和底纹"对话框，默认显示"边框"选项卡，在右侧的"预览"栏中单击"下框线"

按钮，只显示下框线；❷单击"确定"按钮。

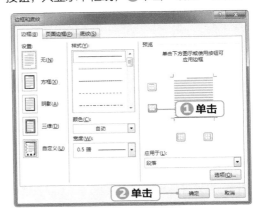

STEP 4 **设置边框**

❶选中抄送词的第三行段落文本；❷按相同的方法打开"边框和底纹"对话框，为所选段落文本添加上框线。

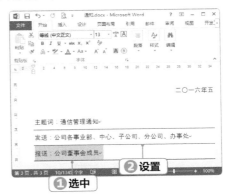

STEP 5 **设置边框**

❶选中抄送词的第四行段落文本；❷在【开始】/【段落】组中单击"下框线"按钮后的下拉按钮，在打开的下拉列表中依次选择"上框线"和"下框线"选项，为所选段落文本添加上下框线。

第1篇

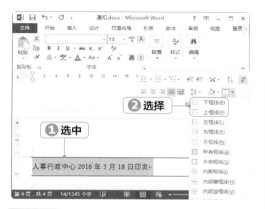

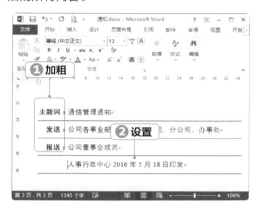

在行首按空格键的方法，将除第一行抄送词以外的各行段落文本向后适当移动，以对齐冒号后的所有内容。

STEP 6 设置抄送词的字符格式

❶选中抄送词冒号前的文本，单击【开始】/【字体】组中的"加粗"按钮，加粗文本；❷通过

1.3.5 | 使用格式刷快速应用格式

若需设置格式的段落或文本不连续，但它们需要设置的格式完全相同时，为了提高操作效率，可先对某个段落文本设置格式，然后使用格式刷快速复制格式，其具体操作步骤如下。

微课：使用格式刷快速应用格式

STEP 1 复制格式

❶将光标插入点定位到编号为"一、"的段落中；❷单击【开始】/【剪贴板】组中的"格式刷"按钮，复制段落格式。

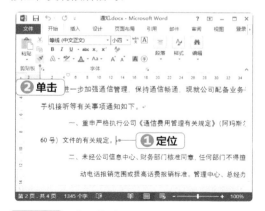

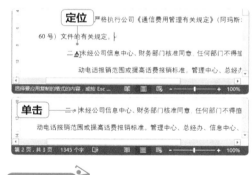

STEP 2 应用格式

鼠标指针变为 形状，单击鼠标左键不放选中编号为"二、"的段落文本，然后释放鼠标左键以应用该格式。

技巧秒杀

快速复制并应用格式

选中文本或段落后，按【Ctrl+Shift+C】组合键可复制格式；选中目标文本或段落，按【Ctrl+Shift+V】组合键可应用格式。

STEP 3 多次复制格式

❶双击"格式刷"按钮可进入格式刷状态；❷此后只需依次单击其余需应用格式的编号段落。

完成后再次单击"格式刷"按钮或按【Esc】键退出格式刷状态。

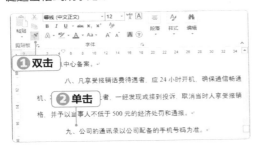

操作解谜

复制文本格式还是复制段落格式

文本格式与段落格式是不同的。如果拖动鼠标选中文本，则将复制文本格式；如果将光标插入点定位到段落中，或拖动鼠标选中整段文本，包括最后的段落标记，则将复制文本和段落的所有格式。

1.3.6 拼写和语法检查

在一定的语言范围内，Word 能自动检测文字的拼写和语法有无错误，便于用户对文档进行检查，其具体操作步骤如下。

微课：拼写和语法检查

STEP 1 检查语法

❶在【审阅】/【校对】组中单击"拼写和语法"按钮；❷打开"语法"窗格，在其中将显示错误的内容和建议更正的内容，单击"更改"按钮即可自动更改错误。

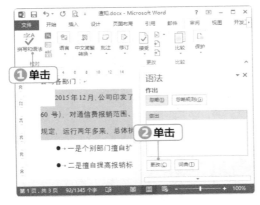

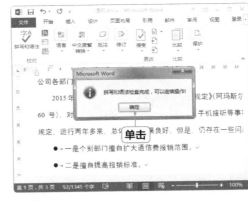

操作解谜

忽略错误

有时Word自动检查出来的语法错误实际上为正确的，则可在"语法"窗格中单击"忽略"按钮将其忽略。忽略后文本下方的绿色或红色波浪线将消失。

STEP 2 完成更改

打开提示对话框，单击"确定"按钮即可。

1.3.7 预览并打印通知

预览文档可以及时发现可能错误的排版样式，并在打印前及时改正，以免浪费纸张。下面介绍预览和打印文档的方法，其具体操作步骤如下。

微课：预览并打印通知

STEP 1　进入预览状态

❶单击界面左上方的"文件"选项卡,选择左侧的"打印"选项;❷在打开的界面的右侧即可预览文档的打印效果。

STEP 2　输入空格

预览后发现文档还缺少一条分隔线,此时可按【Esc】键退出预览状态。在发文字号下方的空行中按多次空格键输入一整行空格。

STEP 3　设置下划线

❶选中输入的空格;❷在【开始】/【字体】组中单击"下划线"按钮后的下拉按钮;❸在打开的下拉列表中选择第 3 种下划线样式。

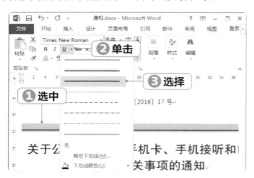

STEP 4　设置下划线颜色

❶保持空格的选中状态,单击"字体颜色"按钮后的下拉按钮;❷在打开的下拉列表中选择"红色"选项,设置下划线的颜色。

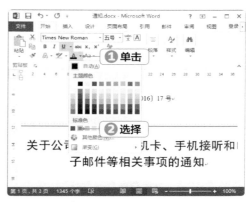

技巧秒杀

设置下划线颜色

单击"下划线"按钮后的下拉按钮,在打开的下拉列表中选择"下划线颜色"选项,可在打开的子列表中选择下划线颜色。

STEP 5　调整段后间距

重新选择发文字号段落文本,利用"段落"对话框将段后距离设置为"0 行"。

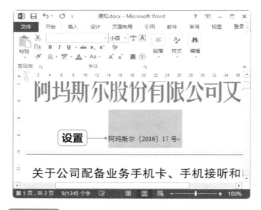

STEP 6　打印通知

❶重新预览通知,确认无误后将打印份数设置为"3";❷在"打印机"下拉列表框中选择

连接好的打印机；❸单击"打印"按钮即可。

操作解谜

缩放打印预览的缩略图

　　如果预览文档时看不清楚打印预览的缩略图，可对显示比例进行调整，以调整至合适的缩放比例进行查看。具体方法有三种：（1）单击"放大"和"缩小"按钮逐步调整；（2）拖动滑块快速调整；（3）按住【Ctrl】键不放，拨动鼠标滚轮直接进行调整。

边学边做

1. 制作会议记录

　　会议记录是在会议过程中，由记录人员把会议的组织情况和具体内容记录下来，并进行制作的规范性文档。会议记录要准确写明会议名称（要写全称）、开会时间、地点和会议性质，要仔细记录下会议中心议题以及围绕中心议题展开的与会议相关的重点内容，具体要求如下。

- 标题字体设置为"二号、加粗"，对齐方式设置为"居中对齐"。
- 加粗时间、地点、主持人、参加人、会议议题、讨论结果所在段落。
- 加粗最后两段落款段落，对齐方式设置为"右对齐"。
- 为会议议题下的 4 段文本添加"1. 2. 3.……"样式的编号。按相同的方法为讨论结果下的 5 段文本添加相同样式的编号。
- 选中会议议题下的 4 段文本，然后按住【Ctrl】键选中讨论结果下的 5 段文本，向右拖动标尺上的"首行缩进"滑块，将其缩进一格。

2. 制作会议通知

　　弄清楚该会议的具体内容，并在通知上写明。制作时要注意通知内容的拟定，如会议召开的地点、时间、参加人员以及注意事项等，具体要求如下。

- 标题字体设置为"黑体、二号"，对齐方式设置为"居中对齐"；第二段标题的段后距离设置为"自动"（单击数值框中的"向下微调"按钮）。
- 将称呼字体设置为"宋体、小四"，行距倍数设置为"1.5"。
- 正文第一段字体设置为"宋体、小四"，行距倍数设置为"1.5"，首行缩进设置为"2字符"。
- 会议时间、会议地点、会议主要内容、参加会议人员、有关要求这 5 个段落的字体设置为"宋体、小四、加粗",行距倍数设置为"2",添加"一、二、三、……"样式的编号,并将制表位距离设置为"0字符"。

- 利用格式刷复制第一段正文段落的格式,应用到会议主要内容下的三段段落和有关要求下的两段段落。
- 将最后两段落款段落的字体设置为"宋体、小四",行距倍数设置为"1.5",对齐方式设置为"右对齐"。

公司上半年工作总结会议记录

时间:2016年05月12日
地点:综合办公会议室
主持人:王蔚
参加人:公司领导、各部门经理、事业部代表
会议议题:
　1. 各部门上半年工作报告;
　2. 各部门上半年工作总结;
　3. 有关下半年的工作计划;
　4. 预期下半年所达目标。
讨论结果:
　1. 各部门上半年工作认真,通过不断的创新,为公司业绩创造了新的突破;
　2. 在上期工作中,企划部的表现尤为出色;设计部也推陈出新,新设计的产品赢得顾客申报并投入使用;客户部等部门的工作也有重大突破;
　3. 取得了成绩,但各部门需努力坚持自己的工作岗位,为公司和自己创造很多的利益;
　4. 各部门提交的工作计划得到了公司领导的赞赏,希望在某些细节上着重强调;
　5. 对预期的下半年工作目标需要再细化,并在会议后三个工作日内重新上呈至董事长办公室。

阿玛斯尔公司行政办公室
2016年05月12日

关于召开如何加强公司
经营管理的研讨及经验交流会的通知

各分公司经理和部门经理:
　为进一步加强公司的经营管理,经公司经理办公会决定召开一次关于如何加强公司经营管理的研讨及经验交流会,届时还将邀请到商务部领导及管理学专家作报告。各经理要通过此次会议,查找工作不足、总结管理经验、强化发展共识、明确责任事项,为实现企业快速发展、科学发展、和谐发展奠定基础。
一、会议时间:2016年11月17日
二、会议地点:公司第一会议室
三、会议主要内容
　1. 各位经理提出经营管理的想法或提出公司目前管理方法的不足及改进方案。
　2. 各位经理积极说出管理的经验,大家互相交流、学习。
　3. 领导及专家指导报告。
四、参加会议人员:公司领导、各分公司经理、部门经理
五、有关要求
　1. 请参会人员安排好工作,准时参加会议,无特殊情况不得请假,不到者后果自负。
　2. 公司各部门要高度重视此项工作,认真交流、积极讨论。工作安排要围绕在加强自身建设、提高管理经营能力,结合部门优势和业务特点,创新性地开展管理经营工作。

阿玛斯尔公司经理办公室
2016年10月10日

知识拓展

1. 标尺上的缩进滑块

利用"段落"对话框可以设置各种段落格式,包括对齐方式、行距、段前和段后距离,以及段落缩进等。但如果只需要设置段落的缩进格式,完全可以利用 Word 标尺上提供的4种缩进滑块来实现,方法为:定位到段落或选中整个段落后,拖动相应的缩进滑块即可。如果按住【Alt】键拖动,则可以更为精确地控制缩进距离。

各缩进滑块的作用如下。

- "首行缩进"滑块:调整段落第一行与页面左侧的距离。
- "悬挂缩进"滑块:调整除段落第一行外的其他行与页面左侧的距离。
- "左缩进"滑块:调整整个段落与页面左侧的距离。

● **"右缩进"滑块**：调整整个段落与页面右侧的距离。

2. 连接打印机

要想打印文档，首先需要连接打印机。就一般的公司而言，往往会将所有的计算机组成一个可以共享资源的局域网，并共用一台打印机。下面将讲解如何连接打印机并共享它来实现文档的打印工作，其具体操作步骤如下。

❶ 将购买的打印机按说明书上的要求正确与某一台局域网中的计算机相连。

❷ 利用附赠的光盘或官方网站提供的服务为打印机安装驱动程序。

❸ 在连接了该打印机的计算机上单击"开始"按钮，在打开的"开始"菜单中选择"设备和打印机"选项。

❹ 在打开的窗口上方单击"添加打印机"按钮，打开"添加打印机"对话框，选择"添加本地打印机"选项。

❺ 依次设置打印机现有端口，选择打印机驱动程序，设置打印机名称，并共享到局域网即可。这些操作都有添加向导辅助提示，可以轻松完成。

❻ 此后若想打印文档，便可打开 Word，并选择好打印机，根据需要设置纸张大小、页边距、打印范围、打印份数等，即可打印。

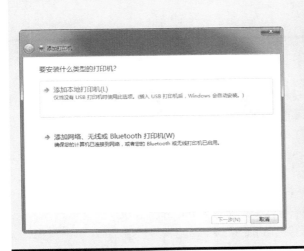

第1篇

第2章

制作请假条

员工工作期间，会因为各种原因出现缺勤的情况，比如临时有事、生病、嫁娶等。为了不影响公司的正常运作，遇到这些情况时就需要向相关负责人请假示意，而请假条就是进行这类示意的主要文书。本章将介绍如何制作较为规范的请假条，通过制作过程，也可以进一步熟悉请假条的使用方法。

☐ 输入并设置标题和日期

☐ 插入并编辑表格

☐ 插入矩形和符号制作裁剪线

☐ 复制并打印请假条

2.1 背景说明

就企业和公司而言，请假条是请求领导或其他负责人，批准不参加某项工作、活动等事项的文书。请假条很常见，但一部分人却往往因为忽视请假条而导致请假条被退回或不被批准的情况发生。一般来说，对请假条要求不严格的公司，员工只需临时手拟一份请假条即可。但对于部分公司而言，请假条有非常标准的格式，而且往往是通过表格的形式表现出请假的内容。无论哪种，请假条最重要的内容是请假的原因和请假的时间。

总体来说，请假条的构成如下。

- 标题：表明此文是用来请假的文书。
- 称呼：即请假的对象，应用尊称，常见于手写的请假条。
- 请假原因：说明为什么要请假。
- 请假时间：请假需要多久时间。
- 请假人：就是指谁请的假，签上自己的名字即可。
- 其他：如请假人的职务、所在部门，请假的类型等，主要用来补充说明请假的具体情况。

2.2 案例目标分析

公司以前员工请假时都是采用手写请假条的形式，但汇总整理后发现不易管理。因此，现在需要制定一种统一的请假条格式，员工需要请假时，可先将这种专门的请假条文件打印出来，然后按文件中的项目填写上对应的内容，以便于日后收集和管理。由于是统一的格式，请假条的项目需要确保全面性，主要应该包括填写时间、姓名、部门、职务、请假类别、请假原由、请假时间、审核意见等。这些项目都将统一汇总到表格中以便填写，最终的参考效果如下。

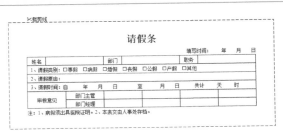

2.3　制作过程

　　本案例的制作可以分为四大环节，首先通过文本的输入和设置来完成请假条标题和填写日期的制作；重点环节则是利用表格来制作请假条的具体项目；考虑到后期员工需要打印出来填写，因此可以为请假条设计裁剪线，方便裁剪；最后则需要在同一页面复制请假条，以充分利用页面空间，节省纸张。完成后可以打印出来查看效果。

2.3.1　输入并设置标题和日期

　　请假条标题一般是居中对齐，字体较大，这是文书标题的普遍设计方法。对于填写日期而言，则考虑进行右对齐处理，下方将紧接表格来布局，其具体操作步骤如下。

微课：输入并设置标题和日期

STEP 1　输入请假条标题

❶启动 Word 2013，按【Esc】键退出向导界面，直接在当前的光标插入点处输入"请假条"文本；❷选中输入的文本，在【开始】/【字体】组中将其字体格式设置为"宋体、小二、加粗"；❸在【开始】/【段落】组中单击"居中"按钮，将其设置为居中对齐的方式。

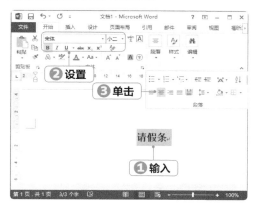

STEP 2　输入并设置时间文本

❶在"条"文本右侧单击鼠标定位光标插入点，然后按【Enter】键换行，输入"填写时间：　　年　　月　　日"文本，其中年、月、日文本前面均输入 4 个空格；❷选中输入的文本，将字号设置为"小五"，取消加粗；❸在【开始】/【段落】组中单击"右对齐"按钮。

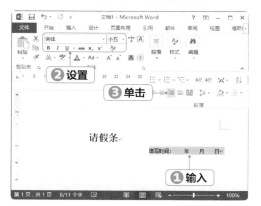

2.3.2　插入并编辑表格

　　插入表格之前，应先计划需用到的请假条项目，甚至可以使用纸笔工具将表格绘制下来，这样可以更好地确定表格的行数和列数。这里将插入一个"6×6"的表格，然后在此基础上对表格结构进行适当调整，其具体操作步骤如下。

微课：插入并编辑表格

STEP 1　换行并定位插入点

❶在"日"文本右侧单击定位光标插入点，按【Enter】键换行，然后将对齐方式设置为"左对齐"；❷再次按【Enter】键换行后，重新将光标插入点定位到第一个空行处。

STEP 2　插入表格

❶在【插入】/【表格】组中单击"表格"按钮；❷在打开的下拉列表中选择"插入表格"选项。

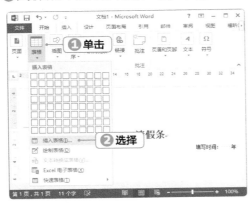

STEP 3　设置表格行列数

❶打开"插入表格"对话框，在其中设置列数和行数均为"6"；❷单击"确定"按钮。

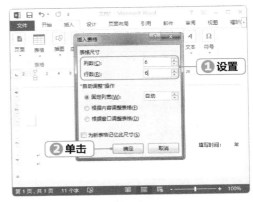

STEP 4　合并第 2 排的所有单元格

❶拖动鼠标选中第 2 排的所有单元格；❷在选中的单元格上单击鼠标右键，在弹出的快捷菜单中选择"合并单元格"命令。

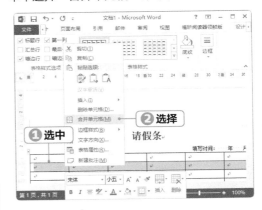

第1篇

STEP 5　合并其他单元格

❶使用相同的方法，分别将第3排和第4排的所有单元格合并；❷继续将第5排和第6排的第一个单元格合并。

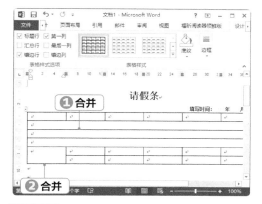

STEP 6　输入内容

单击表格中的某个单元格可将光标插入点定位到其中，然后输入相应的内容。

STEP 7　设置字体

❶单击表格左上角的"全选"标记；❷然后将字体设置为"宋体"。

STEP 8　插入符号

❶在"事假"文本左侧单击定位光标插入点；❷在【插入】/【符号】组中单击"符号"按钮，在打开的下拉列表中选择"其他符号"选项。

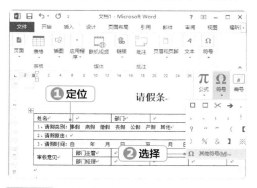

STEP 9　选择符号

❶打开"符号"对话框，在列表框中选择"□"符号对应的选项；❷单击"插入"按钮，然后关闭对话框。

　操作解谜

连续插入符号

　　打开"符号"对话框选择符号后，单击"插入"按钮可以在光标插入点处插入符号，但此时对话框不会关闭，可以在文档中重新定位光标插入点，然后在"符号"对话框中重新选择符号继续插入。要想关闭对话框，单击"关闭"按钮即可。

STEP 10 复制符号

❶拖动鼠标选中"□"符号，按【Ctrl+C】组合键复制；❷依次将光标插入点定位到其他请假类别的文本左侧，按【Ctrl+V】组合键粘贴符号。

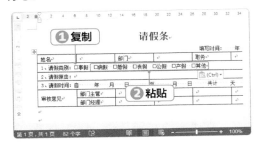

STEP 11 选中单元格

将鼠标指针移至"姓名"单元格左侧，当其变为➡形状时单击鼠标，将整个单元格选中。

STEP 12 减少列宽

将鼠标指针移至所选单元格右侧边框上，向左拖动鼠标减少其列宽。

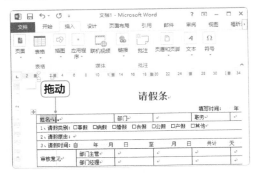

STEP 13 调整其他单元格列宽

按相同的方法将"部门"和"职务"单元格的宽度也适当减少。

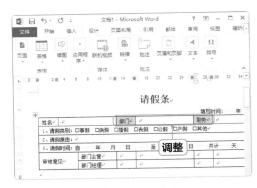

STEP 14 设置单元格对齐方式

❶选中"姓名"单元格，然后按住【Ctrl】键继续选中"部门""职务""审核意见""部门主管""部门经理"单元格；❷将其对齐方式设置为"居中"。

STEP 15 输入备注文本

在表格下方的空行中输入备注文本，提示请假条的一些使用事项。

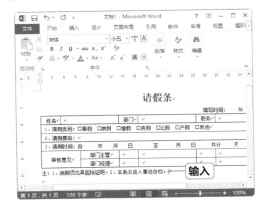

2.3.3 | 插入矩形和符号制作裁剪线

请假条制作，是为了方便员工打印出来填写，因此这里有必要为请假条设计裁剪线，员工可以在打印后沿裁剪线将请假条剪下来再填写。裁剪线的制作很简单，利用矩形、文本和一个符号即可完成，其具体操作步骤如下。

微课：插入矩形和
符号制作裁剪线

STEP 1 复制空行

在文档末尾选中空行的段落标记，按【Ctrl+C】组合键复制，然后将光标插入点定位到"请假条"文本左侧，按【Ctrl+V】组合键粘贴出两个空行。

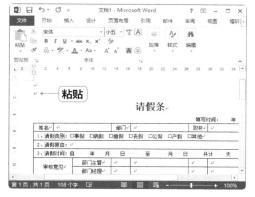

STEP 2 插入矩形

❶在【插入】/【插图】组中单击"形状"按钮；❷在打开的下拉列表中选择"矩形"选项。

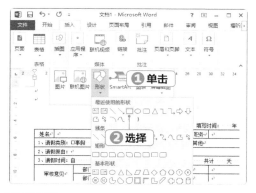

STEP 3 设置矩形大小

❶在文档空白区域单击鼠标插入矩形；❷保持它的选中状态，在【绘图工具 格式】/【大小】组中将矩形的宽度和高度分别设置为"17厘米"

和"7厘米"。

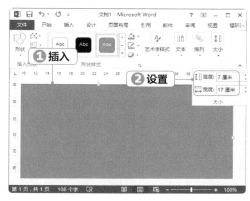

操作解谜

绘制图形

选中某个图形后，单击鼠标将插入默认大小的图形。如果拖动鼠标，则可绘制任意大小的形状。

STEP 4 取消填充

❶在【绘图工具 格式】/【形状样式】组中单击"形状填充"按钮；❷在打开的下拉列表中选择"无填充颜色"选项。

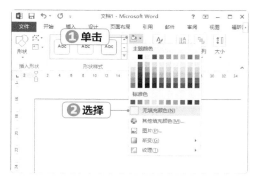

第 **2** 章 制作请假条

STEP 5　设置边框颜色

继续在该组中单击"形状轮廓"按钮，在打开的下拉列表中选择"黑色"选项。

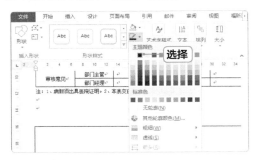

STEP 6　设置轮廓粗细

再次单击"形状轮廓"按钮，在打开的下拉列表中选择"粗细"选项，在打开的子列表中选择"0.5磅"选项。

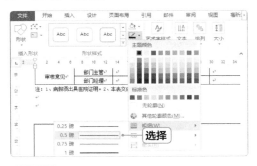

STEP 7　设置轮廓虚线

单击"形状轮廓"按钮，在打开的下拉列表中选择"虚线"选项，在打开的子列表中选择倒数第三种虚线样式。

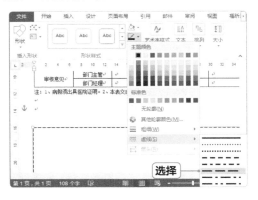

STEP 8　移动矩形

将鼠标指针定位到矩形边框上，当其变为十字形状时拖动鼠标，将矩形移至请假条上方，让四周的空白区域尽量相似。

STEP 9　输入文本

将光标插入点定位到第1个空行处，输入"裁剪线"文本。

STEP 10　插入符号

在"裁剪线"文本左侧单击鼠标，定位光标插入点，然后利用"符号"对话框插入"剪刀"符号。

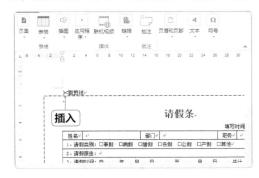

2.3.4 复制并打印请假条

由于请假条占用篇幅较少，可以将它在同一页面中进行多次复制粘贴，在同一页面中放置多个请假条，以更好地利用纸张资源。下面就进行复制工作，并打印请假条，其具体操作步骤如下。

微课：复制并打印请假条

STEP 1 复制请假条

①在文档末尾处按【Enter】键增加一个空行；②按【Ctrl+A】组合键全选内容，然后按【Ctrl+C】组合键执行复制操作。

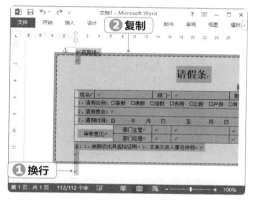

STEP 2 粘贴两次请假条

将光标插入点定位到文档末尾，按两次【Ctrl+V】组合键，粘贴两次请假条。

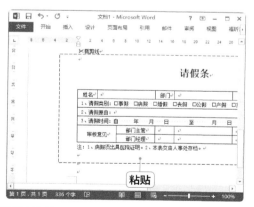

STEP 3 预览效果

单击"文件"选项卡，选择左侧的"打印"选项，预览制作的请假条，发现第一个和第二个请假条的间距稍紧，且多余空行占了一页页面。

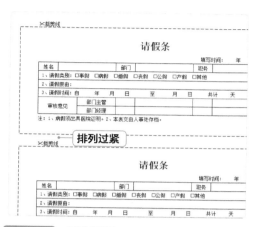

STEP 4 修改问题

按【Esc】键返回操作界面。选中最后一个空行，按【Ctrl+X】组合键剪切，并将光标插入点定位到第二个请假条的剪刀符号左侧，按【Ctrl+V】组合键粘贴。

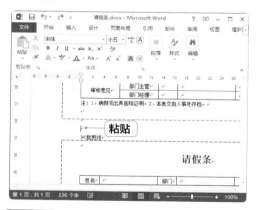

STEP 5 打印请假条

①再次预览请假条，确认没有问题后，选择已连接好的打印机；②单击"打印"按钮，打印出来查看效果。

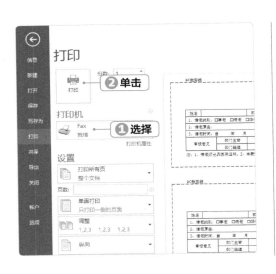

操作解谜

注意空行占空页的问题

　　工作中有的时候会遇到打印出空白页面的情况，这是由空行导致的。在进行打印预览时，一般只注意有内容的页面，而忽视了有可能多余空行超出页面造成空页的现象。实际上在打印预览时，可以通过左下方的页数提示来监视页数，如果内容是两页，则将显示"共2页"，如果显示"共3页"，那么就证明出现空页，此时就需要删除多余空行。

边学边做

1. 制作温馨提示

　　公司里的一些温馨提示往往会给员工带来归属感，让公司更具备人性化的特性。下面将制作一则温馨提示，内容是关于作息时间的安排，具体要求如下。

● 标题格式设置为"宋体、小二、加粗、居中对齐、3倍行距"。
● 称呼格式设置为"宋体、五号、1.5倍行距"，加粗"各部门注意："文本。
● 插入"3×3"表格，输入相应内容。将第一行单元格的文本加粗，居中对齐。
● 复制出3个温馨提示，以便打印给4个部门使用。

温馨提示

各部门注意：公司作息时间有一定更改，请各位员工按新规定进行调整。

日期	上午	下午
5月1日~9月30日	9:00~12:00	13:30~18:00
10月1日~4月30日	9:00~12:00	13:00~17:30

温馨提示

各部门注意：公司作息时间有一定更改，请各位员工按新规定进行调整。

日期	上午	下午
5月1日~9月30日	9:00~12:00	13:30~18:00
10月1日~4月30日	9:00~12:00	13:00~17:30

温馨提示

各部门注意：公司作息时间有一定更改，请各位员工按新规定进行调整。

日期	上午	下午
5月1日~9月30日	9:00~12:00	13:30~18:00
10月1日~4月30日	9:00~12:00	13:00~17:30

2. 制作员工处罚通知单

员工违反公司规定需要接受处罚的，可以借助处罚通知单来执行。下面利用表格制作一个员工处罚通知单，具体要求如下。

● 标题格式设置为"小二、居中对齐"，填写日期右对齐。
● 称呼格式设置为"宋体、五号、1.5 倍行距"，加粗"各部门注意："文本。
● 插入 8×5（8 列 5 行）表格，输入相关内容并加粗部分项目。
● 适当合并单元格来调整表格结构。
● 通过拖动行线和列线来适当调整部分单元格的行高和列宽。（提示 选中单元格后，在【表格工具 布局】/【对齐方式】组中可调整单元格上下和左右的对齐方式）

企业员工处罚通知单

编号：JF2017-001

年　　月　　日

姓名		部门		职务		工号	
处罚原因							
处罚结果							
处罚依据	根据＿＿＿＿＿第　　条　　款。处罚生效日期：＿＿＿＿年＿＿月＿＿日						
被处罚人签字：			处罚人：		审核：		

知识拓展

1. 使用鼠标自由绘制表格

在使用 Word 2013 制作表格时，不仅可以通过指定行和列的方法制作规范的表格，还可以利用鼠标来绘制不规范的表格，其具体操作步骤如下。

❶ 在 Word 2013 中单击【插入】/【表格】组中的"表格"按钮，在打开的下拉列表中选择"绘制表格"选项，此时鼠标指针变为 ⌀ 形状，表示已进入绘制表格的状态。

❷ 按住鼠标左键不放，在文档中拖动鼠标指针可以首先绘制出表格的外边框。

❸ 在绘制的外边框内，按需要的结构继续拖动鼠标指针，便可绘制表格的行列。其中，水平方向拖动鼠标指针可绘制行线，垂直方向拖动鼠标指针则绘制列线。

❹ 绘制完成后，按【Esc】键或在【表格工具 布局】/【绘图】组中单击"绘制表格"按钮，退出绘制表格状态，并完成表格的创建。

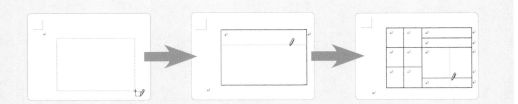

2. 调整表格结构的其他方法

除了合并单元格来调整表格结构外，还可利用拆分单元格、插入行或列、删除行或列等操作对表格结构进行调整。这样就可以更加随心所欲地控制表格的整体布局。

● **拆分单元格**：将所选单元格拆分为指定行数、列数的多个单元格，方法为：在所选单元格上单击鼠标右键，在弹出的快捷菜单中选择"拆分单元格"命令，打开"拆分单元格"对话框，在其中输入拆分的列数和行数，单击"确定"按钮即可。

● **插入行或列**：如果插入表格后才发现行数或列数不够，则可及时进行增加，方法为：将鼠标指针移至需增加行或列的位置，此时表格中将出现"插入"标记，单击该标记即可在上方或左侧插入行或列。

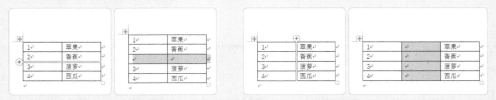

● **删除行或列**：如果表格中有多余的行或列，则可直接将其选中，按【Backspace】键将其删除。注意，如果不想删除行或列，而只想删除其中的内容，则可选中行或列后，按【Delete】键进行操作。

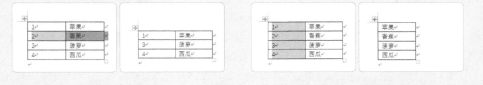

第1篇

第3章

制作商务邀请函

公司举办技术交流会、产品发布会、研讨会等各种会议或活动时，都会对外发出邀请，希望其他单位或个人前来参加，此时就应该用到邀请函这种办公文书。本章将介绍如何利用 Word 和 Excel 两种软件来快速制作多份商务邀请函，并实现邀请对象、称谓、地点、活动等内容的自动填写。

☐ 使用 Excel 创建邀请函名单

☐ 输入邀请函内容

☐ 邮件合并

☐ 保存并打印邀请函

3.1　背景说明

商务邀请函也称商务请柬，是一种既能邀请和告知被邀请者参加相关活动事宜，又能体现邀请者重视态度的商务文书。其内容篇幅相当有限，因此书写时应根据具体场合、内容、对象，认真措词，注意简洁明了，庄重得体又不失文雅。

从内容组成来看，商务邀请函一般都具备标题、称谓、正文、致敬语、落款和日期等内容。

- 标题：一般应写明"邀请函（书）"三字或"请柬"二字。
- 称谓：换行顶格书写被邀请者的名称。被邀请者如果是单位，则应该写明单位名称；如果是个人，则应该写明个人姓名和称谓，比如先生、女士，或职务等，后面要注意加上冒号。
- 正文：换行且悬挂缩进 2 字符，写明会议或活动的内容、时间、地点及其他事项。
- 致敬语：以"敬请（恭请、恭候）光临""此致敬礼"等作为致敬语。
- 落款：写明邀请者的名称或姓名，同时需要另起一行写明日期，有时也需要写明活动地点和开始日期等内容。

3.2　案例目标分析

公司即将举行 10 周年庆典，届时将邀请许多新老客户参加。而实际情况是，公司会针对不同的客户群体，举办有针对性的各种活动，这样就会产生客户不同，参加地点和参加的活动也会不同的结果。下面将利用 Word 的邮件合并功能，将 Excel 表格作为数据源，自动按数据源中整理好的数据生成针对不同客户的邀请函，各邀请函的不同之处主要集中在姓名、称谓、活动地点和活动名称这几个方面。制作好的邀请函参考效果如下。

邀请函

尊敬的李涛先生：

感谢您一直以来对阿玛斯尔股份有限公司的支持与厚爱。我公司现定于 2017 年 1 月 9 日举行 10 周年庆典、诚邀您于当日 09 时 30 分参加国际会展中心二楼举办的精品免单活动。

恭候您的光临！

让我们同叙友谊，共话未来，共同开启荣耀时刻！

阿玛斯尔股份有限公司 敬邀

地址：四川省成都市丹阳大道 1314 号

日期：2017 年 1 月 9 日 09 时 30 分

3.3 制作过程

为实现自动化输入，在制作该邀请函时需要借助 Excel 2013 这一软件。首先在 Excel 2013 中输入整理好的客户信息并保存，然后在 Word 中输入邀请函内容。核心内容便是使用邮件合并功能将 Excel 中整理的信息与邀请函内容合并，逐一生成针对各客户的邀请函。最后将生成的邀请函保存下来并打印即可。

3.3.1 使用 Excel 创建邀请函名单

Excel 2013 是一款专业的电子表格制作软件，下面首先利用它来整理客户信息，主要包括客户的姓名、称谓，以及参加活动的地点和参加的活动，其具体操作步骤如下。

微课：使用 Excel 创建邀请函名单

STEP 1 启动 Excel

启动 Excel 2013，按【Esc】键退出默认界面，单击快速访问工具栏中的"保存"按钮。

STEP 2 保存工作簿

在打开的界面中单击右侧的"浏览"按钮。

STEP 3 设置保存路径和名称

❶打开"另存为"对话框，利用导航窗格设置保存位置；❷在"文件名"下拉列表框中输入"邀请函名单"；❸单击"保存"按钮。

操作解谜

Office 组件的共性操作

Word、Excel，包括后面会讲到的 PowerPoint，都是 Office 办公软件中的一种组件。虽然它们的主要用途不同，但在许多操作上都是相似甚至相同的，比如文件的新建、保存、打开、关闭等，这几个组件的操作方法就完全一样。因此学习时应该举一反三，以便更好地使用它们为自己服务。

第 **3** 章 制作商务邀请函

STEP 4 重命名工作表

双击窗口下方的"Sheet1"工作表标签，选中其中的内容后，重新输入"名单"，按【Enter】键确认重命名。

STEP 5 输入内容

在默认选中的 A1 单元格中直接输入"姓名"，按【Enter】键确认输入。

操作解谜

单元格名称

所谓A1单元格，是指选中的单元格上方的列标为"A"，左侧的行标为"1"，也就是说，该单元格处以第A列第1行。

STEP 6 输入内容

单击其他单元格将其选中，按相同的方法继续输入内容。

STEP 7 输入客户信息

在第 2 行的前 4 个单元格中输入第一位客户的相关信息。

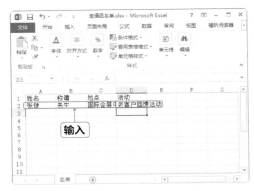

STEP 8 增加列宽

将鼠标指针移至 C 列和 D 列的分隔线上，按住鼠标左键不放向右拖动鼠标，增加 C 列列宽，使其中的内容能完整显示出来。

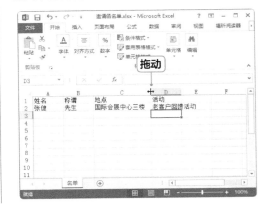

STEP 9 增加列宽
按相同的方法增加 D 列列宽，将其中的内容完整显示出来。

STEP 10 输入其他客户信息
依次在表格中输入其他客户的相关信息，按【Ctrl+S】组合键保存，关闭 Excel。

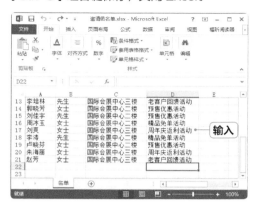

3.3.2 输入邀请函固定内容

邀请函中部分内容是固定的，不同的是被邀请者的名称和称谓。因此，下面需要在 Word 中对这部分固定的内容进行输入和设置，其具体操作步骤如下。

微课：输入邀请函固定内容

STEP 1 输入邀请函固定内容
❶启动 Word 2013 并保存为"邀请函 .docx"；
❷输入邀请函中的所有固定内容（也可利用提供的"邀请函 .txt"文本文件复制粘贴）。
该素材地址为："光盘\素材\第 3 章\邀请函 .txt"。

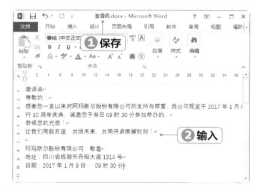

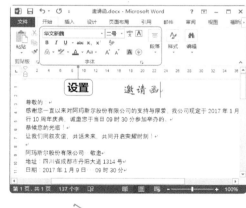

STEP 2 设置标题格式
选中标题文本，将其格式设置为"华文新魏、二号、深红、居中对齐"。

技巧秒杀

使用浮动工具栏
选中文本或其他对象后，Word 将在所选对象处打开浮动工具栏，其中集合了与设置所选对象相关的功能按钮或选项。熟练使用此工具栏可以提高操作效率。

STEP 3　设置其他文本格式

选中除标题以外的所有文本，在"字体"下拉列表框中依次选择"楷体_GB2312"选项和"Times New Roman"选项，分别为所选文本设置中文字体和英文字体样式。

STEP 4　调整首行缩进

选中第 2~4 段文本，拖动标尺上的"首行缩进"滑块，将所选文本的首行缩进设置为"2 字符"。

STEP 5　设置对齐方式

选中最后 3 段文本，将其对齐方式设置为"右对齐"。

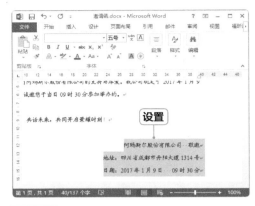

STEP 6　突出文本

选中公司名称文本，按住【Ctrl】键继续选中"地址："和"日期："文本，将其格式设置为"加粗、深红"。

技巧秒杀

应用样式

Word提供了几种文本样式，选中文本后，在【开始】/【样式】组中选择某个样式后即可应用，这样可以提高格式设置效率。

3.3.3　邮件合并

　　所谓邮件合并，就是利用域这种工具，在指定位置插入指定好的数据源中的内容，并自动生成多个文件。下面就依次指定数据源，插入合并域，对域的格式进行适当美化，然后预览效果并完成合并，其具体操作步骤如下。

微课：邮件合并

STEP 1　指定数据源

在【邮件】/【开始邮件合并】组中单击"选择收件人"按钮，在打开的下拉列表中选择"使用现有列表"选项。

STEP 2　选择 Excel 表格

❶打开"选取数据源"对话框，选择前面保存好的"邀请函名单.xlsx"文件；❷单击"打开"按钮。

STEP 3　选择工作表

打开"选择表格"对话框，保持默认设置不变，直接单击"确定"按钮。

操作解谜

为什么要选择工作表

　　Excel的每个工作簿都可能包含多个工作表，因此指定Excel表格为数据源后，还需要进一步确定数据所在的工作表才行，因此要打开"选择表格"对话框。

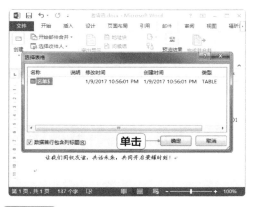

STEP 4　插入合并域

❶将光标插入点定位到"尊敬的"文本右侧；❷单击【邮件】/【编写和插入域】组中的"插入合并域"按钮后的下拉按钮，在打开的下拉列表中选择"姓名"选项。

STEP 5　插入其他合并域

❶继续在当前光标插入点处插入"称谓"合并域；❷在"举办的"文本左右分别插入"地点"和"活动"合并域。

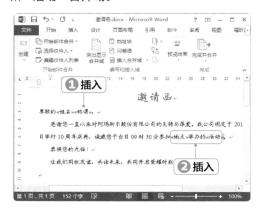

STEP 6　美化合并域格式

同时选中插入的 4 个合并域文本，将其格式设置为"加粗、深红"，以突出显示这些内容。

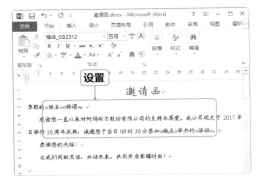

STEP 7　预览合并效果

在【邮件】/【预览结果】组中单击"预览结果"按钮。

STEP 8　浏览记录

此时将显示合并后的效果，单击"下一记录"按钮。

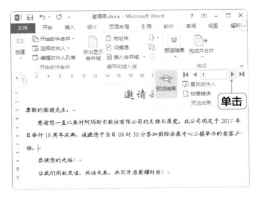

STEP 9　预览结果

逐一预览每个邀请函的合并效果，确认无误后再次单击"预览结果"按钮。

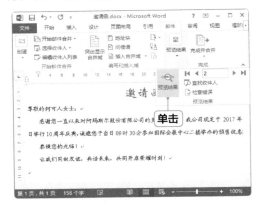

STEP 10　开始合并

单击【邮件】/【完成】组中的"完成并合并"按钮，在打开的下拉列表中选择"编辑单个文档"选项。

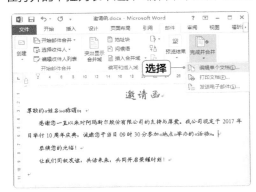

STEP 11　设置合并范围

打开"合并到新文档"对话框，直接单击"确定"按钮。

技巧秒杀

如何设置合并范围

在"合并到新文档"对话框中，"全部"指的是合并所有记录；"当前记录"指的是当前预览的记录；"从，到"则指的是可以指定一定的记录范围，如"3~7"。

STEP 12 完成合并

此时将自动新建一个文档，其中将显示所有合并后的邀请函。

3.3.4 | 保存并打印邀请函

完成邮件合并后，生成的文档为新的文档，应该及时保存，然后根据需要调整页面大小并进行打印，其具体操作步骤如下。

微课：保存并打印邀请函

STEP 1 保存文档

按【Ctrl+S】组合键，在打开的对话框中将文档保存为"合并后的邀请函 .docx"。

STEP 2 页面设置

进入打印预览状态，单击"A4"下拉按钮，在打开的下拉列表中选择"其他页面大小"选项。

STEP 3 设置纸张大小

❶打开"页面设置"对话框，在"预览"栏下方的"应用于"下拉列表中选择"整篇文档"选项 ❷将宽度和高度分别设置为"21"和"15"，单位默认为厘米；❸单击"确定"按钮。最后预览并确认无误后，单击"打印"按钮即可。

第 **3** 章 制作商务邀请函

1. 制作客户回访函

为给客户提供优质的售后服务，提高公司的信誉和品牌影响力，可以利用客户回访函向客户表达可以继续为其服务的意愿。下面便制作客户回访函，具体要求如下。

● 使用 Excel 录入客户资料，包括姓名、称谓和其购买的产品。

● 利用 Word 输入客户回访函的基本内容。

● 将标题设置为"微软雅黑、三号、加粗、居中对齐"。

● 将非标题文本的中文字体设置为"微软雅黑"，英文字体设置为"Times New Roman"。

● 将正文内容首行缩进"2 字符"，将落款的两段内容右对齐。

● 执行邮件合并操作，指定数据源为前面制作的 Excel 表格。

● 在"尊敬的"文本右侧插入姓名和称谓两个合并域；在第一个逗号左侧插入购买产品合并域。

● 预览合并效果，然后合并全部记录。

● 保存合并后得到的文档。

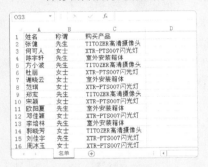

2. 制作荣誉证书

公司年终总结时，对本年度表现优异的员工会予以褒奖，因此需要制作荣誉证书，其中需要说明员工的年终评级和奖励内容，具体要求如下。

● 在 Excel 表格中汇总员工获奖情况，包括姓名、评级和奖金等数据。

● 打开光盘提供的"荣誉证书 .docx"素材文件，该素材地址为："光盘 \ 素材 \ 第 3 章 \ 荣誉证书 .docx"，指定数据源为前面制作的 Excel 表格。

● 在"同志"文本左侧插入姓名合并域；在"评定为"文本右侧插入评级合并域；在"奖励现金"文本右侧插入奖金合并域。

● 将插入的所有合并域字体格式设置为"小四、红色、下划线"。

● 预览合并效果，然后合并全部记录。

● 保存合并后得到的文档。

知识拓展

1. 直接在 Word 中制作数据源

如果不习惯使用 Excel，进行邮件合并时也可以新建数据源，在 Word 中手动进行创建，其具体操作步骤如下。

❶ 在【邮件】/【开始邮件合并】组中单击"选择收件人"按钮，在打开的下拉列表中选择"键入新列表"选项。

❷ 打开"新建地址列表"对话框，单击相应的单元格即可输入需要的内容。

❸ 结合对话框下方的"新建条目"按钮、"删除条目"按钮、"自定义列"按钮等，便可设计表格的行（条目）和列的结构。其中，单击"自定义列"按钮后，将打开"自定义地址列表"对话框，在其中可以添加、删除或重命名列。

❹ 输入所有数据后，单击"确定"按钮进行保存，然后按相同的方法继续进行邮件合并操作即可。

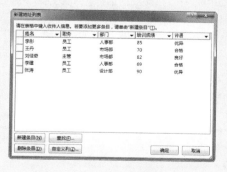

2. 控制邮件合并的收件人

对于已有的数据源，可以在邮件合并之前，有针对性地选择其中需要的数据进行邮件合并，而无需全部合并，其具体操作步骤如下。

❶ 指定好已有的数据源后，在【邮件】/【开始邮件合并】组中单击"编辑收件人列表"按钮。

❷ 打开"邮件合并收件人"对话框，其中默认选中了所有的复选框，表示将全部进行合并操作。因此，只需要取消选中目标复选框，该复选框对应的收件人就自然不会进行邮件合并了。

❸ 在"数据源"列表框中选择该数据源选项，单击"编辑"按钮，还可在打开的"编辑数据源"对话框中对数据源重新进行编辑。

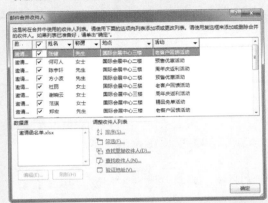
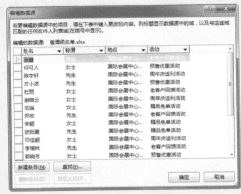

3. 邮件合并后直接打印或发送电子邮件

指定数据源、插入合并域、且预览无误后便可开始进行邮件合并操作。实际上，执行该操作时完全可以直接在合并后打印文件，或在合并后直接以电子邮件形式发送出去。

● **合并后直接打印：** 在【邮件】/【完成】组中单击"完成并合并"按钮，在打开的下拉列表中选择"打印文档"选项，此时将打开"合并到打印机"对话框，在其中设置合并和打印的记录范围，单击"确定"按钮即可打开"打印"对话框，设置打印参数后即可打印文件。

● **合并后直接发送电子邮件：** 在【邮件】/【完成】组中单击"完成并合并"按钮，在打开的下拉列表中选择"发送电子邮件"选项，此时将打开"合并到电子邮件"对话框，在其中不仅可以设置合并的记录范围，还可以指定邮件的收件人和邮件主题与格式，单击"确定"按钮配置文件，再次确认后即可启动 Office Outlook 软件，向指定的收件人发送电子邮件。

第1篇

第4章

制作来访登记表

顾名思义，来访登记表登记的是外来人员拜访公司的情况。为了保证来访人员信息的真实性，应该确保登记信息详尽，日期清晰，记录准确。本章将使用 Excel 2013 来制作这个表格，通过学习，可以掌握 Excel 的基本操作，为后面使用 Excel 打下坚实的基础。

- ☐ 输入表格基本数据

- ☐ 调整并美化表格

- ☐ 设置数据类型

- ☐ 页面设置与表格打印

4.1 背景说明

　　企业或公司使用来访登记表的主要目的是记录访问公司的外来人员，这不仅有利于公司在商业运作中把握更多的客户，而且可以有效避免闲杂人等或不法分子进入公司，保证公司业务的正常开展和财产物资的安全。

　　通过对来访登记表作用的分析，可以将来访登记表的数据项目分为日期时间类项目、身份类项目和事由辅助类项目等，具体类别下又包含多个项目。

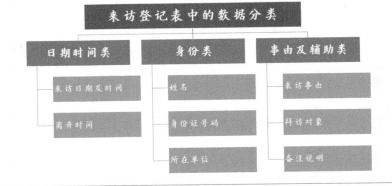

4.2 案例目标分析

　　公司所在商务楼最近频发物品丢失事件，领导为了公司安全，要求重新制作来访登记表，加强对外来人员身份的控制和管理，避免不法分子混进公司。因此，这个来访登记表不仅要记录来访人员的姓名和单位，还应该记录来访人员的身份证号码、来访时间和离开时间。最终参考效果如下。

来 访 登 记 表

2017年

月	日	来访者姓名	身份证号码	来访人单位	来访时间	来访事由	拜访部门(人)	离去时间	备注
1	4	张洪涛	510304197402251024	宏发实业	8时30分	洽谈业务	市场部李总	13时20分	
1	4	刘飒	110102197805237242	鸿华集团	9时20分	收款	财务部	9时50分	
1	5	李静	510129198004145141	金辉科技	14时05分	洽谈业务	市场部李总	16时20分	
1	5	王伟强	313406197709181322	泽蓝科技	15时20分	洽谈业务	销售部	21时50分	
1	5	陈慧敏	650158198210113511	东升国际	15时30分	联合培训	人力资源部	16时30分	
1	6	刘丽	510107198412053035	三亚蓝村	10时00分	战略合作	人力资源部	10时30分	
1	9	孙晓娟	220156197901284101	立方铁艺	9时40分	洽谈业务	销售部	10时20分	
1	9	张伟	510303198102182046	万润木材	10时30分	技术交流	人力资源部	10时50分	
1	9	宋明德	630206197803158042	乐捷实业	11时00分	战略合作	人力资源部	11时30分	
1	9	曹锐	510108198006173112	宏达集团	11时30分	洽谈业务	市场部李总	14时30分	
1	10	金有国	510108197608208434	先锋建材	9时00分	洽谈业务	企划部	9时40分	
1	11	周丽梅	510304198305280311	炜军浆业	9时30分	技术交流	人力资源部	11时30分	
1	12	陈娟	120202198209103111	张伟园艺	13时50分	洽谈业务	销售部	14时30分	
1	12	李静	510129198004145141	金辉科技	15时00分	洽谈业务	市场部李总	15时35分	
1	13	张洪涛	510304197402251024	宏发实业	14时20分	洽谈业务	人力资源部	15时00分	
1	13	赵伟伟	420222198007201362	百性浆业	14时30分	联合培训	企划部	16时40分	
1	13	何晓瑗	240102198405030531	青峰科技	14时50分	联合培训	人力资源部	11时00分	
1	16	谢东升	510129198003082002	远春实业	10时00分	洽谈业务	财务部	10时30分	
1	17	刘飒	110102197805237242	鸿华集团	9时00分	收款	财务部	11时30分	
1	18	张洪涛	510304197402251024	宏发实业	11时00分	洽谈业务	市场部李总	11时30分	

4.3 制作过程

本案例将首先创建表格的基本框架并输入基础数据，接着对表格结构进行调整，并适当进行美化，然后设置数据类型，使数据显示更加合理，最后将设置表格页面并进行打印操作。

4.3.1 输入表格基本数据

下面首先创建和保存"来访登记表.xlsx"工作簿并重命名工作表，然后输入表格的框架数据，其具体操作步骤如下。

微课：输入表格基本数据

STEP 1　重命名工作表

❶启动 Excel 2013，按【 Esc 】键退出当前界面，将自动创建的空白工作簿以"来访登记表.xlsx"为名进行保存；❷双击"Sheet1"工作表标签，将其重命名为"记录员 – 王敏"，按【 Enter 】键确认。

STEP 2　输入表格标题和表头文本

❶在 A1 单元格中输入"来访登记表"文本，然后在编辑栏中为每个文字之间添加一个空格；❷在 J2 单元格中输入"2017 年"；❸ 依次在 A3:J3 单元格区域中输入各表头文本。

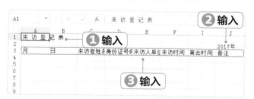

STEP 3　输入相同数据

拖动鼠标选中 A4:A23 单元格区域，输入"1"后按【 Ctrl+Enter 】组合键，在所选单元格区域中同时输入"1"。

STEP 4　输入其他数据

继续输入来访日期、来访者姓名、来访人单位、来访事由和拜访部门等相关数据。

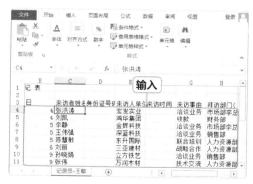

4.3.2 调整并美化表格

为更好地展示表格数据，需要对表格进行适当的调整，包括合并单元格，调整行高列宽，设置单元格数据格式以及添加单元格边框等，其具体操作步骤如下。

微课：调整并美化表格

STEP 1 设置表格标题

❶拖动鼠标选中 A1:J1 单元格区域，单击【开始】/【对齐方式】组中的"合并后居中"按钮；❷将合并后的 A1 单元格的文本格式设置为"华文中宋、20"。

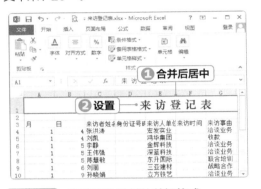

STEP 2 调整表头及其他数据格式

❶拖动鼠标选中 A2:J3 单元格区域，将所选单元格区域中文本的字号设置为"10"，且加粗显示；❷继续拖动鼠标选中 A4:J30 单元格区域，将其字号设置为"10"。

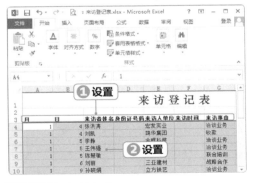

STEP 3 调整行高

❶向下拖动第 1 行的行号，将行高调整为"25.50"；❷按相同的方法将第 2 行的行高调整为"15.00"。

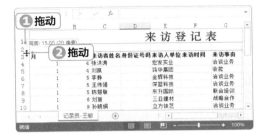

STEP 4 调整列宽

继续调整各列的列宽，其中 D 列调整为"18.00"，F 列和 I 列调整为"12.00"，E 列为"9.00"，H 列为"11.50"。

技巧秒杀

同时设置列宽

单击列标选中整列，然后按住【Ctrl】键不放并单击其他列标，可同时选中多列。拖动任意一列的列线即可同时调整所选多列的列宽。按相似的方法，也可实现同时设置多行的行高。

STEP 5 设置数据对齐方式

❶选中 J2 单元格，在【开始】/【对齐方式】组中单击"右对齐"按钮；❷选中 A3:J30 单

元格区域，继续在该组中单击"居中"按钮。

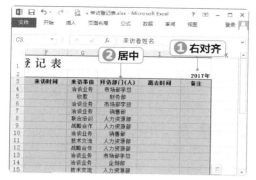

操作解谜

选中单元格区域

选中A3:J30单元格区域，指的是在A3单元格处按住鼠标左键不放，拖动至J30单元格处释放鼠标选中的区域。该区域由多个连续的单元格组成，左上角为A3单元格，右下角则是J30单元格。

STEP 6　为表格标题添加边框

❶选中 A2:J2 单元格区域；❷单击【开始】/【字体】组中"边框"按钮后的下拉按钮，在打开的下拉列表中选择"其他边框"选项。

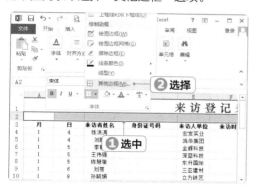

STEP 7　设置边框样式

❶打开"设置单元格格式"对话框，单击"边框"选项卡，在"样式"列表框中选择右下方的选项；❷单击"上边框"按钮；❸单击"确定"按钮。

STEP 8　为数据区域添加边框

❶选中 A3:J30 单元格区域；❷单击【开始】/【字体】组中"边框"按钮后的下拉按钮，在打开的下拉列表中选择"所有框线"选项；❸继续保持单元格区域的选中状态，再次单击该下拉按钮，在打开的下拉列表中选择"粗匣框线"选项。

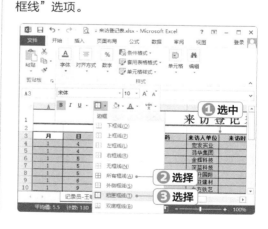

4.3.3　设置数据类型

由于表格中涉及身份证号码和日期时间数据，需要进行数据类型的设置，才能使相关数据得到正确、合理的显示，其具体操作步骤如下。

微课：设置数据类型

第 **4** 章　制作来访登记表

STEP 1　设置身份证数据类型

❶ 选中 D4:D30 单元格区域；❷ 在【开始】/【数字】组中单击"对话框启动器"按钮。

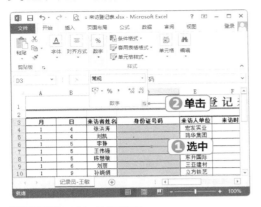

STEP 2　选择数据类型

❶打开"设置单元格格式"对话框，单击"数字"选项卡，在"分类"列表框中选择"文本"选项；❷单击"确定"按钮。

STEP 3　输入身份证数据

依次在 D4:D23 单元格区域中输入来访人员对应的身份证号码，此时将显示出具体的身份证数据。

操作解谜

为什么要设置身份证数据

　　身份证数据较长，如果不设置为文本型数据，则Excel会默认输入的是长数字，并以科学计数法的形式显示出来。

STEP 4　输入时间数据

依次在 F 列和 I 列输入来访人员的来访时间和离去时间，如上午十点半来访，则可输入"10:30"，下午两点半来访，则可输入"14:30"。

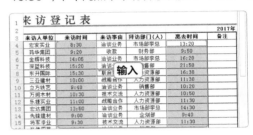

STEP 5　设置时间型数据类型

❶按住【Ctrl】键不放，依次选中 F4:F23 单元格区域和 I4:I23 单元格区域。在【开始】/【数字】组中单击"对话框启动器"按钮，打开"设置单元格格式"对话框，在"分类"列表框中选择"自定义"选项，在"类型"下拉列表框中选择"上午/下午 h"时"mm"分""选项；❷单击"确定"按钮。

4.3.4 页面设置与表格打印

适当对表格页面进行设置，不仅可以使打印出来的效果更加美观，也能有效地利用纸张资源。下面就对制作好的表格进行页面设置与打印，其具体操作步骤如下。

微课：页面设置与表格打印

STEP 1 设置纸张方向

在【页面布局】/【页面设置】组中单击"纸张方向"按钮，在打开的下拉列表中选择"横向"选项。

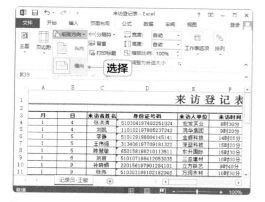

STEP 2 设置页边距

继续在"页面设置"组中单击"页边距"按钮，在打开的下拉列表中选择"自定义边距"选项。

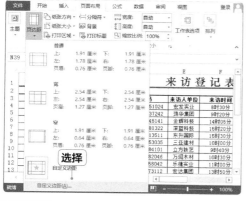

STEP 3 自定义页边距

❶打开"页面设置"对话框，单击"页边距"选项卡，将上、下、左、右页边距均设置为"2"；❷选中"水平"和"垂直"复选框；❸单击"确定"按钮。

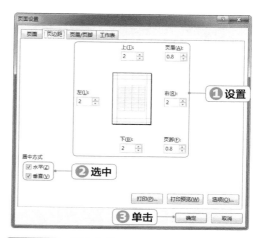

STEP 4 打印表格

❶选中 A1:J30 单元格区域，单击"文件"选项卡，选择左侧的"打印"选项，在"设置"栏的第 1 个下拉列表中选择"打印选定区域"选项；❷在"打印机"下拉列表中选择连接好的打印机；❸将打印份数设置为"3"；❹单击"打印"按钮即可。

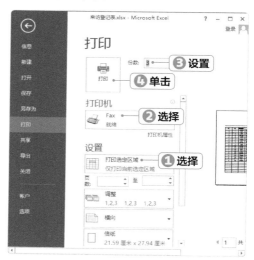

第 **4** 章 制作来访登记表

47

边学边做

1. 制作值班记录表

公司为加强员工值班管理，需要值班人员在履行职责的同时，将值班过程中发生的事项登记在案，以备日后存档、检查和落实责任。现需要按上述情况，制作出一张值班记录表，具体要求如下。

- 此值班记录表的作用主要在于存档、检查和落实责任，则必要的项目应该包括时间、值班班次、值班时发生的情况、处理情况以及值班人等。
- 新建并保存"值班记录表.xlsx"工作簿，将工作表名称重命名为"研发部"。
- 合并后居中 A1:F1 单元格区域，输入"值班记录表"，将格式设置为"华文中宋、22"，行高设置为"40.50"。
- 在 A2:F2 单元格区域中依次输入表头项目，并加粗字体，然后将行高设置为"21.00"。
- 在 A3:F18 单元格区域中依次输入相应的内容，将第 3~18 行的行高设置为"20.25"。
- 将 A2:F18 单元格区域中的数据居中对齐，并适当调整各列列宽，以完整显示出其中的内容。
- 为 A1:F18 单元格区域依次添加"所有框线"和"粗匣框线"样式的边框。

值班记录表

序号	班次	时间	内容	处理情况	值班人
1	早班	2017年1月2日			范涛
2	晚班	2017年1月2日	凌晨3点，厂房后门出现异样响动	监视器中无异常，应该为猫狗之类的小动物	何忠明
3	早班	2017年1月3日	–	–	黄伟
4	晚班	2017年1月3日	–	–	刘明亮
5	早班	2017年1月4日	–	–	方小波
6	晚班	2017年1月4日	–	–	周立军
7	早班	2017年1月5日	–	–	范涛
8	晚班	2017年1月5日	–	–	何忠明
9	早班	2017年1月6日	–	–	黄伟
10	晚班	2017年1月6日	凌晨1点王主任返回厂房	在陪同下取回工作用的文件包	刘明亮
11	早班	2017年1月7日	–	–	黄伟
12	晚班	2017年1月7日	–	–	刘明亮
13	早班	2017年1月8日	–	–	方小波
14	晚班	2017年1月8日	–	–	周立军
15	早班	2017年1月9日	–	–	范涛
16	晚班	2017年1月9日	陈德明于12点返回厂房	在其办公室过夜	何忠明

2. 制作来宾签到表

公司举行周年庆活动，邀请了很多合作伙伴和其他各领域的贵宾。为便于统计到场来宾，现需要制作一份来宾签到表，让到场来宾签名，以备公司日后查询，具体要求如下。

- 此表为签到之用，只需制作出表格的框架数据，并注意表头项目应简洁得体，行高列宽应留有足够的位置即可。
- 完成表格的制作后，将表格中边框以内的单元格区域打印 2 份到纸张上。

第
1
篇

来宾签到表

来宾姓名	邀约人	到场时间	祝贺语

知识拓展

1. 预览与调整表格

在打印预览界面中，不仅可以设置与打印表格，还可在界面右侧同步预览表格打印后的效果，单击预览区域右下角的"缩放到页面"按钮可调整表格的预览大小。更重要的是，在预览状态下仍然可以调整表格页边距以及各列的列宽，方法为：单击"显示边距"按钮，此时将在预览区中显示黑色的边距控制点，拖动各控制点便可直观地调整表格与纸张四周的距离——页边距以及各列的列宽。

2. 精确调整行高和列宽

当需要精确地将某行的行高或某列的列宽调整到指定的大小时，通过鼠标拖动的方法来操作固然可行，但效率较低，此时可利用对话框进行精确的调整，下面介绍具体的实现方法。

- 调整行高：选中需调整行高的行（可以同时选中多行），在【开始】/【单元格】组中单击"格式"按钮，在打开的下拉列表中选择"行高"选项，在打开的对话框中输入需要的行高，单击"确定"按钮。
- 调整列宽：选中需调整列宽的列（也可同时选择多列），在【开始】/【单元格】组中单击"格式"按钮，在打开的下拉列表中选择"列宽"选项，在打开的对话框中输入需要的列宽，单击"确定"按钮即可。

3. 自主地对表格进行分页

在分页预览视图模式下可以自主地对表格数据进行分页处理，从而让数据显示在需要的页面。进入分页预览视图模式的方法为：在【视图】/【工作簿视图】组中单击"分页预览"按钮。下面介绍几种关于分页的常见技巧。

- 拖动视图中表格边界的蓝色实线，可调整整个表格的页面显示区域。
- 选中某个单元格，在其上单击鼠标右键，在弹出的快捷菜单中选择"插入分页符"命令，可在该单元格的上方和左侧同时插入分页符，拖动分页符便可调整表格数据在页面上的显示位置。

					来访登记表					
										2017年
月	日	来访者姓名	身份证号码	来访人单位	来访时间	来访事由	拜访部门(人)	离去时间	备注	
1	4	张洪涛	510304197402251024	宏发实业	8时30分	洽谈业务	市场部李总	13时20分		
1	4	刘凯	110102197805237242	鸿华集团	9时20分	收款	财务部	9时50分		
1	5	李静	510129198004145141	金辉科技	14时05分	洽谈业务	市场部李总	16时20分		
1	5	王伟强	313406197709181322	深蓝科技	15时20分	洽谈业务	销售部	9时50分		
1	5	陈慧敏	650158198210113511	东升国际	15时30分	联合培训	人力资源部	16时30分		
1	6	刘丽	510107198412053035	三亚建材	10时00分	战略合作	人力资源部	11时30分		
1	9	孙晓娟	220156197901284101	立方铁艺	9时40分	洽谈业务	销售部	10时20分		
1	9	张伟	510303198102182046	万润木材	10时30分	洽谈业务	人力资源部	10时50分		
1	9	宋明德	632026197803158042	乐捷实业	11时00分	战略合作	人力资源部	11时30分		
1	9	曾锐	510108198006173112	宏达科技	13时00分	洽谈业务	企划部	14时30分		
1	10	金有国	510108197608208434	先锋建材	9时00分	技术交流	企划部	9时40分		
1	11	周丽梅	510304198305280311	将军漆业	9时30分	技术交流	人力资源部	11时30分		
1	12	陈娟	120202198209103111	张伟国艺	15时50分	洽谈业务	市场部	14时30分		
1	12	李静	510129198004145141	金辉科技	15时05分	洽谈业务	市场部李总	11时35分		
1	13	张洪涛	510304197402251024	宏发实业	14时20分	洽谈业务	市场部李总	15时30分		
1	13	赵伟伟	420222198007201362	百姓漆业	14时30分	联合培训	人力资源部	11时00分		
1	13	何晓璇	240102198405030531	青峰科技	14时50分	洽谈业务	企划部	13时40分		
1	16	谢东升	510129198003082002	远景实业	14时30分	联合培训	人力资源部	11时00分		
1	17	刘凯	110102197805237242	基华集团	9时30分	收款	财务部	10时30分		
1	18	张洪涛	510304197402251024	宏发实业	11时00分	洽谈业务	市场部李总	11时30分		

- 向上或向下拖动表格数据内部的水平分页符，向左或向右拖动表格数据内部的垂直分页符至页边距以外，可将该分页符从表格数据区域中取消。

第1篇

第5章

制作办公用品申领单

办公用品是公司的重要物资，直接关系到公司运营的成本和利润。因此在使用时应该做到物尽其用，杜绝浪费。本章将使用 Excel 制作一个办公用品申领单，此表格可以登记所有申领的办公用品，并明确物品的去向，以落实责任。通过学习，还可以进一步掌握 Excel 中形状和文本框的使用方法。

☐ 输入并美化表格

☐ 为表格添加边框

☐ 制作公司 Logo

☐ 设置并打印申领单

5.1 背景说明

办公用品申领单最主要的作用就是记录领用办公用品的具体情况，以便更好地管理和跟踪物品的去向，还能为公司财产清查提供有力的数据证明。每个公司制作的办公用品或其他用品申领单都有可能不同，这需要根据公司实际运作情况来进行实际分析。总体而言，只要表格中涉及到的各个项目可以很好地记录每次物品申领的实际情况和相关重要信息即可。一般来说，只要编制的申领单包含以下项目，便能胜任物品申领的记录工作。

● 体现申领部门和申领人：每一张申领单中都需要体现出是哪个部门领用了物品，具体又是谁领用的。这样可以将责任落实，便于日后对工作的管理以及财产清查。

● 体现申领明细：申领明细是此表格的核心组成部分，一般应具备物品名称、型号特征、申领日期、申领数量、申领原因和备注等项目。通过这些项目的记录，就能使每一次物品申领的情况得到最全面和细致的记录。

● 落实责任：对于此申领单是否生效、生效后由谁负责等问题，需要经办人、部门负责人和主管领导审批等项目。经办人一般指保管公司物品的部门人员、经手申领事务的当事人；部门负责人指提出申领物品需求的部门主管或其他领导；主管领导审批则是指负责公司后勤发放、物品申领等有关部门的领导在核实后需要签字确认。

5.2 案例目标分析

本案例制作的办公用品申领单，将作为公司文书体系中的一种，因此需要考虑将制作公司的 Logo，进一步体现此申领单的正式和规范。对于内容设计而言，申领单的编号、申领人和申领部门应放在标题下方，反映公司对申领行为的重视程度。具体的申领情况则汇总到一起，既方便填写，又方便查看，最后加上相关负责人签名栏即可。制作好的参考效果如下。

办公用品申领单　　　　　　　元卓科技 YUANZHUO TECHNOLOGY

编号：		申领人：		申领部门：	
物品名称	型号特征	申领日期	申领数量	申领原因	备注

经办人：	部门负责人：
主管领导审批：	

（裁剪线）

第 1 篇

5.3 制作过程

本案例同样需要先创建表格框架，然后美化表格和其中的数据。重点工作是公司 Logo 的制作、申领单的打印及相关设置等内容。

5.3.1 输入并美化表格

下面将创建"办公用品申领单 .xlsx"工作簿，然后输入标题和各项目数据，调整各行各列的高度与宽度，并美化单元格格式，其具体操作步骤如下。

微课：输入并美化表格

STEP 1 创建表格文件

❶新建工作簿并将其命名为"办公用品申领单 .xlsx"；❷将 Sheet1 工作表标签重命名为"申领单"。

STEP 2 输入表格数据

依次在表格相应的单元格中输入申领单的标题和各个项目。

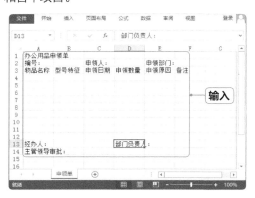

STEP 3 调整行高

将第 1 行行高设置为"45.00"，第 2 行行高设置为"27.00"，将第 3 行、第 13 行和第 14 行的行高均设置为"33.00"，第 4~12 行的行高设置为"18.00"。

STEP 4 调整列宽

将第 A~F 列的列宽均设置为"15.00"。

STEP 5 设置标题

❶将 A1:F1 单元格区域合并成一个单元格；❷将合并后的单元格字体格式设置为"黑体、

24、左对齐"。

将对齐方式设置为"左对齐"。

技巧秒杀

合并单元格

选中单元格区域后，单击【开始】/【对齐
方式】组中"合并后居中"按钮后的下拉
按钮，在打开的下拉列表中选择"合并单
元格"选项，则只会合并单元格区域，不
会居中对齐其中的数据。

STEP 6 设置项目与表头

①选中 A2:F3 单元格区域；②将字体加粗，

STEP 7 设置责任人数据

①选中 A13:F14 单元格区域；②将字体加粗，
将对齐方式设置为"左对齐"。

5.3.2 为表格添加边框

　　由于申领情况的所有项目放在一起，可以为表格添加边框，这样不仅
使表格看上去更加美观，而且更有层次感。下面使用绘制边框的方法为表
格添加边框，其具体操作步骤如下。

微课：为表格添加边框

STEP 1 取消网格线

在【视图】/【显示】组中取消选中"网格线"
复选框，目的是更好地观察即将添加的边框
效果。

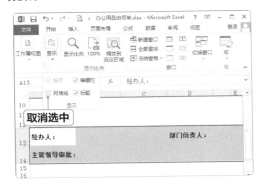

STEP 2 选择边框样式

①在【开始】/【字体】组中单击"边框"按钮
后的下拉按钮；②在打开的下拉列表中选择"线
型"选项，在打开的子列表中选择最后一种边
框样式。

STEP 3　绘制外边框

在 A3 单元格处按住鼠标左键不放，并拖动至 F14 单元格位置。

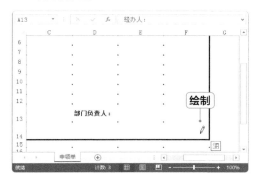

STEP 4　更改边框线型

再次单击"边框"按钮后的下拉按钮，在打开的下拉列表中选择"线型"选项，在打开的子列表中选择第 2 种边框样式。

STEP 5　绘制内边框

在 A3 单元格下方拖动鼠标指针至 F3 单元格，绘制内部框线。

STEP 6　绘制其他内边框

按相同的方法分别在第 12 行和第 13 行下方绘制内部边框。

操作解谜

擦除边框

如果手动绘制边框出错，除了可以按【Ctrl+Z】组合键撤销操作外，还可单击"边框"按钮后的下拉按钮，在打开的下拉列表中选择"擦出边框"选项，然后拖动鼠标指针擦除错误或无用的边框。

STEP 7　更改边框颜色

单击"边框"按钮后的下拉按钮，在打开的下拉列表中选择"线条颜色"选项，在打开的子列表中选择"白色、背景 1、深色 35%"颜色选项。

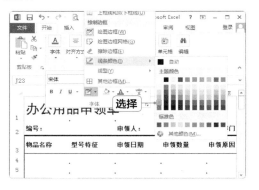

STEP 8　更改边框线型

再次单击"边框"按钮后的下拉按钮，在打开的下拉列表中选择"线型"选项，在打开的子列表中选择第 3 种边框样式。

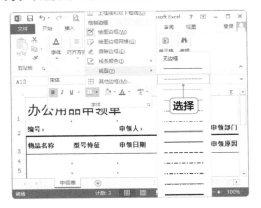

STEP 9　绘制内边框

在第 4 至 11 行下方绘制边框。绘制完成后按【Esc】键退出绘制状态即可。

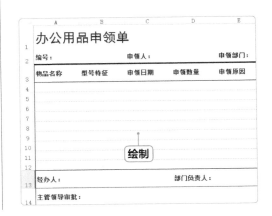

5.3.3　制作公司 Logo

　　公司 Logo 标志放置在申领单右上角，下面利用 Excel 的形状和文本框工具制作公司 Logo，其具体操作步骤如下。

微课：制作公司 Logo

STEP 1　选择形状

❶在【插入】/【插图】组中单击"形状"按钮；❷在打开的下拉列表中选择"基本形状"组中的"椭圆"选项。

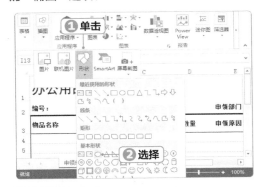

STEP 2　绘制圆形并设置大小

❶在工作表中单击鼠标绘制默认大小的圆形；❷在【绘图工具 格式】/【大小】组中将所绘圆形的高度和宽度均设置为"1.3 厘米"。

技巧秒杀

绘制椭圆和正圆

选择"椭圆"选项后，拖动鼠标可绘制任意大小的椭圆；按住【Shift】键不放并拖动鼠标，则可绘制任意大小的正圆。

STEP 3 应用样式

保持正圆的选中状态，在【绘图工具 格式】/【形状样式】组的下拉列表框中选择黑色最后一种样式选项。

STEP 4 选择形状

❶在【插入】/【插图】组中单击"形状"按钮；❷在打开的下拉列表中选择"环形箭头"选项。

技巧秒杀

快速找到使用过的形状

如果需要使用之前用到过的形状，则可在单击"形状"按钮后，在"最近使用的形状"栏中快速找到并使用。

STEP 5 绘制形状并设置大小

❶在工作表中单击鼠标，绘制默认大小的形状；

❷在【绘图工具 格式】/【大小】组中将所绘制的环形箭头的高度和宽度均设置为"1厘米"。

STEP 6 调整形状方向

❶保持形状的选中状态，在【绘图工具 格式】/【排列】组中单击"旋转"按钮；❷在打开的下拉列表中选择"水平翻转"选项；❸再次单击"旋转"按钮，在打开的下拉列表中选择"向左旋转90°"选项。

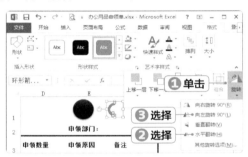

STEP 7 设置形状位置和颜色

❶拖动该形状到前面绘制的圆形上；❷在【绘图工具 格式】/【形状样式】组中单击"形状填充"按钮，在打开的下拉列表中选择"白色"选项；❸继续单击"形状轮廓"按钮，在打开的下拉列表中选择"白色"选项。

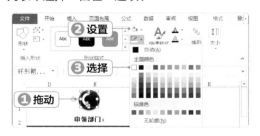

STEP 8　设置形状效果

❶继续保持形状的选中状态，单击【绘图工具格式】/【形状样式】组中的"形状效果"按钮；❷在打开的下拉列表中选择"棱台"选项，在打开的下拉列表中选择第4种样式选项。

STEP 9　调整环形箭头形状

拖动环形箭头尾部的黄色控制点，使其显示为类似四分之三的圆形效果。

　操作解谜

形状上的控制点

选中某个形状后，一般都会出现3种控制点。四周的白色控制点用于调整形状的宽度和高度；黄色控制点用于调整形状的外观；环形箭头控制点用于调整形状方向。

STEP 10　设置对齐方式

❶按住【Shift】键的同时，单击正圆将其加选；❷在【绘图工具 格式】/【排列】组中单击"对齐"按钮，在打开的下拉列表中选择"水平居中"选项；❸再次单击"对齐"按钮，在打开的下拉列表中选择"垂直居中"选项。

STEP 11　组合图形

保持两个形状的选中状态，在【绘图工具 格式】/【排列】组中单击"组合"按钮，在打开的下拉列表中选择"组合"选项，将它们组合为一个对象。

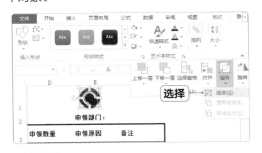

STEP 12　使用文本框

在【插入】/【文本】组中单击"文本框"按钮。

STEP 13　插入文本框并输入文本

在工作表中单击鼠标插入文本框，直接输入"元卓 科 技"（注意每个文字之间有一个空格）。

STEP 14　设置文本格式

❶单击文本框的边框，选中整个文本框对象；
❷在【开始】/【字体】组中将文本格式设置为
"微软雅黑、16、加粗"。

STEP 15　复制文本框

❶按住【Ctrl】键不放，拖动文本框边框将其
复制；❷修改复制的文本框内容；❸将该文本
框的字体大小设置为"9"。

STEP 16　对齐文本框

❶按住【Shift】键的同时，单击上方的文本框
将其加选；❷在【绘图工具 格式】/【排列】

组中单击"对齐"按钮，在打开的下拉列表中
选择"左对齐"选项。

STEP 17　组合对象

❶拖动组合的文本框至圆形右侧；❷加选圆形
组合对象，然后将它们组合在一起。

STEP 18　应用发光效果

❶适当调整组合的对象的位置，然后在【绘图
工具 格式】/【形状样式】组中单击"形状效果"
按钮；❷在打开的下拉列表中选择"发光"选项，
在打开的子列表中选择第 3 种样式选项。

5.3.4 设置并打印申领单

完成表格制作后，为方便打印，可以设计裁剪线。为了合理利用纸张空间，可适当复制表格。其具体操作步骤如下。

微课：设置并打印申领单

STEP 1 自定义边距

❶单击"文件"选项卡，选择左侧的"打印"选项；❷单击"正常边距"按钮，在打开的下拉列表中选择"自定义边距"选项。

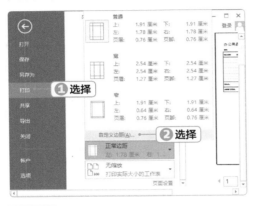

STEP 2 设置对齐方式

❶打开"页面设置"对话框，单击"页边距"选项卡，选中"水平"复选框和"垂直"复选框；❷单击"确定"按钮。

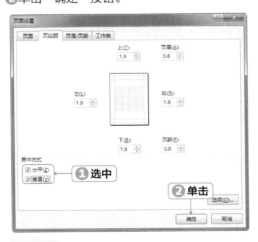

STEP 3 复制表格对象

❶按【Esc】键返回工作表界面，在第 1 行行

号处按住鼠标左键不放，向下拖动至第 14 行行号处，选中连续的多行；❷按【Ctrl+C】组合键复制表格。

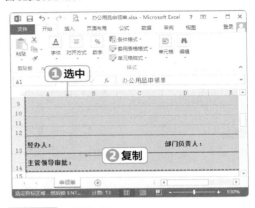

STEP 4 粘贴对象

单击第 19 行行号选中该行，按【Ctrl+V】组合键粘贴复制的对象。

STEP 5 绘制直线

❶选择"直线"形状，按住【Shift】键，在第 16 行与第 17 行之间绘制一条与表格宽度相同的水平直线；❷在【绘图工具 格式】/【形状样式】组中单击"形状轮廓"按钮，在打开的下

第1篇

拉列表中选择"黑色"选项；❸继续将虚线样式设置为"长划线"。

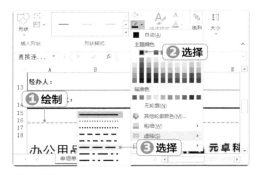

STEP 6 插入文本框

插入文本框，在其中输入"（裁剪线）"文本，将其移至虚线下方。

STEP 7 预览并打印表格

再次进入预览状态，确认表格无误后，将其打印出来即可。

边学边做

1. 制作申领汇总表

某工业园区管委会接到政府通知，要求将需要申领住房保险待遇的所有员工等数据汇总到申领表格中，以便查看该工业园区各单位的申领人数、申领金额等信息。根据这个情况制作申领汇总表，该表主要用于登记需要申领住房保险待遇的员工的总体情况，因此只需体现申领人单位、申领人数、正式员工和编外员工的人数、预计领取金额数据等，无需明细员工的情况。具体要求如下。

- 合并 A1:H1 单元格区域，输入标题，将格式设置为"华文中宋、20、加粗、居中对齐"。
- 合并 A2:C2 单元格区域，输入文本，将格式设置为"12、左对齐"；按相同的方法处理 D2:F2 单元格区域和 G2:H2 单元格区域，但 G2:H2 单元格区域的对齐方式设置为"右对齐"。
- 在 A3:H5 单元格区域中输入表头项目和序号，依次合并 A3:A4、B3:B4、C3:C4、

F3:F4 单元格区域，然后将表头文本的格式设置为"10、加粗、居中对齐"。

● 合并 A18:C18 单元格区域，输入"合计："，将格式设置为"10、加粗、居中对齐"。

● 在第 9~12 行中分别输入相应文本，然后水平合并相应的单元格区域，将格式设置为"10、左对齐"，同时将第 9 行的单元格设置为"下端对齐"。

● 适当调整各行各列的行高和列宽。

● 手动绘制表格边框。外边框用最粗的框线；第 5 行下边框和第 18 行上边框添加较粗的框线；其余各行添加细框线。对于列而言，除 D 列和 E 列之间，以及 G 列和 H 列之间添加细框线之外，其余各列均添加双线框线。

● 将表格保存为"申领汇总表 .xlsx"，预览打印效果。

2. 制作报销申请单

公司需要重新编制报销申请单，要求该表格能完整地体现涉及报销申请的所有数据，以便日后查证或管理。此表格中涉及 3 种边框样式，且表格的项目数据较多，表格左上角需要放置公司 Logo 标志，该标志由"L 型"和"环形箭头"形状组合而成，下方插入文本框，输入公司简称，具体要求如下。

● 合并 A1:O1 单元格区域，输入标题，将格式设置为"黑体、20、居中对齐"。

● 分别合并 A2:C2、D2:E2、F2:O2、F3:O3 单元格区域，输入文本，将格式设置为"10、加粗、左对齐"。

● 合并 A4:E4 单元格区域，并在 A4:O4 单元格区域中输入相应内容，然后将文本格式设置为"10、加粗、居中对齐"。

● 在 A5:A14 单元格区域中输入数字，将格式设置为"10、加粗、居中对齐"。

● 合并 A15:O15 单元格区域，输入文本，将格式设置为"10、加粗、左对齐"。

- 依次合并 A16:B16、C16:D16、E16:G16、H16:K16、L16:O16 单元格区域,输入文本,将格式设置为"10、加粗、左对齐"。
- 依次合并 A17:B17、C17:D17、E17:G17、H17:K17、L17:O17 单元格区域,输入文本,将格式设置为"10、加粗、底端对齐"。
- 适当调整各行各列的行高和列宽。
- 为 A2:O17 单元格区域依次添加"所有框线"和"粗匣框线"边框。然后进入手动绘制框线状态,为第 3 行、第 14 行和第 15 行下方添加较粗的框线;为 E 列右侧添加双线框线;为 G 列、J 列、M 列右侧添加较粗框线;擦除第 16 行下方的框线。
- 利用形状和文本框制作公司 Logo,为两个形状应用预设的最后一行橙色样式;将文本框中的文本格式设置为"微软雅黑、16、加粗、橙色"。
- 将表格保存为"报销申请单 .xlsx",预览打印效果。

知识拓展

1. 调整形状叠放顺序

当工作表中存在多个形状时,必然会涉及排列顺序的问题。Excel 默认新绘制的形状放在上层,但根据需要,可以手动调整它们的叠放顺序,方法有以下 4 种。

- **上移一层:** 选中形状,在【绘图工具 格式】/【排列】组中单击"上移一层"按钮,可将形状移到上一层形状上面。
- **下移一层:** 选中形状,在【绘图工具 格式】/【排列】组中单击"下移一层"按钮,可将形状移到下一层形状下面。

- 置于顶层：选中形状，在其上单击鼠标右键，在弹出的快捷菜单中选择"置于顶层"命令，可将形状移到最上层。
- 置于底层：选中形状，在其上单击鼠标右键，在弹出的快捷菜单中选择"置于底层"命令，可将形状移到最底层。

2. 自主设计形状

选中形状，在【绘图工具 格式】/【插入形状】组中单击"编辑形状"按钮，在打开的下拉列表中选择"编辑顶点"选项，便可通过编辑形状上的顶点来设计新的形状。常用的3种操作方法如下。

- 移动顶点：拖动形状上的某个黑色顶点即可移动其位置。
- 添加与删除顶点：在形状的红色路径上单击鼠标右键，在弹出的快捷菜单中选择"添加顶点"命令可以添加顶点；在顶点上单击鼠标右键，在弹出的快捷菜单中选择"删除顶点"命令可以删除当前顶点。
- 更改顶点类型：在顶点上单击鼠标右键，在弹出的快捷菜单中选择相应的命令可更改顶点类型。其中，角部顶点可以独立调整两侧的手柄来控制路径；直角点可以同时调整两侧的手柄，但调整力度各有侧重；平滑顶点与直角点类似，但两个手柄的调整力度相同。

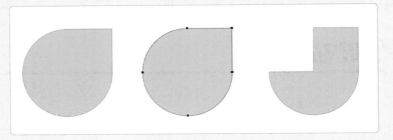

第1篇

第6章

制作年终分析与总结 PPT

在日常办公中，人们常把 PowerPoint 制作的演示文稿叫作 PPT。使用 PowerPoint 制作的演示文稿能在多种场合进行放映，丰富且生动的内容也让它越来越成为炙手可热的办公软件。本案例将制作一份年终分析与总结 PPT，通过本案例可以对 PowerPoint 有全新的认识，并能掌握各种相关的基本操作。

☐ 新建演示文稿并应用主题

☐ 制作 PPT 封面和目录

☐ 编辑内容幻灯片

6.1 背景说明

分析和总结是公司经常组织的会议，一般分为定期组织的会议和突发组织的会议。定期组织的会议包括季度分析和总结、年度分析和总结等会议，这种会议一般是收集一段时间内出现的问题并进行分析、总结。而突发组织的会议则多是因为公司运行、生产中出现了突发问题，需要紧急处理而进行的。

6.2 案例目标分析

本例制作的分析和总结会议 PPT 属于定期组织的年度分析、总结会议。该会议需要涉及到公司当前运营状态、公司出现的状态、内外环境分析对比、策略和具体解决方案等。本例制作的分析和总结并没有文字难以概括的内容，所以不需要借助太多的图形和图片，只需要简单地为内容设置统一格式即可。制作后的部分幻灯片参考效果如下。

6.3 制作过程

PPT 包括多张幻灯片，每张幻灯片的内容各有不同，但所有幻灯片的风格是统一的。因此，本案例首先应该为 PPT 应用同一种主题，然后逐一制作封面、目录和其他内容幻灯片。

6.3.1 新建演示文稿并应用主题

下面首先创建并保存演示文稿，然后为其应用 PowerPoint 预设的主题效果，并在此基础上对主题进行适当修改，其具体操作步骤如下。

微课：新建演示文稿并应用主题

STEP 1　新建演示文稿

启动 PowerPoint 2013，单击右侧的"空白演示文稿"缩略图，新建演示文稿。

STEP 2　应用主题

在【设计】/【主题】组中单击"其他"按钮，在打开的下拉列表框中选择"深度"选项。

STEP 3　更改主题字体

在【设计】/【变体】组中单击"其他"按钮，在打开的下拉列表中选择"字体"选项，在打开的列表框中选择"Office 2007 –2010"选项。

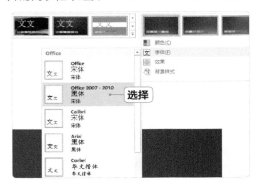

STEP 4　更改主题颜色

再次单击【设计】/【变体】组中的"其他"按钮，在打开的下拉列表中选择"颜色"选项，在打开的列表框中选择"黄色"选项。

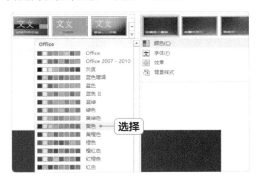

操作解谜

主题中的字体和颜色

主题中的字体可以使演示文稿中的标题、副标题和各级别文本应用统一的字体样式；而主题中的颜色则可以使演示文稿中插入的形状、文本框等应用统一的颜色样式。

STEP 5　保存演示文稿
按【Ctrl+S】组合键，保存新建的演示文稿，名称为"年终分析和总结.pptx"，其保存方法

与 Word 和 Excel 的操作方法相同。

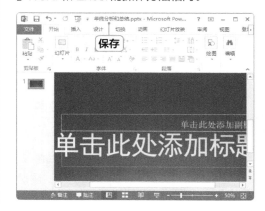

6.3.2　制作 PPT 封面和目录

由于是年终分析与总结，涉及到的问题较多，在设计 PPT 封面后，还应该再设计一张目录幻灯片，能很好地起到导航作用，其具体操作步骤如下。

微课：制作 PPT 封面和目录

STEP 1　输入标题
单击标题占位符，在其中输入此演示文稿的标题"年终分析和总结"。

操作解谜

什么是占位符

占位符可以理解为特定格式的文本框，它是 PowerPoint 为提醒用户输入内容而设计的一种工具，常见的有标题占位符、副标题占位符和内容占位符几种。可以按设置文本框的方法对占位符进行各种设置。

STEP 2　输入副标题
单击副标题占位符，在其中输入演示文稿的副标题"德奥轮胎有限公司"。

STEP 3　新建幻灯片
在【开始】/【幻灯片】组中单击"新建幻灯片"按钮下方的下拉按钮，在打开的下拉列表框中选择"仅标题"选项。

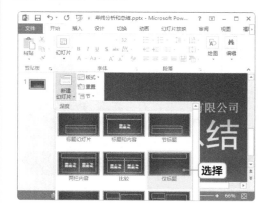

STEP 4 输入标题

在新建幻灯片的占位符中输入标题"目录"。

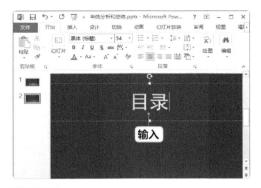

STEP 5 选择矩形

在【插入】/【插图】组中单击"形状"按钮，在打开的下拉列表中选择"矩形"选项。

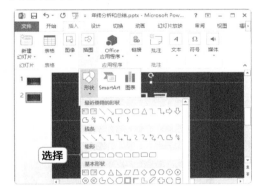

STEP 6 绘制矩形

❶拖动鼠标在占位符下方绘制一个长条矩形。

❷在【绘图工具 格式】/【形状样式】组中为所绘制的矩形应用第3行第2种样式选项。

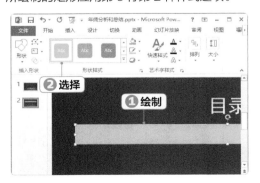

STEP 7 添加文本

在矩形上单击鼠标右键，在弹出的快捷菜单中选择"编辑文字"命令。

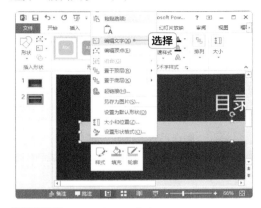

STEP 8 输入并设置文本

❶在矩形中输入文本；❷选中输入的文本，将其格式设置为"微软雅黑、20、加粗"。

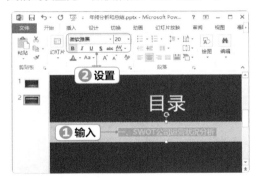

STEP 9 复制矩形

❶将鼠标移至矩形上，按住【Ctrl】键的同时，向下拖动鼠标复制矩形；❷修改复制的矩形中的文本内容。

技巧秒杀

水平或垂直复制形状

复制形状时，【Ctrl】键具备复制功能，【Shift】键具备直线方向功能。因此，按住【Ctrl+Shift】组合键拖动形状，可实现在水平或垂直方向上复制形状。

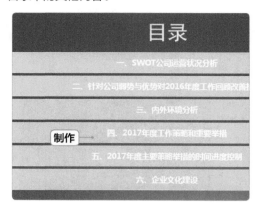

目录中的其他内容。

STEP 10 制作目录的其他内容
按照复制矩形并修改内容的方法，继续制作出

6.3.3 编辑内容幻灯片

接下来开始对每一张内容幻灯片进行制作，通过这个环节，可以综合学习 PowerPoint 的各种基本功能，其具体操作步骤如下。

微课：编辑内容幻灯片

STEP 1 新建幻灯片
在【开始】/【幻灯片】组中单击"新建幻灯片"按钮下的下拉按钮，在打开的下拉列表中选择"仅标题"选项。

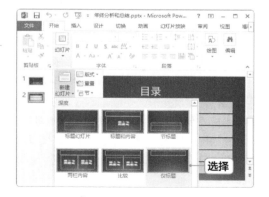

STEP 2 输入标题
在新建幻灯片的占位符中输入"德奥轮胎有限公司 SWOT 现状分析"文本。

STEP 3 绘制直线
❶在【插入】/【插图】组中单击"形状"按钮，在打开的下拉列表中选择"直线"选项，按住【Shift】键不放并向右拖动鼠标，绘制水平直线；❷按相同的方法再绘制一条垂直直线；❸拖动直线，调整它们在幻灯片中的位置。

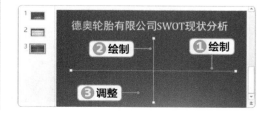

技巧秒杀

快速新建幻灯片
按【Ctrl+M】组合键可在当前幻灯片中新建空白幻灯片，新建幻灯片的版式与当前幻灯片的版式相同。

STEP 4 设置直线粗细

❶按住【Shift】键不放，依次单击两条直线；
❷在【绘图工具 格式】/【形状样式】组中单击"形状轮廓"按钮后的下拉按钮；❸在打开的下拉列表中选择"粗细"选项，在打开的子列表中选择"3磅"选项。

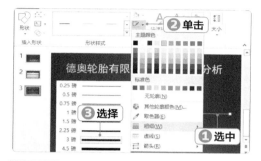

STEP 5 插入文本框

在【插入】/【文本】组中单击"文本框"按钮下的下拉按钮，在打开的下拉列表中选择"横排文本框"选项。

STEP 6 输入文本并设置格式

❶拖动鼠标，在幻灯片左上角绘制一个文本框；
❷在绘制的文本框中输入文本（光盘素材中有现成的文本可供使用）；❸选中输入的"优势"文本，在【开始】/【字体】组中将其格式设置为"方正准圆简体、22"。

STEP 7 设置文本格式

❶选中其他文本内容；❷将其字号设置为"22"；
❸在【开始】/【段落】组中单击"提高列表级别"按钮。

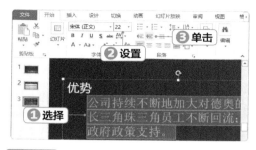

STEP 8 添加项目符号

❶选中"优势"文本；❷在【开始】/【段落】组中单击"项目符号"按钮后的下拉按钮，在打开的下拉列表中选择"项目符号和编号"选项。

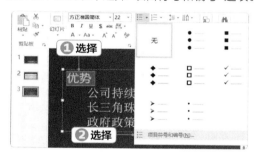

STEP 9 设置项目符号样式和颜色

❶打开"项目符号和编号"对话框，单击"项目符号"选项卡，在其中选择空心正方形对应的选项；❷单击"颜色"按钮，在打开的下拉列表中选择"绿色"选项；❸单击"确定"按钮。

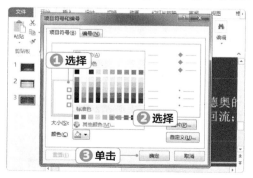

STEP 10 设置其他内容

按相同的方法绘制文本框，在其中输入文本，设置文本格式并添加项目符号。

STEP 11 新建幻灯片

❶新建版式为"标题和内容"的幻灯片；❷在其中输入标题文本和内容文本；❸选中带有编号的文本，在【开始】/【段落】组中单击"提高列表级别"按钮提升级别。

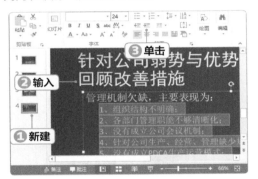

STEP 12 设置行距

❶选中内容占位符中的所有文本；❷在【开始】/【段落】组中单击"行距"按钮，在打开的下拉列表中选择"1.5"选项。

技巧秒杀

快速改变文本级别

选中需调整级别的文本段落，按【Tab】键可提升级别；按【Shift+Tab】组合键可降低级别。

STEP 13 复制幻灯片

在左侧幻灯片窗格中第 4 张幻灯片缩略图上单击鼠标右键，在弹出的快捷菜单中选择"复制幻灯片"命令。

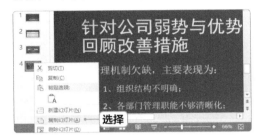

STEP 14 修改文本

将复制得到的幻灯片中内容占位符的文本进行更改，并提高带有编号文本段落的级别。

STEP 15 复制幻灯片

复制第 5 张幻灯片，按相同的方法更改内容，并提升文本段落级别。然后选中"存在问题："文本，按【Ctrl】键继续选中"改善措施："文本。

STEP 16　设置项目符号

❶打开"项目符号和编号"对话框，选择空心正方形对应的选项；❷将颜色设置为"绿色"；❸单击"确定"按钮。

STEP 17　设置第 7~10 张幻灯片

按相同的方法复制幻灯片，然后修改幻灯片内容，并为文本段落提升级别，为有并列关系的文本段落添加相同的项目符号。带有编号的文本段落无需添加项目符号。

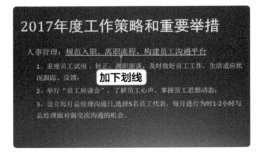

STEP 18　设置第 11~14 张幻灯片

继续通过复制并修改的方法创建第 11~14 张幻灯片，这几张幻灯片无需添加项目符号，但同样要提升文本段落级别，并为第一行文本添加下划线。

STEP 19　新建幻灯片

❶新建版式为"标题和内容"的幻灯片，在标题占位符中输入标题；❷单击内容占位符中的"插入表格"按钮。

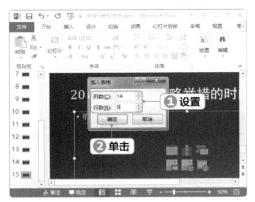

STEP 20　设置表格行列数

❶打开"插入表格"对话框，设置列数和行数分别为"14"和"9"；❷单击"确定"按钮。

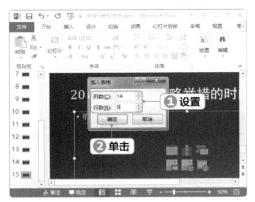

STEP 21 输入内容

❶在表格中输入文本；❷根据内容调整表格的位置，以及行高和列宽；❸选中所有单元格，将对齐方式设置为"居中"。

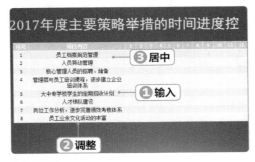

STEP 22 设置单元格底纹颜色

❶选中第 2 行第 3 列单元格；❷在【表格工具设计】/【表格样式】组中单击"底纹"按钮，在打开的下拉列表中选择第 1 行第 6 种颜色对应的选项。

STEP 23 设置底纹颜色

继续为其他单元格填充相同的底纹颜色，表示

该月份需要执行对应的项目内容。

STEP 24 新建幻灯片

新建版式为"标题和内容"的幻灯片，输入相应的内容，然后为内容占位符中的文本段落添加项目符号，并设置行距为"1.5"。

STEP 25 新建幻灯片

新建版式为"节标题"的幻灯片，在两个占位符中输入相应的文本即可。

边学边做

1. 制作个人总结 PPT

公司年终要求各部门员工制作个人年终总结，全面地表现自己一年来的付出、收获，以

及各方面的得失。下面利用PPT来制作该个人总结（光盘提供有纯文本素材，以减少输入量），
具体要求如下。

- 应用"环保"主题，更改为第4种变体，然后将主题字体设置为倒数第4种样式，主题颜
  色设置为"灰度"。
- 在第1张幻灯片中输入标题和副标题，为姓名加下划线。
- 新建"标题和内容"版式的幻灯片，输入标题和内容。
- 新建"仅标题"版式的幻灯片，输入标题，绘制矩形，添加文本制作内容。
- 新建第4~6张"标题和内容"幻灯片，输入相应的标题和内容。

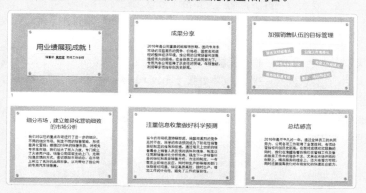

2.　制作工作计划PPT

　　企业销售部门对于销售工作都会定期制定详尽的计划。下面就制作一个销售部在第四季
度开始前的销售工作计划PPT（光盘提供有纯文本素材，以减少输入量），具体要求如下。

- 应用"平面"主题，更改为第4种变体，然后将主题字体设置为第5种样式。
- 依次创建并输入文本，也可通过复制幻灯片更改文本的方式来制作。涉及到数字、字
  母等英文字体，设置为"Times New Roman"。并在"段落"对话框中将段后距离设
  置为"10"磅。
- 将重点突出的文本颜色设置为"黄色"，字号设置为"24"。

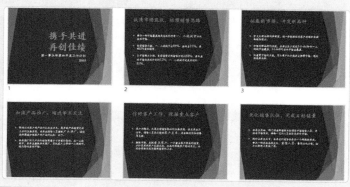

知识拓展

1. 利用大纲窗格输入各级文本

如果制作的 PPT 内容以文本居多，则完全可以在大纲视图下，利用大纲窗格完成文本的输入和级别的设置，其具体操作步骤如下。

❶ 新建演示文稿，在【视图】/【演示文稿视图】组中单击"大纲视图"按钮，此时将在界面左侧显示大纲窗格（单击"普通"按钮可重新返回普通视图模式）。

❷ 将光标插入点定位到其中，输入文本后，默认为幻灯片的标题。

❸ 按【Enter】键将新建幻灯片，此时需要按【Tab】键提高级别，才能输入幻灯片的副标题。

❹ 再次按【Enter】键，此时只能换行，因此需要按【Shift+Tab】组合键降低级别，才能新建幻灯片。也就是说，在标题文本处按【Enter】键会新建幻灯片，在非标题文本处按【Enter】键则将换行。

❺ 合理利用【Enter】键、【Tab】键和【Shift+Tab】组合键，就能轻易地在大纲窗格中完成各级别文本的输入与转换。

2. 调整幻灯片位置

创建多张幻灯片并设置内容后，可根据需求随时调整幻灯片的位置，也就是改变幻灯片的编号，这个位置直接决定了幻灯片的放映先后顺序。调整幻灯片位置的方法很简单，只需在幻灯片窗格中拖动需调整位置的幻灯片，至目标位置后释放鼠标即可，整个过程非常直观且易于控制。

第2篇

第7章

制作劳动合同

劳动合同是劳动者与用人单位之间确立劳动关系、明确双方权利和义务的协议，是每个单位都应该具备的规范性文件。本章将介绍利用 Word 制作劳动合同的方法，通过学习掌握在 Word 中进行页面设置、输入和设置文档内容以及打印文档等操作，同时还能学会电子印章的制作技巧。

☐ 设置首页内容

☐ 制作合同条款

☐ 制作落款和页面边框

☐ 制作电子印章

☐ 打印文档

7.1 背景说明

劳动合同是一种具有法律效力的合同，就内容而言，它包含两大方面，分别是必备条款和约定条款。

7.1.1 劳动合同的必备条款

《劳动法》第 19 条规定了劳动合同必须包含以下内容。

- **劳动合同期限：**法律规定合同期限分为 3 种，即固定期限、无固定期限和以完成一定的工作为期限。固定期限合同就是明确说明期限的劳动合同；无固定期限劳动合同没有具体时间约定，正常情况下合同应延续到劳动者到达退休年龄；以完成一定的工作为期限的劳动合同也比较常见，比如以完成某一工程为期限的合同等。无论哪种合同期限，用人单位与劳动者都可以具体协商，并根据双方的实际情况和需要来约定。

- **工作内容：**在这一条款中，双方可以约定工作数量、质量和劳动者的工作岗位等内容。在约定工作岗位时可以约定较宽泛的岗位概念，也可另外签一份短期的岗位协议作为劳动合同的附件，还可约定在何种条件下可以变更岗位等。

- **劳动保护和劳动条件：**此条款可以约定工作时间和休息休假的规定，各项劳动安全与卫生的措施，对女工和未成年工的劳动保护措施与制度，以及用人单位为不同岗位劳动者提供的劳动、工作的必要条件等。

- **劳动报酬：**此条款可以约定劳动者的标准工资、加班加点工资、奖金、津贴、补贴的数额及支付时间和支付方式等。

- **劳动纪律：**此条款应当考量用人单位制定的规章制度，可采取将内部规章制度印制成册，作为合同附件的形式加以简要约定。

- **劳动合同终止的条件：**这一条款主要是双方约定哪些情况下可以中止合同，常见的是在无固定期限的劳动合同中进行约定。

- **违反劳动合同的责任：**此条款一般可约定两种形式的违约责任，一种是由于一方违约给对方造成经济损失，约定赔偿损失的方式；另一种是约定违约金，采用这种方式应当注意根据职工一方承受能力来约定具体金额，不应出现有失公平的情形。另外，这里讲的违约，即违反劳动合同，不是指一般性的违约，而是指违约程度比较严重，达到致使劳动合同无法继续履行的程度，如职工违约离职、单位违法解除劳动合同等情况。

7.1.2 劳动合同的约定条款

除必备条款外，用人单位与劳动者还可以协商约定其他的内容，一般称为协商条款或约定条款。这类条款是指在当国家法律规定不明确，或国家尚无相关法律规定的情况下，用人单位与劳动者根据双方的实际情况协商约定的一些随机性条款，如约定试用期、保守用人单位商业秘密的事项、用人单位内部的一些福利待遇、房屋分配或购置等内容。

7.2 案例目标分析

　　劳动合同具有法律效力，因此在制作时，必须保证它的必备条款不能遗漏。当然，这样其实也减小了文件的制作难度，因为大部分内容都是固定的，不用花费过多精力去设计和构思。只要按照《劳动法》的要求，说明必备条款的内容并根据公司实际情况来制作约定条款即可。就本案例而言，也应该按照该思路来制作劳动合同，并在此基础上，适当美化文档内容，使劳动合同看上去更加清楚、正规和美观。最终的参考效果如下。

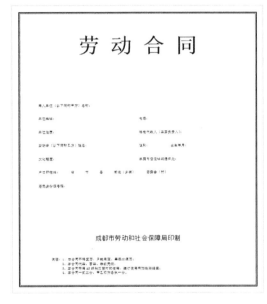

7.3 制作过程

　　由于劳动合同需要用 A3 纸打印，本案例首先应进行页面大小的调整，然后输入内容并设置格式，接着为页面添加边框，最后利用艺术字和形状工具制作出电子印章并打印合同。

7.3.1 设置首页内容

　　下面先新建"劳动合同 .docx"文档，然后设置页面大小，并针对首页的内容进行制作，其具体操作步骤如下。

微课：设置首页内容

STEP 1 新建并保存文档

启动 Word 2013 并按【Esc】键，然后将新建的空白文档保存为"劳动合同 .docx"。

STEP 2 设置纸张大小

在【页面布局】/【页面设置】组中单击"纸张大小"按钮，在打开的下拉列表中选择"A3"选项。

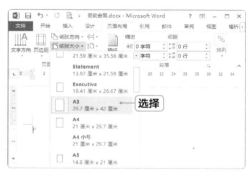

操作解谜

没有 A3 纸的大小选项怎么办

有的用户的"纸张大小"下拉列表中没有A3选项，造成这种情况的原因是当前连接的打印机不支持A3页面的打印。因此，只需要进入打印预览界面，重新选择打印机，找到支持A3页面的打印机选项。

STEP 3 自定义页边距

继续在【页面布局】/【页面设置】组中单击"页边距"按钮，在打开的下拉列表中选择"自定义边距"选项。

STEP 4 设置页边距

❶在打开的对话框中将上、下页边距设置为"2.54 厘米"，将左、右页边距设置为"3.17厘米"；❷单击"确定"按钮。

STEP 5 输入劳动合同

完成页面设置后，便可在空白文档中输入劳动合同中首页的内容，也可直接利用光盘提供的素材文件快速输入，该素材地址为"光盘\素材\第 7 章\劳动合同文本 .txt"。

STEP 6 设置标题格式

❶选中第 1 行文本，将其格式设置为"宋体、72、加粗、居中对齐"；❷在每个文字中间输入一个空格。

STEP 7 设置段落间距

❶选中该行文本段落，在【开始】/【段落】组中单击"对话框启动器"按钮，打开"段落"对话框，将段前和段后距离均设置为"10 行"；❷单击"确定"按钮。

STEP 8 设置文本段落格式

选中第 2~8 行文本段落，将其格式设置为"宋体、小四、段后间距 2 行"。

STEP 9 设置文本段落格式

选中第 9 行文本段落，将其格式设置为"宋体、二号、居中对齐、段前间距 10 行，段后间距 3 行"。

STEP 10 设置文本段落格式

❶选中最后 4 行文本段落，将其格式设置为"宋体、小四"；❷拖动标尺上的"左缩进"滑块至标记"4"处。

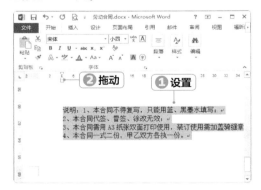

STEP 11 **调整左缩进距离**

重新选中倒数 3 行文本段落，按相同的方法调整其左缩进距离，使其编号与上一段落的编号对齐。

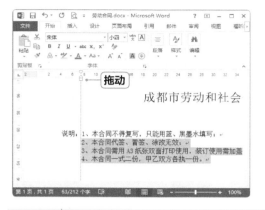

STEP 12 **设置段后距离**

再次选中最后 1 行文本段落，将其段后间距设置为"3 行"，目的在于使劳动合同的条款内容可以在新的一页进行输入。

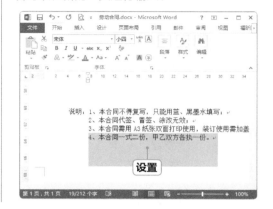

7.3.2 制作合同条款

合同条款是劳动合同的核心部分，应保证内容齐全且易于阅读。下面通过应用样式、添加编号和项目符号等操作来制作合同条款，其具体操作步骤如下。

微课：制作合同条款

STEP 1 **输入条款内容**

将光标插入点定位到当前文档的最末尾，按【Enter】键换行至第 2 页，在【开始】/【字体】组中单击"清除所有格式"按钮，然后输入（或利用素材复制）劳动合同的所有条款内容。

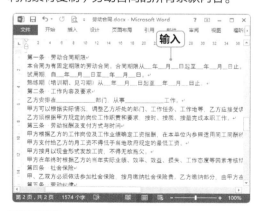

STEP 2 **应用样式**

❶选中第一条标题段落；❷在【开始】/【样式】

组中单击"其他"按钮，在打开的下拉列表中选择"标题 2"选项；❸双击【开始】/【剪贴板】组中的"格式刷"按钮。

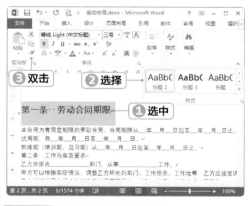

STEP 3 **使用格式刷复制格式**

❶选中其他条款的标题，为其应用相同的样式；❷再次单击【开始】/【剪贴板】组中的"格式刷"按钮，退出格式刷状态。

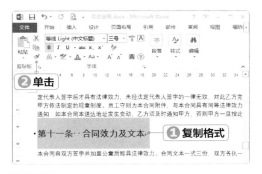

① 复制格式

STEP 4 设置段落格式

❶选中第一条下的正文内容，在其上单击鼠标右键；❷在弹出的快捷菜单中选择"段落"命令。

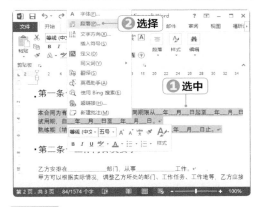

② 选择

❶ 选中

STEP 5 设置首行缩进

❶在打开的对话框的"特殊格式"下拉列表中选择"首行缩进"选项，将缩进值设置为"2字符"；❷单击"确定"按钮。

❶ 设置

② 单击

STEP 6 复制格式

利用格式刷为其他条款下的正文内容应用相同的格式。

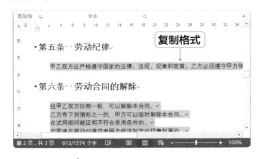

复制格式

技巧秒杀

快速为多段落应用格式

如果需要应用相同格式的文本和段落分散在文档的各个位置，则可按以下方法快速为它们应用相同格式：选中具有格式的文本或段落，按【Ctrl+Shift+C】组合键复制格式；选中目标文本或段落，继续按住【Ctrl】键加选其他文本或段落，完成后按【Ctrl+Shift+V】组合键即可。

STEP 7 添加编号

重新选中第一条下的正文内容，在【开始】/【段落】组中单击"编号"按钮后的下拉按钮，在打开的下拉列表中选择"一、二、三、……"样式的编号选项。

选择

STEP 8 添加项目符号

❶选中第二条下的正文内容；❷在【开始】/【段落】组中单击"项目符号"按钮后的下拉按钮，在打开的下拉列表中选择"定义新项目符号"选项。

STEP 9 设置项目符号

打开"定义新项目符号"对话框，单击"符号"按钮。

STEP 10 选择项目符号

❶打开"符号"对话框，在其中选择粗圆环对应的选项；❷依次单击"确定"按钮。

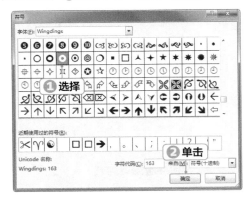

STEP 11 应用编号

依次为第三条、第八条、第十条的正文内容和第六条中的部分内容添加编号。

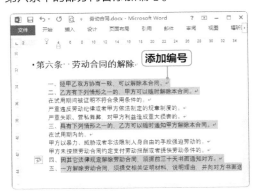

操作解谜

编号连续的问题

如果同时选中需添加编号的所有段落，然后再添加编号，所选段落会出现连续编号的情况。比如选中了第三条的三段段落和第六条的前两段段落，则添加编号后，第六条的两段段落编号会显示为"四、五、"。此时只需在显示"四、"的段落上单击鼠标右键，在弹出的快捷菜单中选择"重新开始于一"命令即可更改编号。

STEP 12 应用项目符号

❶为第六条的剩余正文内容应用项目符号；❷拖动标尺上的"悬挂缩进"滑块至标记"4"处，调整其悬挂缩进。

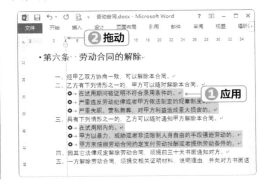

STEP 13　更改字体

按【Ctrl+A】组合键全选文档内容，将字体设置为"宋体"。

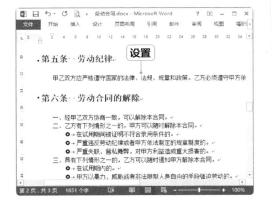

STEP 14　设置段后间距

将所有条款下的正文段落的段后间距设置为"0.5 行"。

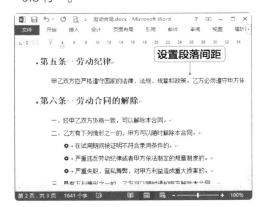

7.3.3　制作落款和页面边框

接下来将对劳动合同的落款和页面边框进行设计，这不仅使合同更加规范，也增加了合同的美观性，其具体操作步骤如下。

微课：制作落款和页面边框

STEP 1　输入落款内容

❶在文档末尾输入落款内容，并利用【Enter】键调整各项落款内容的前后距离；❷将甲方、法定代表人和乙方这三段段落的右缩进调整至标记为"50"的位置。

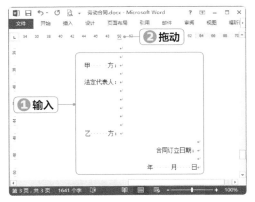

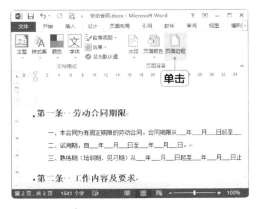

STEP 2　添加页面边框

在【设计】/【页面背景】组中单击"页面边框"按钮。

技巧秒杀

用其他方式打开设置页面边框的对话框

在【开始】/【段落】组中单击"边框"按钮后的下拉按钮，在打开的下拉列表中选择"边框和底纹"选项，在打开的对话框中可通过单击"页面边框"选项卡切换到设置页面边框的状态。

STEP 3 选择边框样式

❶在打开的"边框和底纹"对话框的"样式"列表框中选择上粗下细的边框选项；❷单击"确定"按钮。

7.3.4 制作电子印章

印章是劳动合同不可缺少的部分，人力资源部门经常会用到电子印章，下面将学习使用艺术字和形状来制作电子印章，其具体操作步骤如下。

微课：制作电子印章

STEP 1 绘制圆形并设置大小

❶在文档中绘制圆形；❷在【绘图工具 格式】/【大小】组中将其高度和宽度均设置为"5厘米"。

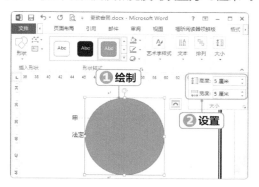

STEP 2 设置圆形的填充效果和轮廓效果

利用【绘图工具 格式】/【形状样式】组中的"形状填充"按钮将圆形的填充色设置为"无填充颜色"，并利用"形状轮廓"按钮将圆形的轮廓色设置为"红色"，粗细设置为"6磅"。

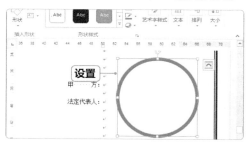

技巧秒杀

等比例缩放形状

按住【Shift】键拖动圆形四角上任意一个控制点，可等比例缩放形状，防止圆形变为椭圆。

STEP 3 选择艺术字

在【插入】/【文本】组中单击"艺术字"按钮，在打开的下拉列表中选择第1种艺术字样式对应的选项。

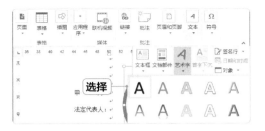

STEP 4 设置艺术字格式

❶在插入的艺术字中输入公司的名称，然后选中该文本，将文本填充颜色设置为"红色、加粗"；❷在【绘图工具 格式】/【艺术字样式】组中单击"文本效果"按钮，在打开的下拉列表中选择"阴影"子列表中的第 1 个选项，即设置为无阴影效果。

STEP 5 设置文本转换效果

在【绘图工具 格式】/【艺术字样式】组中单击"文本效果"按钮，在打开的下拉列表中选择"转换"子列表中的第 2 行第 3 个选项。

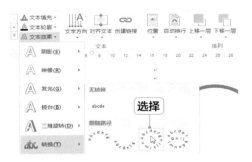

STEP 6 调整艺术字形状

拖动艺术字左侧的旋转控制点，将艺术字旋转为正面的方向，然后将艺术字控制框调整为圆形的大小，并放置到圆形中，最后再根据情况适当旋转和微调艺术字位置。

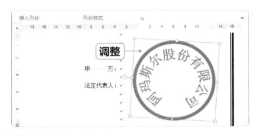

STEP 7 绘制五角星

❶继续在文档中绘制正五角星形状，将其高度和宽度均设置为"2 厘米"；❷将五角星的轮廓设置为无轮廓效果，填充色设置为"红色"，然后放置到圆形中间。

STEP 8 组合对象

利用【Shift】键同时选中圆形、艺术字和五角星，在【绘图工具 格式】/【排列】组中单击"组合"按钮，在打开的下拉列表中选择"组合"选项。

操作解谜

调整艺术字叠放顺序

　　如果发现将圆形、艺术字和五角星放置在一起，不方便进一步选中圆形或五角星进行调整，则可选中艺术字，将其叠放顺序设置为"置于底层"。

7.3.5 打印文档

劳动合同编辑完成后，需要将其打印出来进行阅读和使用。打印文档前通常需要对纸张大小等参数进行设置，并进行预览，其具体操作步骤如下。

微课：打印文档

STEP 1 设置打印方式

进入打印预览状态，单击"单面打印"按钮，在打开的下拉列表中选择"手动双面打印"选项。

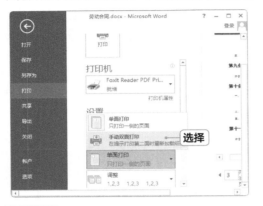

STEP 2 调整页边距

预览效果后发现下方的页边距过小，则单击"页边距"按钮，在打开的下拉列表中选择"自定义边距"选项，重新调整距离。

STEP 3 设置页边距

打开"页面设置"对话框，将下方的页边距数值设置为"3.5厘米"，确认设置后关闭对话框。

STEP 4 打印文档

❶确认无误后，将打印份数设置为"2"；
❷单击"打印"按钮。

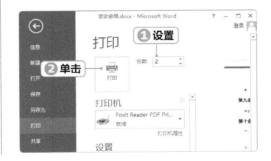

边学边做

1. 制作承包合同

公司为了提高经济效益，扩大生产力，决定在郊外建立一个大型的生产工厂。公司将工厂的建筑安装承包给其他单位完成。现在需要制作一份建筑安装工程承包合同，具体要求如下。

● 对文档进行页面设置，并输入合同内容，然后设置格式。
● 对文档进行检查，并通过打印预览的方式查看格式的设置是否正确，最后设置双面打印，将合同打印出来。

2. 制作房屋租赁合同

公司准备将名下的闲置房屋出租，以收取租金，赚取营业外收入。现在需要为公司制作一份房屋租赁合同，并将合同打印出来，具体要求如下。

● 房屋租赁合同相对于其他合同来说较为简单，一般尽量将内容控制在一页。
● 在合同中输入文本，然后设置格式，并制作电子印章。
● 查看合同是否为一页，确认无误后预览文档并将其打印出来。

知识拓展

1. 手动双面打印文档

手动双面打印在日常办公中经常应用，这需要人机结合才能完成。进行手动双面打印操作时，打印机会先打印奇数页（如第 1 页、第 3 页……），将所有奇数页打印完成后，将打开提示对话框，提示用户手动换纸。此时需要到打印机处进行操作，将打印出来的纸张重新放入打印机纸盒中，一定要注意放置的方向，如白纸面应向上，文件头向右等。不同的打印机放置的方向有所不同，需要根据实际情况而定。放置好打印纸后，再回到电脑处单击提示对话框中的"确定"按钮，此时将开始打印偶数页（如第 2 页、第 4 页……）。

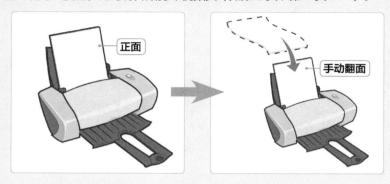

2. 准确排列多个对象的位置

当文档中存在多个形状、艺术字、文本框等对象时，可利用 Word 提供的各种排列功能轻松且精准地完成对象的排列。以本例中的圆形和五角星为例，如何保证五角星处于圆形的中心位置呢？此时只需要选中这两个对象，在【绘图工具 格式】/【排列】组中单击"对齐"按钮，在打开的下拉列表中选择"左右居中"选项。然后按相同的方法再选择"上下居中"选项，就能确保五角星位于圆形中心。

另外，要想使多个水平方向上的对象等距离排列，则可选择"横向分布"选项；同理，要想使多个垂直方向上的对象等距离排列，则可选择"纵向分布"选项。

第2篇

第8章

制作公司奖惩制度

公司奖惩制度是指对员工实施的奖励和惩罚措施，一旦员工违反了制度的规定，就应该进行惩罚；如果根据制度规定员工应该获得奖励，那就应予以相应的奖励，这是充分调动员工积极性的一种有效方式。本章将使用 Word 来编辑公司奖惩制度，通过制作可以熟悉对篇幅较长的文档进行处理的一般方法。

☐ 设计档案封面

☐ 设置表格内容

☐ 新建并应用样式

☐ 编排文档内容

☐ 制作页眉与页脚

☐ 插入目录

☐ 添加批注

8.1　背景说明

　　每个公司、每个部门，甚至每个岗位，都会有自己的规章制度，这些规章制度应该根据公司自身的实际情况来量身定做，但基本前提是不能与国家出台的法律法规相悖。就奖惩制度而言，则应该在收集的大量资料基础上来制作，这些资料主要与员工在工作时表现出来的各种言谈举止、行为规范以及工作效率等相关。在充分研究这些资料后，才能制作出相对完善的奖惩制度。

　　一般来说，一个公司的奖惩制度应该包括适用范围、奖惩原则、项目设置、具体措施等重要内容，制作时也应该围绕这些内容来设计和编排。

8.2　案例目标分析

　　为了形成良好的奖惩机制，严明纪律，提高员工工作积极性和工作效率，进而提高企业的经济效率，公司准备重新编制并实施针对员工的奖惩制度。为谨慎起见，需要先编制一个草案，经各部门负责人和公司领导会商后再最终确定制度内容，然后开始试行。考虑到需要开会讨论，应该为制度文档设计封面和目录，同时还需要制作页眉与页脚，包含公司名称、文档名称和页码等信息，这样不仅方便与会人员翻阅，也能形成较为规范的文件，便于日后保管。最终制作好的封面和目录参考效果如下。

第2篇

8.3 制作过程

本案例提供了完整的文本素材，因此制作重点主要是封面、目录、页眉页脚等环节。具体制作过程可以按"设计封面→设置表格→美化内容→制作页眉页脚→插入目录"的流程进行，最后，还需要通过添加批注来进一步说明一些文本内容。

8.3.1 设计档案封面

文档封面可以自行设计，但此制度仅是草案，因此可以借助 Word 中的封面功能快速设计并制作，其具体操作步骤如下。

微课：设计档案封面

STEP 1 选择封面样式

打开提供的素材文件，该素材地址为"光盘 \ 素材 \ 第 8 章 \ 公司奖惩制度 .docx"，将光标插入点定位到文档最开始的位置，在【插入】/【页面】组中单击"封面"按钮，在打开的下拉列表中选择"丝状"选项。

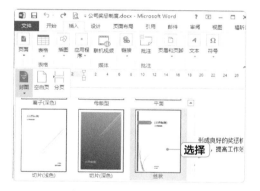

技巧秒杀

删除封面

如果觉得插入的封面不合适，可在【插入】/【页面】组中单击"封面"按钮，在打开的下拉列表中选择"删除当前封面"选项将其删除。

STEP 2 选择日期

❶在插入的封面中将光标插入点定位到"日期"文本处，单击出现的下拉按钮；❷在打开的下拉列表中单击"今日"按钮。

操作解谜

选择日期

如果不需要设置今日为当前日期，则可在打开的下拉列表中选择其他日期号码。如果需要设置其他月份或年份的日期，则可以单击左右两侧的微调按钮，切换月份和年份进行选择。

STEP 3 输入标题和副标题

❶在封面中提示键入文档标题的位置输入标题；❷在提示键入副标题的位置输入副标题。

STEP 4 输入作者和公司名称

在封面下方的两个文本区域分别输入此文档的作者名称和公司名称。

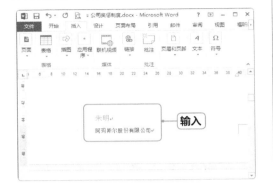

操作解谜

内容控件

　　封面上用于输入指定内容的对象实际上是内容控件，并不是文本框或合并域这类对象，它需要利用"开发工具"功能来制作。开发工具需要添加到功能区才能使用，方法为：单击"文件"选项卡，选择左侧的"选项"选项，在打开的对话框左侧选择"自定义功能区"选项，在右侧的列表框中选中"开发工具"复选框，单击"确定"按钮即可。

8.3.2 设置表格内容

　　文档中包含一些需要用表格显示的内容，主要是各种惩罚和奖励的措施。下面将在提供的文本素材中，通过将文本转换为表格的方式快速设置，其具体操作步骤如下。

微课：设置表格内容

STEP 1 文本转换表格

❶选中"1. 着装仪表："段落下的文本；❷在【插入】/【表格】组中单击"表格"按钮，在打开的下拉列表中选择"文本转换成表格"选项。

STEP 2 设置文本转换表格参数

❶在打开的对话框中选中"根据窗口调整表格"单选项；❷单击"确定"按钮。

操作解谜

选择合适的分隔标记

　　将文本转换为表格时，最重要的是分隔标记，如果使用制表符"→"分隔文本，在上面的对话框中选中"制表符"单选项；如果使用空格分隔文本，则选中"空格"单选项。

第2篇

STEP 3 合并单元格
❶拖动鼠标选中第1列上方的两个单元格；❷在【表格工具 布局】/【合并】组中单击"合并单元格"按钮。

STEP 4 合并其他单元格
按相同的方法分别合并着装、行为和惩罚措施3个单元格。

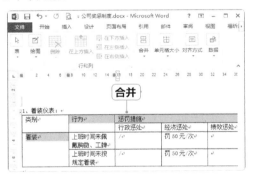

STEP 5 调整列宽
将鼠标指针移至第一列的列线上，按住鼠标左键不放并适当向左拖动，减小该列列宽。

STEP 6 调整其他列宽和行高
按相同的方法拖动其他列线和行线，调整各行各列的宽度和高度。

STEP 7 设置单元格对齐方式
❶单击表格左上角的"全选"按钮；❷在【表格工具 布局】/【对齐方式】组中单击"水平居中"按钮。

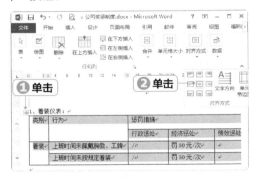

STEP 8 设置表格边框
保持表格的选中状态，在【表格工具 设计】/【边框】组中单击"边框"按钮，在打开的下拉列表中选择"边框和底纹"选项。

STEP 9　设置外边框

❶打开"边框和底纹"对话框，选择左侧的"自定义"选项；❷在"样式"列表框中选择第 1 个选项；❸在"宽度"下拉列表框中选择"1.5 磅"选项；❹在预览区中单击虚拟表格中各边框的位置，这一步只需要设置外边框。

STEP 10　设置内边框

❶重新在"样式"列表框中选择第 4 个选项；❷在"颜色"下拉列表框中选择第 1 列最下方的灰色选项；❸在"宽度"下拉列表框中选择"0.5 磅"选项；❹在预览区的虚拟表格中设置内部边框；❺单击"确定"按钮。

STEP 11　设置其他表格

按相同的方法将惩罚措施和奖励措施中的其他文本转换为表格，并通过合并单元格、调整对齐方式、设置行高列宽、添加表格边框等操作美化表格。

8.3.3　新建并应用样式

类似各种规章制度的文档，篇幅都较长，涉及的标题级别也可能较多，因此，为了提高效率，同时也为了保证样式的统一，可以利用新建样式功能为相同的对象应用样式，其具体操作步骤如下。

微课：新建并应用样式

STEP 1　应用样式

❶选中"一、目的"段落；❷在【开始】/【样式】组中单击"其他"按钮，在打开的下拉列表中选择"标题 1"选项；❸双击【开始】/【剪贴板】组中的"格式刷"按钮。

STEP 2　应用格式

❶依次选中其他相同级别的标题段落，为其应用复制的格式；❷单击"格式刷"按钮退出复制格式的状态。

STEP 3　新建样式

❶将光标插入点定位到"（一）各类型奖惩"文本段落中；❷单击【开始】/【样式】组中的"对话框启动器"按钮，打开"样式"窗格，单击下方的"新建样式"按钮。

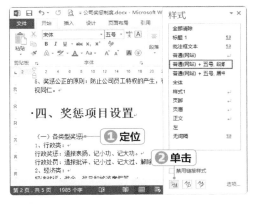

操作解谜

什么是样式

样式就是多种格式的集合，这些格式包括字体格式、段落格式、边框底纹等。应用样式就能应用其中包含的所有格式。样式除了可以新建外，也可以重新编辑和删除，方法为：在"样式"窗格中的某个样式选项上单击鼠标右键，在弹出的快捷菜单中选择相应的命令即可。

STEP 4　设置文本格式

❶在打开的对话框的"名称"文本框中输入"标题2"；❷将字体格式设置为"宋体、小四、加粗"；❸单击下方的"格式"按钮，在打开的下拉列表中选择"段落"选项。

STEP 5　设置段落格式

❶打开"段落"对话框，在"大纲级别"下拉列表框中选择"2级"选项；❷将其他缩进、间距均设置为"0"，特殊格式设置为"无"，行距设置为"单倍行距"；❸单击"确定"按钮。

STEP 6 设置快捷键

在返回的对话框中单击左下角的"格式"按钮，在打开的下拉列表中选择"快捷键"选项。

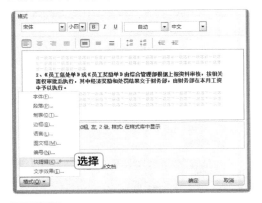

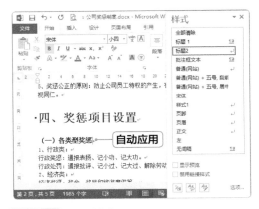

STEP 9 应用样式

选中编号为"（一）、（二）、（三）……"样式的文本段落，直接按【Ctrl+2】组合键即可为其应用"标题2"样式。

STEP 7 指定快捷键

❶打开"自定义键盘"对话框，在"请按新快捷键"文本框中设置快捷键，如"Ctrl+2"；❷单击"指定"按钮；❸单击"关闭"按钮。

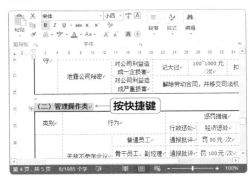

STEP 8 自动应用样式

关闭对话框，完成样式的新建。此时光标插入点所在的位置将自动应用新建的"标题2"样式。

操作解谜

修改样式

除非对格式有非常特殊的要求，一般都不建议新建样式。新建样式，不仅效果不能保证，也会花费更多的时间和精力。工作中往往都是根据Word已有的样式进行修改而获得最合适的样式，省时又省力。

8.3.4 │ 编排文档内容

为进一步体现文档内容的层次感，还需要对部分段落的缩进进行调整，然后使用项目符号来强调并列关系，其具体操作步骤如下。

微课：编排文档内容

STEP 1 设置段落缩进

选中文档中具有并列关系的文本段落，将其首行缩进设置为"2 字符"。

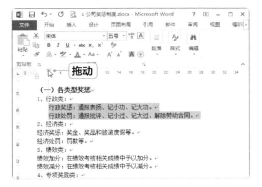

STEP 2 添加项目符号

保持段落的选中状态，为其添加"箭矢"样式的项目符号。

STEP 3 应用相同格式

利用格式刷工具为其他具备并列关系的文本段落设置相同的段落格式。

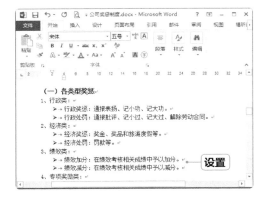

STEP 4 设置缩进

选中"一、目的"标题下的正文段落，将其首行缩进设置为"2 字符"。

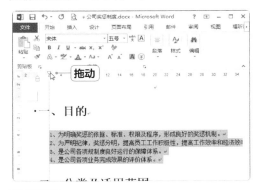

STEP 5 应用相同格式

利用格式刷工具为其他正文应用相同格式。

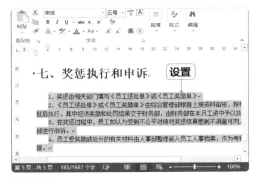

STEP 6 设置页面颜色

在【设计】/【页面背景】组中单击"页面颜色"按钮，在打开的下拉列表中选择第 6 列第 2 行对应的颜色选项。

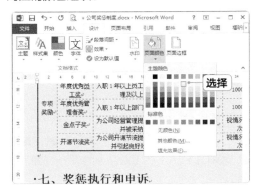

8.3.5 制作页眉与页脚

公司奖惩制度涉及的页面张数较多，对于这类长篇文档而言，需要为其制作页眉和页脚，其具体操作步骤如下。

微课：制作页眉与页脚

STEP 1 进入页眉页脚编辑状态

双击页面顶端的空白区域，此时将进入页眉与页脚的编辑状态。

操作解谜

页眉页脚有什么用

页眉和页脚是长文档的必备组成元素，通过设置页眉页脚，可以使文档的每一页自动显示出相同的内容和自动连续的页码。

STEP 2 输入文本

❶在光标插入点处输入公司名称；❷选中该文本，将其格式设置为"宋体、五号、加粗、左对齐"。

STEP 3 插入图片

❶将光标插入点定位到输入的公司名称最左侧；❷在【插入】/【插图】组中单击"图片"按钮。

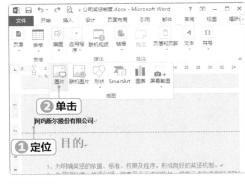

STEP 4 选择图片

❶打开"插入图片"对话框，在其中选择光盘提供的"lh.png"图片；❷单击"插入"按钮。

STEP 5 缩小图片

拖动插入图片右上角的控制点，缩小图片。

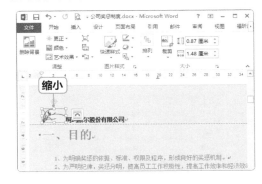

第2篇

STEP 6 设置奇偶页不同的页眉页脚

在【页眉和页脚工具 设计】/【选项】组中选中"奇偶页不同"复选框。

操作解谜

设置页眉页脚

文档中的每一页页面都可以设置为相同的页眉和页脚内容。若想让文档的首页（第1页）具有不同的页眉页脚，则可选中"首页不同"复选框；若想让文档的奇数页和偶数页具有不同的页眉页脚，则可选中"奇偶页不同"复选框。

STEP 7 设置奇数页页眉

使用鼠标滚轮切换到下一页面的页眉区域，选中其中空行的段落标记，在【开始】/【段落】组中单击"边框"按钮后的下拉按钮，在打开的下拉列表中选择"无框线"选项。

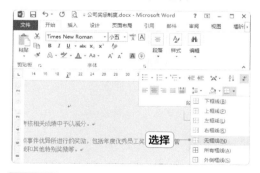

STEP 8 输入文本

❶在光标插入点处输入文档名称；❷选中该文本，将其格式设置为"宋体、五号、加粗、右对齐"。

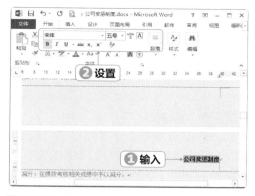

STEP 9 复制图片

切换到偶数页的页眉区域，选中图片，按【Ctrl+C】组合键复制。返回奇数页页眉区域，将光标插入点定位到文档名称右侧，按【Ctrl+V】组合键粘贴图片。

STEP 10 翻转图片

选中图片，在【图片工具 格式】/【排列】组中单击"旋转"按钮，在打开的下拉列表中选择"水平翻转"选项。

STEP 11 切换位置

在【页眉和页脚 设计】/【导航】组中单击"转至页脚"按钮。

STEP 12　插入页码

在【页眉和页脚 设计】/【页眉和页脚】组中单击"页码"按钮，在打开的下拉列表中选择"页面底端"子列表下的第 2 个选项。

STEP 13　插入偶数页页码

❶将光标插入点定位到上一页的页脚区域，为其添加相同格式的页码；❷在【页眉和页脚 设计】/【关闭】组中单击"关闭页眉和页脚"按钮，退出页眉和页脚的编辑状态。

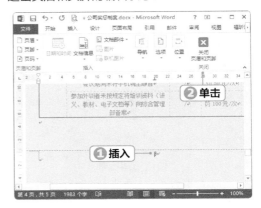

8.3.6　插入目录

为了更好地让阅读者浏览既定内容，可以考虑为公司奖惩制度制作目录页，通过目录中制定的页码快速浏览相应的内容，其具体操作步骤如下。

微课：插入目录

STEP 1　插入分页符

❶将光标插入点定位到"一、目的"文本左侧；❷在【页面布局】/【页面设置】组中单击"分隔符"按钮，在打开的下拉列表中选择"分页符"选项。

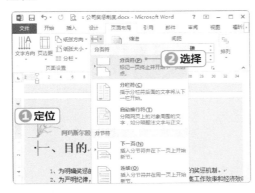

STEP 2　输入文本

❶按两次【Enter】键制作 3 个空行，在第 2

个空行处输入"目　录"文本（中间有 3 个空格），将对齐方式设置为"居中对齐"；❷将光标插入点定位到第 3 个空行处；❸在【开始】/【字体】组中单击"清除所有格式"按钮。

STEP 3　插入目录

在【引用】/【目录】组中单击"目录"按钮，

在打开的下拉列表中选择"自定义目录"选项。

STEP 4　设置目录格式

❶打开"目录"对话框，在"格式"下拉列表框中选择"流行"选项；❷将"显示级别"数值框中的数字设置为"2"；❸单击"确定"按钮。

STEP 5　删除文本

插入目录后，选中其中的第 1 行文本，按【Delete】键将其删除即可。

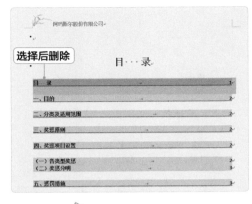

技巧秒杀

使用目录

目录插入后，会自动显示对应的页码，这方便将其打印后快速浏览目标内容。如果只需要在计算机上使用，则可在按住【Ctrl】键的同时，单击目录中的某个标题，将快速定位到标题对应的文本位置。

8.3.7　添加批注

批注是对文档中部分内容的补充说明，在 Word 中可以很方便地利用这个工具来完善文档，其具体操作步骤如下。

微课：添加批注

STEP 1 插入批注

❶选中需要添加批注的目标文本；❷在【审阅】/【批注】组中单击"新建批注"按钮。

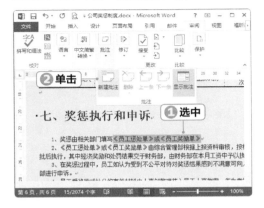

STEP 2 输入批注内容

在批注框中输入需要提示的文本内容即可。

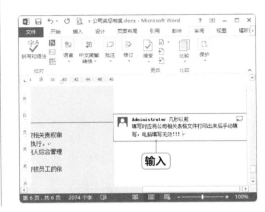

边学边做

1. 制作培训方案

由于业务发展的需要，公司新聘任了一些员工。为了让新员工尽快熟悉公司业务，需要对他们进行适当的培训。现需要制定一份关于新员工的培训方案，目的是让新员工了解培训的主要内容和培训时间等信息，公司也可以根据培训方案合理地安排相关负责人和工作项目，具体要求如下。

● 为文档内容设置格式、添加编号和项目符号。

● 为"入岗后一个月："文本添加批注。

● 为文档添加页码。

- 公司福利待遇
- 回答新员工提出的问题；
- 培训考核。

2、部门培训（岗位实操）

负责单位：各部门

负责人：经理、主管、其他相关人员

时间：1-2个月

入岗后一个月：

- 到部门报到，经理代表全体部门员工欢迎新员工到来；
- 经理介绍部门结构与功能、部门内的管理规定；
- 经理或主管对新员工进行工作描述、职责要求；
- 经理或主管分配新员工工作任务；
- 对新员工进行安全教育培训。

批注 [U1]: 入岗后的培训内容可视实际情况由负责人来决定。

1 : 2

2. 制作员工手册

员工手册是公司的人事制度管理规范，同时又涵盖企业的各个方面，承载传播企业形象、企业文化功能，它是有效的管理工具，员工的行动指南。下面将编制一则员工手册，具体要求如下。

- 插入封面，封面上只包含标题、酒店名称和日期，其余内容删除。
- 为手册正文中的编号为"一、二、三、……"的标题设置格式，要求对已应用的"标题1"样式进行修改。
- 编辑页眉和页脚，在页眉上方插入图片，单击右侧的"布局选项"按钮，在打开的下拉列表中选择"文字环绕"中第2行最后一种布局方式。
- 使用分页符创建第2页空白页，然后为文档插入目录。

一、 总经理致辞

亲爱的员工朋友：

欢迎您加入亚当假日酒店，成为光荣的亚当人。

从现在起，您的利益与酒店的利益紧密地联系在一起，相信您将和企业得到共同的发展。

您是我们事业发展的主体，是为客人提供尽善尽美服务的根本力量，相信您会成为扎实肯干，钻研技术，遵守纪律，有所作为的合格员工。

市场竞争残酷无情，前进道路坎坷不平。但机遇与挑战并存，风险与希望同在。酒店的成功在于我们的共同努力，品牌酒店的打造在于我们共同的千锤百炼。我深信，加入亚当假日酒店的所有有员工能勤奋拼搏不畏艰难的员工，能够用自己的双手和智慧打造出中国最优秀的酒店。

为了实现我们共同的目标，也为您在受聘期间能够更好地工作，我们制定了《员工手册》。《员工手册》是酒店管理体系中的重要文件之一，是全体员工行为的规范准则，希望您能熟悉其内容并能自觉遵守。

员工朋友们，在亚当假日酒店的创业和发展史上，将会记载着您的名字，您也会用自己的忠诚、敬业、勤奋、进取，使亚当假日酒店永远屹立在祖国大地。

总经理

二、 杭州亚当假日酒店简介

杭州亚当假日酒店是由杭州亚当房产开发有限公司全额投资，由香港凯威德酒店管理集团公司进行管理，按照五星级标准建造的高档商务、度假及会议型酒店。

杭州亚当假日酒店位于杭州市东南方，距杭州桃仙国际机场3千米，距新市政府大厦6千米。酒店占地面积80多万平方米，总建筑面积8.5万多平方米，森林覆盖达70%，1997年建成使用，2008年2月被国家旅游局授予为五星级酒店，也是杭州第一家五星级酒店。该酒店是一个多业态休闲度假社区式五星级酒店，共有客房288套，别墅23栋（650㎡/栋，带游泳池），下设有游泳馆、健身馆、洗浴按摩中心、巴厘岛SPA中心、水疗、室内室外网球场、保龄球馆、壁球馆、羽毛球馆、桌球、沙弧球、乒乓球室、棋牌室、9洞高尔夫球场，标准的足球训练场馆是国足冲出亚洲参加世界杯的比赛训练场地（住在亚当酒店），设有大小KTV包房28间、豪华动感夜总会、6种语言同声传译国际会议厅、2000㎡的维也纳音乐厅、可容纳400人的国际影院，另外还设有垂钓池、荷花池、森林浴场、水上和冰上运动中心、果园、绿色菜园，供客人自己

~ 2 ~

采摘，家禽养殖场供客人点杀，大型草坪广场，提供欧式草坪婚礼及有氧草坪会议和Party。

酒店整体造型雄伟壮观，气势磅礴，为贵宾客人提供高品位的贴身管家服务，制造其奢侈。酒店首层拥有共享式大厅，采用复古与现代的结合，纯金镶嵌，并使用天然名贵石材和水晶灯饰，富丽堂皇，美仑美奂，还配有开放式采光设计的大堂咖啡厅，突显其浪漫优雅的时尚味。

酒店还设有29间高档中餐包房、正品西餐厅、茶餐厅、日式料理和铁板烧、哈瓦娜、雪茄吧及法式小卡佳店。

会议区有国际大会议厅、圆桌会议室和接见室等。

多功能宴会区可接纳600人以上的婚宴、800人的大型团队活动，开阔空间，开心享受。

康乐区拥有特色洗浴、纯正泰式按摩、休息大厅、VIP包房、SPA室、香熏、精油美体美容、健身室、瑜伽、台球、形体、美容美发、棋牌室等。

另外还配有商务中心、票务中心、花店、精品店等，以满足客人个性化的需求。

亚当假日酒店倡导"超值服务，团队协作，卓越成就和尊敬信任"的企业精神，在亚当假日酒店这个大家庭里，您就是真正的主人，您将不断得到充分施展个人才华，实现自我价值的机会，您将享受到挑战的乐趣与成功的喜悦，您将为酒店的壮大与个人的发展奉献您的青春和力量，让我们携起手来，共创亚当假日酒店的辉煌。

亚当假日酒店欢迎您！

三、 企业理念

1 经营理念

自律，自强，协作，共赢。

2 目标与宗旨

1) 走国际化商务酒店之路，以此为酒店的发展方向；

2) 提供高品质的产品，以此为酒店生存的基本保证；

3) 不仅要符合五星级的标准，更要符合市场的需求；

4) 我们不仅要创造物质财富，更要塑造亚当国际品牌；

5) 打造亚当国际品牌，使亚当假日酒店成为亚当国际人的骄傲。

3 管理哲学

1) 虚心学习，积极创新，与时俱进，做管理先导；

~ 3 ~

知识拓展

1. 将表格的内容转换成普通文本

在 Word 中可以轻松地在文字和表格之间进行转换，其中关键的操作是使用分隔符号将文本合理分隔。前面已经介绍了文本如何转换为表格，下面将介绍如何将表格转换为文本，

其具体操作步骤如下。

❶ 选中要转换成文本的表格。

❷ 在【表格工具 布局】/【数据】组中单击"转换为文本"按钮。

❸ 在打开的"表格转换成文本"对话框中设置代替列线的分隔符，单击"确定"按钮。

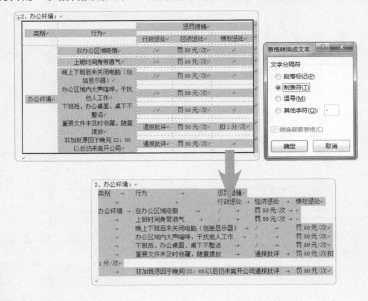

2. 快速编辑页眉和页脚

实际上，Word 提供了很多页眉和页脚的样式，设计页眉页脚时可以直接插入已设好的对象，或在插入后进行适当修改。这样不仅保证了效率，而且从专业性和美观性来看，对新手而言也是更加稳妥的操作。具体方法为：在【插入】/【页眉和页脚】组中单击"页眉"按钮（或"页脚"按钮），在打开的下拉列表中选择某种样式。

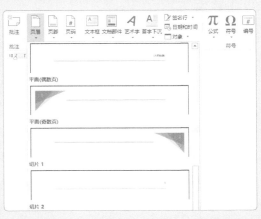

第2篇

第9章

制作员工签到卡

为了进一步加强公司纪律管理，需要各部门负责人对员工每日出勤情况进行严格统计。为此，需要制作员工签到卡来实现这一要求。本章将继续使用Word来完成制作，原因在于Word的水印功能和保护功能可以对文档安全实施有效保护。

- ☐ 创建员工签到卡
- ☐ 添加水印背景
- ☐ 添加页面边框
- ☐ 保护员工签到卡

9.1 背景说明

在日常管理中，为了保障公司的正常运营，都会要求员工按规定准时上下班。为了让员工更好地履行这一规定，就需要记录员工出勤的情况，以掌握员工的工作状态，并能以此对员工进行考核，做出相应的嘉奖或处罚。员工签到卡就是记录员工出勤情况的有力工具，通过统计员工在上班和下班时的实名签名，可以汇总出当天的出勤人数、迟到人数和出差人数等各种数据。

9.2 案例目标分析

公司要求员工签到卡由各个部门的负责人严格保管，以便获取最真实的员工出勤数据。因此对于本案例而言，如何保证文档的安全是最需要解决的问题。首先可以考虑在文档中添加"严禁复制"的字样，提醒员工不能复制使用。更重要的是，需要对文档进行加密保管，防止他人非法使用。文档内容则以表格为主，制作后的参考效果如下。

员工签到卡

部门   年 月 日 星期（ ）

顺序	姓名	签到	上班时间	备注	顺序	姓名	签到	上班时间	备注
1					16				
2					17				
3					18				
4					19				
5					20				
6					21				
7					22				
8					23				
9					24				
10					25				
11					26				
12					27				
13					28				
14					29				
15					30				
统计		请假人数					出勤人数		
		旷工人数					应出勤人数		
		出差人数					出勤率		

9.3 制作过程

本案例的主体是表格，因此首先将重点设置表格标题和表格本身。完成表格制作后，需要在文档中设置页面水印，作用是提醒和防止文档被非法使用。接下来的核心操作就是保护文档，这里主要通过加密文档和设置权限这种"双保险"方式来保证文档的安全。

9.3.1　创建员工签到卡

制作员工签到卡时，表格是统计员工出勤情况的最合理的工具，因此下面将首先在文档中创建表格并进行编辑，其具体操作步骤如下。

微课：创建员工签到卡

STEP 1　设置纸张方向

❶新建空白文档，将其保存为"员工签到卡.docx"；❷在【页面布局】/【页面设置】组中单击"纸张方向"按钮，在打开的下拉列表中选择"横向"选项。

STEP 2　输入标题

❶在文档中输入表格标题；❷将其格式设置为"宋体、一号、加粗、居中对齐"。

STEP 3　输入部门和日期

❶将光标插入点定位到"员工签到卡"文本右侧，按【Enter】键换行，输入部门和日期文本；❷将其字号设置为"五号"；❸在"部门"文

本右侧按若干次空格键，将部门和日期文本调整到页面两侧。

STEP 4　插入表格

❶将光标插入点定位到"星期（　）"文本右侧，按【Enter】键换行；❷在【插入】/【表格】组中单击"表格"按钮，在打开的下拉列表中选择"插入表格"选项。

STEP 5　设置表格行列数

❶打开"插入表格"对话框，将列数和行数分别设置为"10"和"19"；❷选中"根据窗口调整表格"单选项；❸单击"确定"按钮。

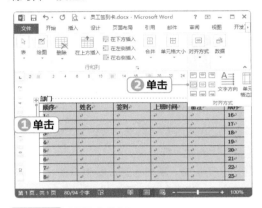

STEP 6　输入表格内容

依次在表格的部分单元格中输入相应的文本和数字。

员工签到卡

部门						
顺序	姓名	签到	上班时间	备注	顺序	姓
1					16	
2					17	
3					18	
4					19	
5					20	
6			输入		21	
7					22	
8					23	
9					24	
10					25	
11					26	
12					27	
13					28	
14					29	
15					30	
统计		请假人数				出差
		旷工人数				应出
		出差人数				出

操作解谜

表格格式

　　在表格中输入的文本格式，将应用插入表格时光标插入点处的格式。因此上面插入的表格中的文本自动加粗和居中对齐，应用的是与部门和日期文本相同的格式。

STEP 7　合并单元格

利用【表格工具 布局】/【合并】组中的"合并单元格"按钮合并"统计"单元格，以及下方统计情况右侧的几个单元格。

STEP 8　设置单元格对齐方式

❶单击表格左上角的"全选"按钮；❷在【表格工具 布局】/【对齐方式】组中单击"中部两端对齐"按钮。

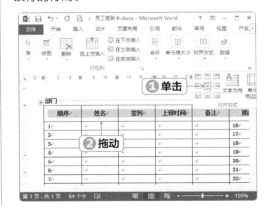

STEP 9　设置表头行

❶选中第 1 行单元格，重新将对齐方式设置为"水平居中"；❷拖动下方的行线，适当增加该行的行高。

STEP 10　填充底纹

保持第 1 行单元格的选中状态，在【表格工具
设计】/【表格样式】组中单击"底纹"按钮，
在打开的下拉列表中选择第 1 列第 4 种颜色选
项。

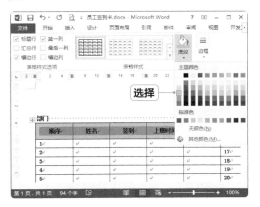

STEP 11　设置单元格格式

按相同的方法将底部 3 行单元格的对齐方式设
置为"水平居中"，并为其填充"黄色"的底
纹效果。

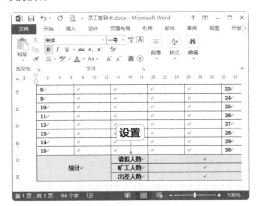

技巧秒杀

在表格中应用格式刷

对表格而言，其中的文本格式同样可以利
用格式刷工具快速应用，使用方法与普通
文本应用格式刷的方法完全相同。但边框
和底纹无法使用格式刷复制。

STEP 12　添加边框

❶单击表格左上角的"全选"按钮；❷在【表
格工具 设计】/【边框】组中单击"边框"按钮，
在打开的下拉列表中选择"边框和底纹"选项。

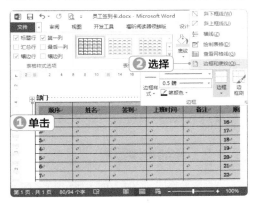

STEP 13　设置外边框

❶打开"边框和底纹"对话框，在"样式"列
表框中选择上粗下细的样式；❷在"宽度"下
拉列表框中选择"1.5 磅"选项；❸在预览区
的虚拟表格上单击四周的外边框，应用设置的
样式。

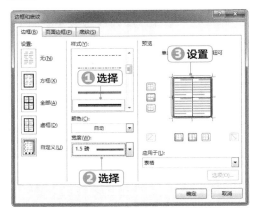

STEP 14　设置内边框

❶重新在"样式"列表框中选择双线样式；
❷在"宽度"下拉列表框中选择"0.5 磅"选项；
❸在预览区的虚拟表格上单击内边框，应用设
置的样式；❹单击"确定"按钮完成设置。

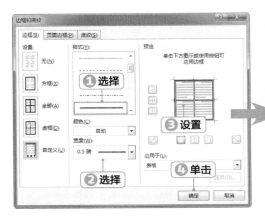

9.3.2 添加水印背景

完成表格的创建后，为表明该表格不能复制使用，可以在页面中添加水印。这样做的好处是可以在不影响使用的情况下，让人一眼就能看到"严禁复制"这个要求，其具体操作步骤如下。

微课：添加水印背景

STEP 1　插入水印

将光标插入点定位到文档中，单击【设计】/【页面背景】组中的"水印"按钮，在打开的下拉列表中选择"自定义水印"选项。

STEP 2　设置水印内容和格式

❶打开"水印"对话框，选中"文字水印"单选项；❷在"文字"下拉列表框中输入"严禁复制"；❸在"字体"下拉列表框中选择"宋体"选项；❹在"颜色"下拉列表框中选择第 1 列第 4 种颜色选项；❺单击"确定"按钮。

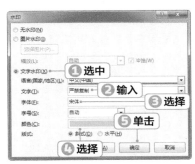

STEP 3　预览效果

进入打印预览状态，查看添加的水印效果。发现页眉区域出现了一条多余的直线。

快速进入打印预览状态

单击界面左上角快速访问工具栏右侧的下拉按钮，在打开的下拉列表中选择"打印预览和打印"选项，可将该按钮添加到工具栏中，单击该按钮就能快速预览文档。

STEP 4 取消页眉直线

双击页眉区域，选中空行的段落标记，在【开始】/【段落】组中单击"边框"按钮后的下拉按钮，在打开的下拉列表中选择"无框线"选项。按

【Esc】键退出页眉编辑状态。

9.3.3 添加页面边框

为了便于表格打印后存档，可以为表格添加裁剪线，这里直接利用页面边框中的类似裁剪线的样式来制作，其具体操作步骤如下。

微课：添加页面边框

STEP 1 插入页面边框

将光标插入点定位到文档中，单击【设计】/【页面背景】组中的"页面边框"按钮。

STEP 2 添加艺术型边框

❶打开"边框和底纹"对话框，单击"页面边框"选项卡，在"艺术型"下拉列表框中选择倒数第 2 种边框样式；❷在"宽度"数值框中将数值设置为"15 磅"；❸单击"确定"按钮。

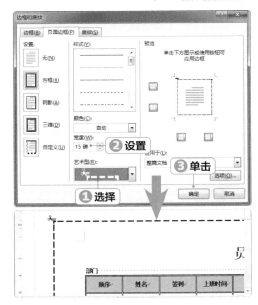

9.3.4 保护员工签到卡

员工签到卡由各部门负责人保管，为了保证其安全，应该为文档加密。同时，可以在加密的基础上严禁所有人对文档进行任何修改，这样才能确保万无一失，其具体操作步骤如下。

微课：保护员工签到卡

STEP 1　加密文档

❶单击"文件"选项卡，在信息界面单击"保护文档"按钮；❷在打开的下拉列表中选择"用密码进行加密"选项。

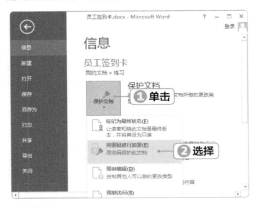

STEP 2　设置密码

❶打开"加密文档"对话框，在其中的文本框中输入需要的密码，如"ygqdk"；❷单击"确定"按钮。

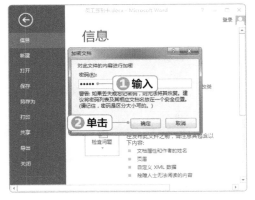

　操作解谜

密码内容

　　加密文档的密码内容可以是英文字母、数字和符号。但需要注意的是，如果以数字和英文字母为密码，那么应该区分大写和小写状态，如"A"和"a"是不同的密码。

STEP 3　确认密码

❶在打开的"确认密码"对话框中输入相同的密码，以示确认；❷单击"确定"按钮完成加密处理。

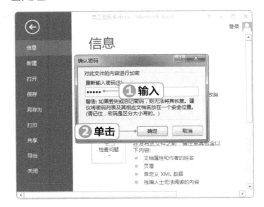

STEP 4　设置成功

成功为文档添加密码后，"保护文档"选项将呈黄底显示，单击左上角的"返回"按钮返回到操作界面。

STEP 5　限制编辑

在【审阅】/【保护】组中单击"限制编辑"按钮。

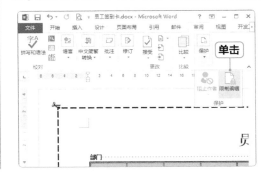

第2篇

STEP 6 限制格式设置

❶打开"限制编辑"窗格，选中"限制对选定的样式设置格式"复选框；❷单击"设置"超链接。

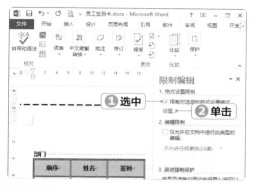

STEP 7 设置允许使用的样式

❶打开"格式设置限制"对话框，单击"推荐的样式"按钮；❷单击"确定"按钮。

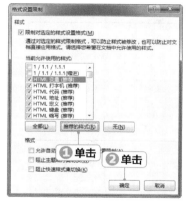

操作解谜

格式设置限制

　　在"格式设置限制"对话框的列表框中，选中的复选框对应的样式将允许在文档中使用，取消选中的复选框对应的样式将禁止使用。

STEP 8 不删除格式

关闭对话框后，将打开提示对话框，提示当前文档中有没有允许使用的样式，并询问是否将其删除，单击"否"按钮不删除文档中的格式或样式。

STEP 9 编辑限制

❶选中"仅允许在文档中进行此类型的编辑"复选框；❷在下方的下拉列表框中选择"不允许任何更改（只读）"选项。

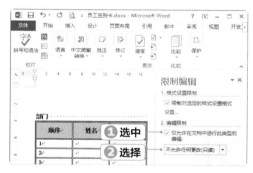

STEP 10 启动强制保护

单击"限制编辑"窗格下方的"是，启动强制保护"按钮。

STEP 11 设置密码

❶打开"启动强制保护"对话框，在其中的两个文本框中输入相同的密码，如"2017"；
❷单击"确定"按钮。

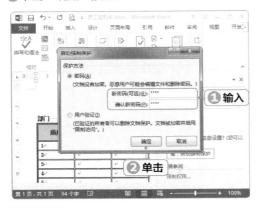

STEP 12 重新打开文档

按【Ctrl+S】组合键保存文档，按【Ctrl+W】组合键关闭文档，然后单击"文件"选项卡，选择"打开"选项，在"最近使用的文档"子列表中选择刚关闭的文档选项。

STEP 13 输入密码

❶此时将打开"密码"对话框，只有输入正确密码才能打开文档，这里输入"ygqdk"；
❷单击"确定"按钮。

STEP 14 只读模式

打开文档后，将进入只读模式的状态，单击"视图"菜单项，在打开的下拉列表中选择"编辑文档"选项。

STEP 15 只读状态禁止操作

此时将进入熟悉的 Word 操作界面，但无法对文档中的内容进行任何操作，如删除、修改和设置格式等。

操作解谜

取消限制

要想重新对文档进行编辑，可在【审阅】/【保护】组中单击"限制编辑"按钮，在打开的"限制编辑"窗格下方单击"停止保护"按钮，输入设置的限制编辑密码即可解除保护状态。

第2篇

边学边做

1. 制作招聘启事

招聘启事是公司面向社会公开招聘有关人员时使用的一种应用文书，是获得人才的一种方式。招聘启事编制的质量，会直接影响招聘的效果和招聘单位的形象。下面制作一份招聘启事，具体要求如下。

- 对文档的内容进行格式设置。
- 添加公司版权所有的水印，主要水印的显示方向为水平方向。
- 将文档的页面背景设置为淡黄色。
- 为文档页面添加一种艺术型边框，注意增加边框宽度。

2. 制作庆典致辞

致辞就是发言稿，是在各种会议活动上使用的文书。公司成立 40 周年庆典上，总经理需要代表公司致辞，现需要起草一份致辞的内容，具体要求如下。

- 对文档的内容进行格式设置。
- 为文档设计页眉对象，需要奇偶页不同。
- 为文档加密，密码为"jiashi"。
- 设置只读编辑权限，保护密码为"jiashi"。

知识拓展

1. 制作多排文字的水印效果

利用 Word 的水印功能虽然可以很方便地制作水平方向上的文字水印效果，但如果需要制作多排文字的水印效果，利用该功能就无法实现。实际上，Word 中的水印对象就是在页眉页脚状态下插入的艺术字对象。因此，要想得到多排文字的水印效果是很简单的，方法为：利用水印功能制作一个水平方向上的文字水印，然后进入页眉页脚编辑状态，复制该水印对象。

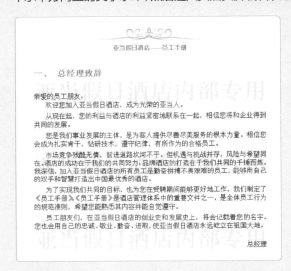

2. 打印带背景颜色的文档

为文档设置了背景颜色后，在打印预览时可以发现并没有显示背景颜色，这代表打印出来的文档不会有背景颜色。要想解决这个问题，需要对 Word 的基本参数进行设置，方法为：单击"文件"选项卡，在左侧选择"选项"选项，打开"Word 选项"对话框，在左侧的列表框中选择"显示"选项，然后选中右侧的"打印背景色和图像"复选框，确认设置即可。

第 2 篇

第2篇

第 10 章

制作员工工资表

工资表是公司核实、发放和存查员工工资的重要依据，每个公司都有自己的工资表。虽然工资构成项目各有不同，但工资表的制作和计算方法却是大同小异的。本章将利用 Excel 来制作员工工资表，通过学习不仅可以了解工资表的基本构成，更能感受到 Excel 强大的计算功能。

☐ 创建表格框架

☐ 输入数据并设置格式

☐ 使用函数计算数据

☐ 使用公式计算数据

10.1 背景说明

工资表也称作工资结算表，是公司每个月必须编制的一种表格。在工资表中，要根据工资卡、考勤记录、产量记录及代扣款项等资料按人名填列"应付工资""代扣款项""实发金额"3个主要部分。实际工作中，公司发放员工工资、办理工资结算就是通过编制工资表来进行的。工资表一般一式三份：一份由劳动部门存查；一份裁成工资条，连同工资一起发给员工；一份在发放工资时由员工签章后交财务部门作为工资核算凭证，并用以代替工资的明细核算。员工实际领取的工资金额均为扣除员工当月个人应缴所得税、五险一金后的金额。

10.2 案例目标分析

公司员工的薪资主要由基本工资、加班工资、奖金补助和绩效考核构成，另外，员工的实发工资还应该扣除单位缴纳的社会保险和代扣代缴的个人所得税。因此，本案例的制作，首先要保证各工资组成项目正确无误，重点则是利用公式和函数功能来计算工资项目，制作后的参考效果如下。

员工工资表

编制单位：项目部					所属月份：			发放日期：						金额单位：元	
序号	姓名	应发工资					单位承担社会保险						代扣款项		实发金额	签名
		基本工资	加班工资	奖金补助	绩效考核	小计	养老保险 20%	医疗保险 8%	失业保险 2%	工伤保险 1%	生育保险 1%	小计	个人所得税	其他		
1	吴明	¥ 2,500.00	¥ 100.00	¥ 200.00	¥ 200.00	¥ 3,000.00						¥ -			¥ 3,000.00	
2	蔡云帆	¥ 2,500.00	¥ 400.00	¥ 200.00	¥ 400.00	¥ 3,500.00						¥ -			¥ 3,500.00	
3	李波	¥ 3,500.00		¥ 200.00	¥ 300.00	¥ 4,000.00						¥ -	¥ 15.00		¥ 3,985.00	
4	刘松	¥ 3,500.00	¥ 500.00	¥ 500.00	¥ 500.00	¥ 5,000.00						¥ -	¥ 45.00		¥ 4,955.00	
5						¥ -						¥ -			¥ -	
6						¥ -						¥ -			¥ -	
7						¥ -						¥ -			¥ -	
8						¥ -						¥ -			¥ -	
9						¥ -						¥ -			¥ -	
10						¥ -						¥ -			¥ -	
11						¥ -						¥ -			¥ -	
12						¥ -						¥ -			¥ -	
	合计	¥ 12,000.00	¥ 1,000.00	¥ 1,100.00	¥1,400.00	¥15,500.00	¥ -	¥ -	¥ -	¥ -	¥ -	¥ -	¥ 60.00	¥ -	¥15,440.00	

注：奖金补助包括防暑降温费、奖保福利、交通补助等。

批准：　　　　　　　　　　　　　　　　　　　　　　　制表：

10.3 制作过程

本案例首先制作工资表的基本框架并输入基础数据，然后适当对数据进行格式设置。当具备了各个项目和数据后，就可以利用函数和公式执行计算操作了。

10.3.1 创建表格框架

创建表格框架时，可以根据公司具体设置的工资项目来设计，其具体操作步骤如下。

微课：创建表格框架

STEP 1　新建工作簿

❶启动 Excel 2013，按【Esc】键，将自动新建的空白工作簿保存为"员工工资表.xlsx"；❷双击工作表标签，将其名称更改为"项目部"。

STEP 2　输入内容

在新建的"项目部"工作表中输入表名和表头等主要项目数据（光盘素材提供有输入数据后的表格源文件），该素材地址为"光盘\素材\第10章\员工工资表.xlsx"。

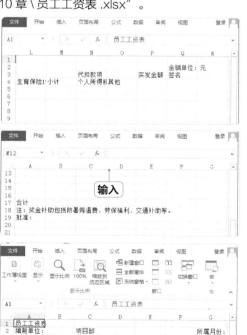

STEP 3　设置边框

❶选中 A3:R17 单元格区域；❷ 在【开始】/【字体】组中单击"边框"按钮后的下拉按钮，在打开的下拉列表中选择"所有框线"选项。

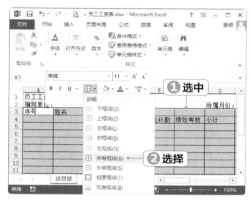

STEP 4　合并并居中单元格区域

利用【开始】/【对齐方式】组的"合并后居中"按钮，依次将 A1:R1、A2:B2、G2:H2、K2:L2、Q2:R2、A3:A4、B3:B4、P3:P4、Q3:R4、C3:G3、H3:M3、N3:O3、A17:B17单元格区域合并并居中显示其中的内容。

STEP 5　跨域合并单元格区域

❶选中 Q5:R17 单元格区域；❷单击"合并后居中"按钮后的下拉按钮，在打开的下拉列表中选择"跨越合并"选项。

第 **10** 章　制作员工工资表

STEP 6　合并单元格区域

❶选中 A18:R18 单元格区域；❷单击"合并并居中"按钮后的下拉按钮，在打开的下拉列表中选择"合并单元格"选项。

STEP 7　调整行高和列宽

❶向左拖动 A 列列标上的分隔线，减小该列的列宽；❷向下拖动第 4 行行标上的行线，增加该行的行高。

STEP 8　自动换行

❶选中 H4 单元格；❷ 在【开始】/【对齐方式】组中单击"自动换行"按钮；❸继续单击"居中"按钮。

STEP 9　使用格式刷工具

❶保持 H4 单元格的选中状态，在【开始】/【剪贴板】组中双击"格式刷"按钮；❷分别单击 I4、J4、K4、L4 和 N4 单元格，为其应用 H4 单元格的格式，完成后按【Esc】键。

STEP 10　设置行高

❶在第 1 行行号上按住鼠标左键不放，向下拖动至第 3 行行号，释放鼠标同时选中这 3 行；❷ 在选中的行号上单击鼠标右键，在弹出的快捷菜单中选择"行高"命令。

STEP 11　输入行高值

❶打开"行高"对话框，在"行高"文本框中输入"20"；❷单击"确定"按钮。

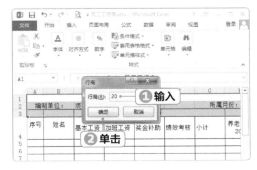

STEP 12　设置行高

按相同的方法将第 5~17 行的行高均设置为
"20"。

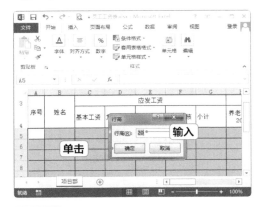

STEP 13　设置标题格式

❶选中 A1 单元格；❷将其格式设置为 "22、
加粗"；❸适当增加第 1 行的行高。

STEP 14　设置底纹

❶选中 C5:C16 单元格区域；❷在【开始】/【字
体】组中单击 "填充颜色" 按钮后的下拉按钮，
在打开的下拉列表中选择第 2 行倒数第 2 列颜
色选项。

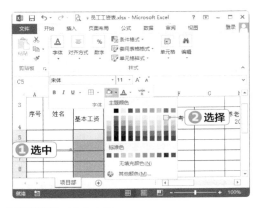

STEP 15　填充底纹

按相同的方法为 G5:G16、N5:N16、P5:P16、
C17:P17 单元格区域填充相同的底纹颜色。

技巧秒杀

快速为多个单元格设置格式

当需要为多个单元格设置相同的格式，且
这些单元格又不是连续的区域时，可利用
【Ctrl】键同时选中这些单元格，然后再设
置需要的字体、字号、填充颜色、边框等
格式。

10.3.2　输入数据并设置格式

创建了工资表的主要框架后，就可以输入预计的各项工资项目和基本
数据。由于工资涉及的数据基本上为金额，可以考虑为其设置特有的数据
格式，其具体操作步骤如下。

微课：输入数据并设置格式

STEP 1 输入起始数字

①在 A5 单元格中输入"1"；②在【开始】/【对齐方式】组中单击"居中"按钮。

STEP 2 填充序列

①选中 A5:A16 单元格区域；②在【开始】/【编辑】组中单击"填充"按钮；③在打开的下拉列表中选择"序列"选项。

操作解谜

填充序列

　　序列是呈规律变化的一组数据，这个规律可以是逐渐递增或逐渐递减的，如等差序列、等比序列等。只要输入这类数据，就可以利用填充序列的方法进行填充。

STEP 3 设置序列

①打开"序列"对话框，在"序列产生在"栏

中选中"列"单选项；②在"类型"栏中选中"等差序列"单选项；③在"步长值"数值框中输入"1"；④单击"确定"按钮完成填充。

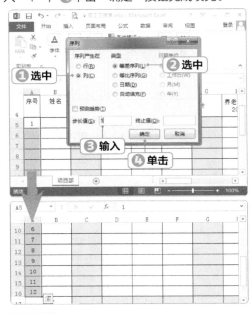

STEP 4 输入数据

①在 B5:F8 单元格区域中输入相应的工资项目数据；②选中 B5:F8 单元格区域，将对齐方式设置为"居中对齐"。

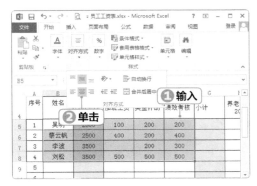

STEP 5 设置数据格式

①选中 C5:P17 单元格区域；②在【开始】/【数字】组中单击"会计数字格式"按钮后的下拉按钮，在打开的下拉列表中选择"¥ 中文（中国）"选项，将数据设置为人民币会计货币格式。

第2篇

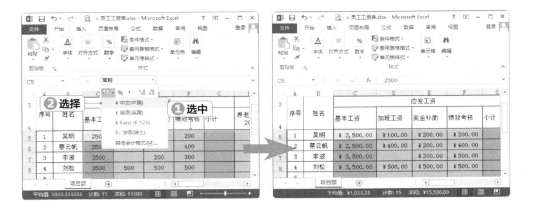

10.3.3 使用函数计算数据

Excel 拥有许多函数，对于基本的工资表而言，最常用到的就是利用求和函数 SUM 合计各项工资项目，其具体操作步骤如下。

微课：使用函数计算数据

STEP 1 插入函数

❶选中 G5 单元格；❷在编辑栏中单击"插入函数"按钮。

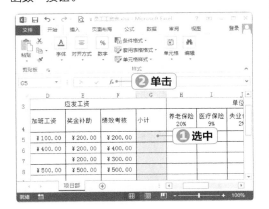

操作解谜

Excel 函数

Excel 的函数是具有特定格式的计算工具，如求和函数"=SUM( )"表示对括号内的参数求和。每个函数都有不同的名称和不同的参数，但使用方法都相同。

STEP 2 选择函数

❶打开"插入函数"对话框，在"选择函数"列表框中选择"SUM"选项；❷单击"确定"按钮。

STEP 3 输入参数

❶打开"函数参数"对话框，在"SUM"栏的"Number1"文本框中输入"C5:F5"，表示需要对 C5:F5 单元格区域内的数据求和。在下方的"计算单元格区域中所有数值的和"栏中即可看到已经计算出的数值；❷单击"确定"按钮。

第2篇

STEP 4 填充函数

将鼠标指针移至G5单元格右下角的填充柄上，当其变为十字光标形状时，按住鼠标左键不放并向下拖动，为G6:G16单元格区域快速填充函数，自动计算结果。

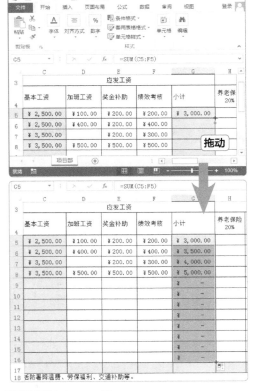

STEP 5 插入函数

①选中 M5 单元格；②在编辑栏中单击"插入函数"按钮。

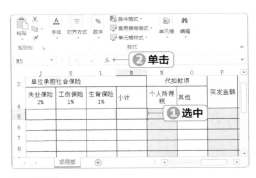

STEP 6 选择函数

①打开"插入函数"对话框，同样选择"SUM"选项；②单击"确定"按钮。

STEP 7 设置参数

在打开的"函数参数"对话框中单击"Number1"文本框右侧的"选择"按钮。

STEP 8 选择计算的单元格区域

①"函数参数"对话框自动折叠，在工作表中选中要计算的H5:L5单元格区域；②单击"函数参数"对话框右侧的"返回"按钮。

STEP 9 确认设置

在返回的对话框中单击"确定"按钮。

STEP 10 填充函数

向下拖动 M5 单元格的填充柄至 M16 单元格，为 M6:M16 单元格区域快速填充函数。

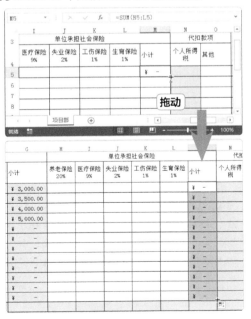

操作解谜

单元格引用

在Excel中能够实现函数的自动填充，前提是具备单元格引用这个功能。Excel中的单元格引用包括相对引用、绝对引用和混合引用，相对引用则将根据目标位置来相对改变引用位置，这里填充函数所使用的就是相对引用这个功能。

STEP 11 插入函数

❶在 C17 单元格中插入 SUM 函数，设置求和参数为 C5:C16 单元格区域；❷向右拖动 C17 单元格右下角的填充柄，为 D17:P17 单元格区域填充函数。

10.3.4 使用公式计算数据

关于个人所得税的计算，应严格按照国家规定的免征额和 7 级超额累进税率计算，下面将利用公式来计算个人所得税，并计算最终的实发金额，其具体操作步骤如下。

微课：使用公式计算数据

STEP 1 计算个人所得税

❶选中 N7 单元格；❷在编辑栏中输入个人所得税的计算公式 "=(G7-3500)*3%-0"，按【Enter】键得出计算结果。

STEP 2 计算个人所得税

❶选中 N8 单元格；❷在编辑栏中输入个人所得税的计算公式 "=(G8-3500)*10%-105"。按【Enter】键得出计算结果。

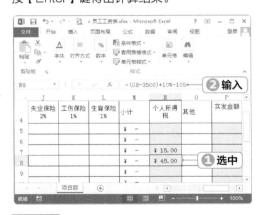

STEP 3 计算实发金额

❶选中 P5 单元格；❷在编辑栏中输入实发金额的计算公式 "=G5-N5-O5"；按【Enter】

键得出计算结果。

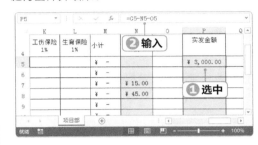

STEP 4 填充公式

❶选中 P5 单元格；❷拖动右下角的填充控制柄到 P16 单元格后释放鼠标，为 P6 到 P16 单元格区域填充对应的计算公式。

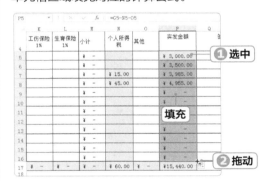

操作解谜

使用公式

公式相对于函数而言更加灵活一些，它没有特定的格式，只需先输入 "=" 后，根据情况输入计算参数和运算符即可。当然，公式中也可以使用函数，如 =SUM(A1:D1)+D4，此时求和函数就是该公式中的一个参数。

1. 制作培训成绩表

公司对新招聘的一批员工进行了基础培训，然后进行了成绩考核，需要将考核结果汇总给负责人，以最终确定留任员工的名单。现需要编制一个培训成绩表，具体要求如下。

● 通过填充序列快速填充序号。

● 利用 SUM 函数计算各科目的总成绩。

● 通过 SUM 函数和公式来计算各科目的平均成绩。

培训成绩表

序号	姓名	培训时间	培训科目			
			普通话水评	软件操作能力	打字速度	第一印象
1	赵军	2017/1/5	46	42	12	6
2	李肖尼	2017/1/5	41	32	30	7
3	孙马达	2017/1/5	10	15	39	8
4	柳丽佳	2017/1/5	39	19	30	9
5	曾璃	2017/1/5	47	32	20	10
6	吉小闵	2017/1/5	23	43	31	10
7	王拉	2017/1/5	23	22	36	15
8	肖可	2017/1/5	15	39	25	13
9	马淼	2017/1/5	35	49	15	11
10	黄毅	2017/1/5	52	19	26	16
11	孙磊	2017/1/5	43	47	49	19
12	郭维维	2017/1/5	28	11	28	28
13	陈皮	2017/1/5	22	47	27	22
合计			424	417	368	174
平均成绩			32.62	32.08	28.31	13.38

2. 制作加班提成表

公司前段时间业务繁忙，组织员工加班工作。现在业务已经完成，需要根据加班情况计算员工的提成数据，具体要求如下。

● 计算每位员工的提成情况（加班时间 × 产量 × 质量系数 × 产品提成）。

● 计算全部员工的总提成和平均提成情况。

加班提成表

工号	姓名	加班时间（小时）	产量（件）	质量系数	产品提成（元/件）	总提成
1	张洪涛	52	42	0.98	¥ 0.40	¥ 847.97
2	刘凯	43	39	1.05	¥ 0.40	¥ 698.92
3	王伟强	40	36	1.00	¥ 0.40	¥ 576.00
4	陈慧敏	79	63	0.90	¥ 0.40	¥ 1,797.41
5	刘丽	38	42	1.00	¥ 0.40	¥ 635.36
6	孙晓娟	36	32	0.90	¥ 0.40	¥ 419.90
7	张伟	30	33	1.05	¥ 0.40	¥ 415.80
8	宋明德	95	76	0.98	¥ 0.40	¥ 2,830.24
9	曾锐	66	73	0.95	¥ 0.40	¥ 1,820.81
10	金有国	75	68	0.88	¥ 0.40	¥ 1,782.00
11	陈娟	40	32	1.05	¥ 0.40	¥ 537.60
12	赵伟伟	54	59	0.85	¥ 0.40	¥ 1,090.58
13	何晓璇	33	30	0.95	¥ 0.40	¥ 372.44
14	谢东升	98	78	1.00	¥ 0.40	¥ 3,073.28
合计					提成合计	¥ 16,898.32
					平均提成	¥ 1,207.02

知识拓展

1. 快速填充数据的常用操作

快速填充数据对于制作表格而言是非常有用的工具，实际上在大多数情况下，都无需使用"序列"对话框进行填充，而只需利用鼠标拖动填充柄来完成。常用操作如下。

- **填充文本**：输入文本后，拖动所在单元格的填充柄，即可填充相同文本。
- **填充相同数据**：输入数据后，拖动所在单元格的填充柄，即可填充相同的数据。
- **填充连续数据**：输入数据后，按住【Ctrl】键并拖动所在单元格的填充柄，即可填充连续数据。
- **自定义填充**：填充指定的内容，如"赤、橙、黄、绿、青、蓝、紫"。在单元格区域中依次输入序列的所有内容，并选中单元格区域。利用"文件"选项卡打开"Excel选项"对话框，选择"高级"选项，在右侧列表框的下方单击"编辑自定义列表"按钮，在打开的对话框中单击"导入"按钮即可。此后在单元格中输入"赤"，便可拖动填充柄填充其他内容。

2. 公式与函数的使用注意

公式和函数拥有非常强大的计算功能，在 Excel 表格中经常使用。使用它们时，可以参考以下 5 点注意和建议事项。

- 无论公式还是函数，在输入时都应该在英文状态下输入，即公式和函数中的逗号、括号、分号、引号等符号，都是英文符号而不是中文符号。
- 在输入公式内容时，如果需要用到某个单元格或单元格区域，可直接拖动鼠标进行选择，而无需手动输入其地址。
- Excel 函数也可以像公式一样输入，而不是只能通过插入才能使用。
- 函数中可以使用公式作为参数，公式中也可以使用函数作为参数。
- 使用公式和函数时，尽量在编辑栏中编辑，编辑完后一定要按【Enter】键确认。

第2篇

第 11 章

制作人事资料表

人事资料是指公司员工基本情况的相关数据，这些数据一般都会保存在表格中，便于汇总、管理和查看。本章将使用 Excel 来制作人事资料表，通过该表可以查看员工学历、职位、职称，以及是否在职、离职或调职等信息。

☐ 使用记录单录入人事资料

☐ 美化表格数据

☐ 根据职位状态填充数据记录

☐ 建立人事资料速查系统

11.1 背景说明

人事资料不同于人事档案，后者是记录员工履历、政治面貌、品德作风等个人情况的文件材料，有凭证、依据和参考的作用，在个人转正定级、职称申报、办理养老保险等相关证明时都会用到。而人事资料的作用主要是方便公司管理员工，能够通过资料了解员工的基本情况。因此，人事资料表一般都是汇总的表格，即将多名员工的情况汇总到一起；而人事档案表则一般是针对一名员工的表格，类似简历的作用。

在编制人事资料表时，应根据公司使用该表的目的来设计具体的项目。比如公司想在员工生日当天给予一定的奖励待遇，则可以为人事资料表设计"出生日期"项目；如果想要掌握员工工龄，则可以设计"进入公司日期"项目等。

11.2 案例目标分析

按公司要求，人事资料表需要收集员工编号、姓名、性别、出生日期、学历等基本信息，同时还需要包含员工进公司日期、目前职位与职称信息，以及是否在职、离职或调离岗位。特别强调能够在浏览时区分在职、离职和调离状态。为此，本案例的表格项目首先应该包含这些要求的信息，并将在职、离职或调离岗位整合到"职位状态"项目，根据具体状态填充不同的底纹。最后，为了便于浏览者查看，还可以创建一个速查系统，通过输入员工姓名便能查到对应的资料。制作后的资料表参考效果如下。

人事资料表

职员编号	姓名	性别	出生日期	学历	进公司日期	职位	职称	职位状态
DXKJ-011	陈宇轩	男	1995/1/13	本科	2013/10/15	部门主管	B级	在职
DXKJ-020	邓佳颖	女	1993/10/31	本科	2015/7/8	员工	C级	在职
DXKJ-021	杜丽	女	1991/6/1	大专	2012/4/19	员工	C级	离职
DXKJ-008	范琪	女	1992/8/2	大专	2013/10/15	项目经理	A级	在职
DXKJ-014	方小波	男	1995/3/15	大专	2013/10/15	员工	B级	在职
DXKJ-010	郭佳	女	1993/5/21	本科	2015/7/8	项目经理	A级	在职
DXKJ-022	郭晓芳	女	1990/12/5	本科	2013/10/15	员工	B级	在职
DXKJ-004	何可人	女	1991/11/13	大专	2013/10/15	员工	B级	在职
DXKJ-009	李培林	男	1990/12/5	本科	2012/4/19	员工	C级	调离
DXKJ-019	李涛	男	1992/8/6	研究生	2013/10/15	部门主管	B级	在职
DXKJ-007	刘佳宇	男	1993/7/3	本科	2015/7/8	员工	B级	在职
DXKJ-002	卢晓芬	女	1990/4/8	本科	2012/4/19	员工	C级	在职
DXKJ-013	陆涛	男	1994/10/2	本科	2015/7/8	员工	C级	在职
DXKJ-017	马琳	女	1991/8/17	本科	2012/4/19	员工	C级	离职
DXKJ-012	欧阳夏	男	1990/2/20	研究生	2015/7/19	员工	C级	离职
DXKJ-005	宋颖	女	1994/8/5	本科	2016/9/12	员工	C级	在职
DXKJ-015	谢晓云	女	1991/2/8	研究生	2015/7/8	员工	B级	调离
DXKJ-001	张健	男	1993/5/12	大专	2015/7/8	部门主管	B级	调离
DXKJ-003	赵芳	女	1992/10/10	本科	2013/10/15	员工	C级	在职
DXKJ-006	郑宏	男	1990/1/14	研究生	2012/4/19	员工	B级	离职
DXKJ-018	周冰玉	女	1994/9/5	大专	2015/7/8	项目经理	A级	在职
DXKJ-016	朱海丽	女	1990/10/22	本科	2015/7/8	员工	C级	在职

速查系统	姓名	性别	出生日期	学历	进公司日期	职位	职称	职位状态
	李培林	男	1990/12/5	本科	2012/4/19	员工	C级	调离

11.3　制作过程

　　人事资料反映的是员工信息，因此表格数据不能出错。本案例将利用记录单功能，按行的方式输入，即一条记录一条记录的录入，最大限度地保证资料的正确。接着对表格数据进行美化设置，设置完成后利用条件格式功能体现不同职位状态的记录，满足浏览者的浏览要求。最后还会利用查找函数建立一个简单的速查系统，达到输入员工姓名即可自动得到该员工其他所有数据的效果。

11.3.1　使用记录单录入人事资料

　　如果在一个连续的单元格区域中，每一列代表一个项目，每一行代表一条记录，这种表格就叫作"二维表格"，在二维表格中，可以利用记录单按记录方式录入数据，其具体操作步骤如下。

微课：使用记录单
录入人事资料

STEP 1　**设置 Excel 参数**
启动 Excel 2013，按【Esc】键后单击"文件"选项卡，然后选择左侧的"选项"选项。

STEP 3　**保存工作簿**
❶将空白工作簿保存为"人事资料表 .xlsx"；
❷将工作表名称更改为"档案部"。

STEP 2　**添加记录单**
❶打开"Excel 选项"对话框，在左侧的列表框中选择"快速访问工具栏"选项；❷在上方的"从下列位置选择命令"下拉列表框中选择"不在功能区中的命令"选项；❸在下方的列表框中选择"记录单"选项；❹单击"添加"按钮；❺单击"确定"按钮。

STEP 4　输入数据

在表格中依次输入表格标题和表格的各个项目文本。

STEP 5　输入第 1 条记录

在第 3 行中根据输入的项目输入第 1 条记录的各项内容。

STEP 6　打开记录单

❶选中 A4 单元格；❷单击添加到快速访问工具栏中的"记录单"按钮；❸打开"档案部"对话框，单击"新建"按钮。

　操作解谜

打开记录单的时机

要想打开记录单，需要保证二维表格中已经具备了所有的项目内容和至少一条记录。因此，应当在输入了一条记录后再打开，而不是输入项目后就打开。没有输入记录，则记录单功能无法使用。

STEP 7　输入记录

❶根据记录单中的项目文本框依次输入记录的内容；❷单击"新建"按钮。

STEP 8　载入记录

此时输入的记录将被载入工作表中，且记录单又将显示为空。

STEP 9 输入记录

❶按照相同的方法输入新的记录；❷单击"新建"按钮确认录入；❸完成后单击"关闭"按钮关闭记录单。

浏览记录

在记录单中单击"上一条"或"下一条"按钮，可逐一浏览二维表格中的所有记录，比直接在工作表中查看更轻松。

11.3.2 美化表格数据

美化表格数据并不是制作该表格的主要内容，因此可以尽可能地利用 Excel 提供的单元格样式和表格格式来处理，其具体操作步骤如下。

微课：美化表格数据

STEP 1 设置标题格式

❶合并 A1:I1 单元格区域；❷适当增加第 1 行行高。

STEP 2 应用单元格样式

保持 A1 单元格的选中状态，在【开始】/【样式】组的"样式"下拉列表框中选择"标题"选项。

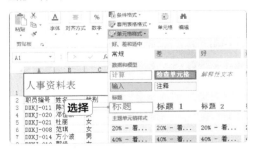

STEP 3 加粗标题

在应用了单元格样式的基础上，将 A1 单元格的字体进行加粗设置。

快速设置字形

选中单元格后，按【Ctrl+B】组合键可加粗文本，按【Ctrl+I】组合键可倾斜文本，按【Ctrl+U】组合键可为文本添加下划线。此方式适用于 Word、Excel 和 PowerPoint 等各种 Office 组件。

STEP 4 套用表格样式

❶选中 A2:I24 单元格区域；❷在【开始】/【样式】组中单击"套用表格格式"按钮，在打开的下拉列表中选择第 5 行第 3 种样式。

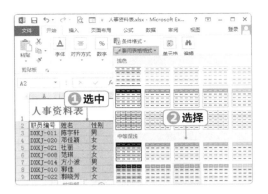

STEP 5 确认参数

打开"套用表格式"对话框，默认其中的数据来源，单击"确定"按钮。

第2篇

操作解谜

表包含标题

套用表格格式时，如果取消选中"表包含标题"复选框，表示所选单元格区域没有包含标题，此时Excel将自动给套用格式的单元格区域增加标题项目。

STEP 6 取消筛选按钮

保持单元格区域的选中状态，在【表格工具 设计】/【表格样式选项】组中取消选中"筛选按钮"复选框。

STEP 7 调整行高和列宽

适当增加第2行的行高，然后依次双击各列标线，使该列列宽自动调整为刚好完整显示其中内容的宽度。

11.3.3 根据职位状态填充数据记录

浏览者一般会要求表格应该区分不同职位状态的记录。如果数据记录较少，则可以手动设置格式以示区分。如果记录数量太多，比如几百条甚至上千条时，手动设置就显得无所适从了。这里将利用条件格式功能快速达到需要的效果，无论记录的数量有多少，都能轻松解决，其具体操作步骤如下。

微课：根据职位状态填充数据记录

STEP 1　新建规则

❶选中 A3:I24 单元格区域；❷在【开始】/【样式】组中单击"条件格式"按钮，在打开的下拉列表中选择"新建规则"选项。

STEP 2　使用公式设置格式

❶打开"新建格式规则"对话框，在"选择规则类型"列表框中选择"使用公式确定要设置格式的单元格"选项；❷在下方的文本框中输入"=$I3="离职""；❸单击"格式"按钮。

操作解谜

公式的含义

公式"=$I3="离职""指的是I3单元格中的文本内容为"离职"，列标前的"$"符号代表绝对引用，不会随目标位置的变化而变化。因此结合条件格式，该公式可以理解为：如果第I列中的某个单元格的文本为"离职"，则将应用设置的格式。

STEP 3　设置单元格填充格式

❶打开"设置单元格格式"对话框，单击"填充"选项卡；❷选择第 2 行第 6 种颜色选项；❸单击"确定"按钮。

STEP 4　复制公式

❶返回"新建格式规则"对话框，复制设置的公式内容；❷单击"确定"按钮。

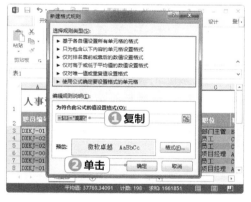

STEP 5　新建规则

❶保持单元格区域的选中状态，再次新建规则，在打开的"新建格式规则"对话框的"选择规则类型"列表框中选择"使用公式确定要设置格式的单元格"选项；❷在下方的文本框中粘贴复制的公式，然后将其中的"离职"文本更改为"调离"文本；❸单击"格式"按钮。

STEP 6 设置单元格填充格式

❶打开"设置单元格格式"对话框，单击"填充"选项卡；❷选择第 6 行第 6 种颜色选项。

STEP 7 设置单元格字体颜色

❶单击"字体"选项卡；❷在"颜色"下拉列表框中选择"白色"选项；❸单击"确定"按钮。

STEP 8 使用公式设置格式

❶重复相同的操作新建规则，利用复制公式的方法将公式中的"离职"文本更改为"在职"文本；❷单击"格式"按钮。

STEP 9 设置单元格填充格式

❶打开"设置单元格格式"对话框，单击"填充"选项卡；❷选择第 4 行第 6 种颜色选项；❸单击"确定"按钮完成设置。

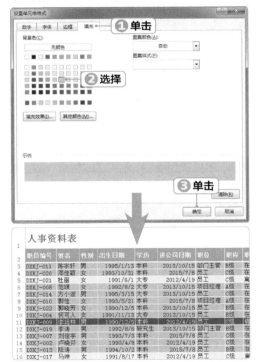

11.3.4 建立人事资料速查系统

浏览者在成千上万的记录中查看某个员工的基本资料比较困难，为了解决这个问题，可以设计一个简单的速查系统，利用查找函数来查找指定员工的数据。同时，指定员工这个行为也无需输入，直接选择即可，其具体操作步骤如下。

微课：建立人事资料速查系统

STEP 1 建立基本框架和数据

在第 26 行和第 27 行输入速查系统的相关内容，合并 A26:A27 单元格区域，并为 A26:I27 单元格区域添加边框。为 B26:I26 单元格区域填充底纹，设置该区域的字体颜色为"白色"。

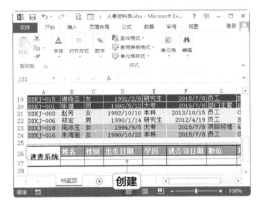

STEP 2 数据验证

❶选中 B27 单元格；❷在【数据】/【数据工具】组中单击"数据验证"按钮。

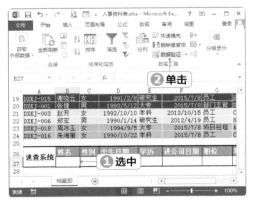

STEP 3 设置验证条件

❶打开"数据验证"对话框，在"允许"下拉

列表框中选择"序列"选项；❷单击"来源"文本框右侧的"选择"按钮。

STEP 4 选择数据来源区域

❶选中 B3:B24 单元格区域；❷单击"返回"按钮；❸单击"确定"按钮。

STEP 5　查看数据

选中 B27 单元格，其右侧将出现下拉按钮，单击该按钮，可在打开的下拉列表中直接选择员工姓名代替输入。

STEP 6　排序记录

❶选中 B7 单元格；❷在【数据】/【排序和筛选】组中单击"升序"按钮。

操作解谜

排序的原因

　　排序是指以记录中的某个项目为依据，对所有数据记录进行排列，如按出生日期从小到大排列等。这里对数据记录进行排序，是因为后面使用到的查找函数必须在排序的基础上才能正常使用，否则将出现数据混乱。

STEP 7　输入函数

选中 C27 单元格，在编辑栏中输入"=LOOKUP()"，然后将光标插入点定位到括号中间。

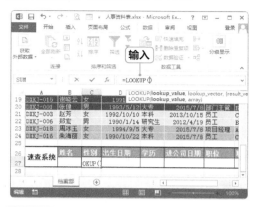

STEP 8　引用单元格

选中 B27 单元格，此时函数中将直接引用该单元格的地址。在英文状态下继续输入"，"。

STEP 9　引用单元格区域

选中 B3:B24 单元格区域，此时函数中也将直接引用该单元格区域的地址。同样在英文状态下输入"，"。

操作解谜

函数中显示的名称

　　引用单元格区域后，查找函数中并没有直接显示单元格区域地址，而是显示了某个名称。这是因为所选单元格区域是二维表格中的区域，可以更好地利用二维表格的结构来显示内容，即显示项目名称。

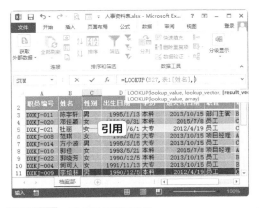

STEP 10　引用单元格区域

继续选中 C3:C24 单元格区域，完成函数参数的设置，按【Enter】键即可。

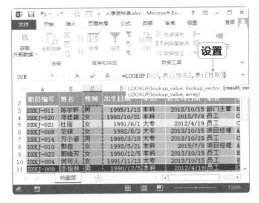

 操作解谜

查找函数

　　这里使用的查找函数是LOOKUP函数中的一种，它有3个参数，第1个参数是指定参照的单元格，即参照单元格的内容而变化；第2个参数是参照单元格所在的单元格区域；第3个参数是返回结果所在的单元格区域。

STEP 11　查看结果

在"姓名"下的单元格中选择某个员工姓名，此时"性别"下的单元格中将自动显示对应的内容。

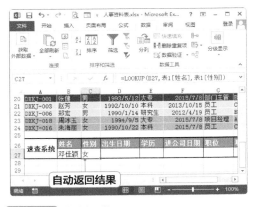

STEP 12　复制函数

❶选中 C27 单元格；❷在编辑栏中选中函数内容并按【Ctrl+C】组合键复制。

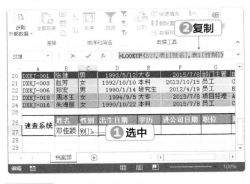

STEP 13　粘贴并修改函数

选中 D27 单元格，在编辑栏中按【Ctrl+V】组合键粘贴公式，选中第 3 个参数，重新选中 D3:D24 单元格区域作为参数。

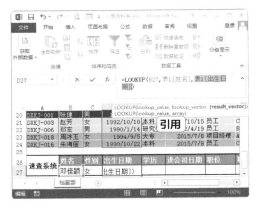

STEP 14 查看结果

按【Ctrl+Enter】组合键完成设置，此时将返回员工邓佳颖的出生日期。

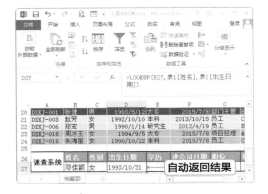

技巧秒杀

确认输入

在单元格中输入数据、公式或函数后，按【Enter】键可以确认输入并自动选中下方相邻的单元格；按【Ctrl+Enter】组合键则可确认输入并选中当前单元格。

STEP 15 设置函数

选中 E27 单元格，在其编辑栏中粘贴复制的函数，删除"[出生日期]"文本中的"出生日期"，此时将自动打开下拉列表，在其中双击"学历"选项。

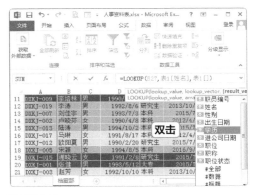

STEP 16 确认设置

按【Ctrl+Enter】组合键完成设置，此时将返

回员工邓佳颖的学历情况。

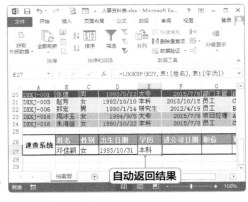

STEP 17 设置其他项目

按相同的方法继续设置其他项目下的查找函数，只需要改变第 3 个参数的内容即可。改变方法，可以选中第 3 个参数，重新选中单元格区域进行设置，也可以删除"[ ]"中的内容，在自动打开的下拉列表中双击选择使用。

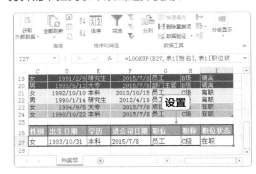

STEP 18 验证结果

重新在 B27 单元格中选择其他的员工名称，则速查系统中的其他项目将自动变化。可以对照上方表格中的数据验证结果是否正确。

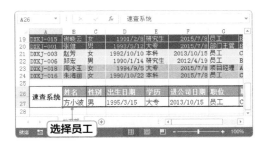

1. 制作员工档案表

公司新招进一批员工，员工档案也在人事部经过整理并存档。现需要根据档案来制作员工档案表，满足公司对员工基本情况的收集，具体要求如下。

- 输入标题并设置标题格式，注意合并单元格。
- 输入表格主体的内容，并适当合并单元格，为表格添加边框。
- 利用条件格式为表格主体的单元格添加不同的底纹，包含项目的单元格为橙色，空白单元格为浅橙色。

提示：设计公式时，" " 代表空值；<> 代表不等于。

2. 制作档案管理汇总表

为便于统一管理和查看所有员工的基本档案情况，公司要求将每位员工的档案情况汇总到一个表格中，现需要制作档案管理汇总表，具体要求如下。

- 为标题应用单元格样式。
- 利用记录单录入各条记录内容。
- 为二维表格套用表格格式。
- 创建档案提取系统，美化单元格区域和其中的内容。
- 利用 LOOKUP 函数实现档案的提取操作。

提示：使用 LOOKUP 函数前，需要先对编号项目进行排序。

员工档案表

姓名		性别		出生年月		政治面貌	
民族		身高		体重		健康状况	
籍贯		婚姻状况		身份证号码			
户籍地址						邮编	
居住地址						邮编	
毕业院校				专业		学历	
手机		E-mail					
就职部门		职位		入公司时间		爱好特长	
教育经历							
职场经历							

员工档案管理汇总表

编号	姓名	身份证号码	工龄	学历	职务	奖励	处分
1	郭佳	504850********4850	12	大专	销售员		
2	张健	565432********5432	6	本科	职员		
3	何可人	575529********5529	13	研究生	设计师	最佳设计奖	
4	陈宇轩	585626********5626	13	硕士	市场部经理		
5	方小波	595723********5723	17	本科	销售员		警告处分1次
6	杜丽	605820********5820	15	大专	销售员		
7	谢晓云	646208********6208	5	本科	职员	科研成果奖	
8	范琪	656305********6305	10	本科	销售员		
9	郑宏	686596********6596	19	大专	职员		
10	宋颖	696693********6693	20	本科	工程师		警告处分1次
11	欧阳夏	747178********7178	14	本科	工程师		
12	邓佳颖	787566********7566	13	大专	销售员	最佳业绩奖	
13	李培林	797663********7663	19	研究生	设计师		
14	郭晓芳	868342********8342	20	本科	销售员		
15	刘佳宇	898633********8633	16	本科	经理助理		警告处分1次
16	周冰玉	918827********8827	7	大专	职员		
17	刘夏	928924********8924	16	研究生	职员		
18	李涛	949118********9118	18	大专	办公室主任	优秀领导奖	
19	卢晓芬	949118********9118	20	硕士	研发部主任		警告处分1次
20	陆涛	949118********9118	13	硕士	工程师		
21	马琳	949118********9118	8	本科	工程师		
22	朱浩丽	949118********9118	6	本科	职员	最佳进步奖	
23	赵芳	959215********9215	12	大专	职员		

输入员工编号提取员工档案： 15

姓名	身份证号码	工龄	学历	职务	奖励	处分
刘佳宇	898633********8633	16	本科	经理助理	0	警告处分1次

知识拓展

1. 条件格式的其他应用

条件格式功能非常实用，它基本上可以满足各种条件下对单元格的格式设置。除了使用公式来定义格式外，Excel 2013 中还有其他丰富的条件格式应用方法。

● **删除条件格式：** 如果某个表格中已存在条件格式，导致无法对单元格进行其他格式设置，可以将该条件格式删除，方法为：单击"条件格式"按钮，在打开的下拉列表中选择"清除规则"选项，在打开的子列表中选择需要的选项即可清除条件格式。

● **管理条件格式：** 如果需要对已创建的条件格式重新设置效果，则可单击"条件格式"按钮，在打开的下拉列表中选择"管理规则"选项，可在打开的对话框中选择需更改的条件格式选项，单击"管理规则"按钮，即可按新建条件格式的方法来重新设置。

● **其他条件格式：** "条件格式"按钮下的"突出显示单元格规则"功能适用于对数据大小进行格式设置的情况，如大于 90、小于 60、等于 0 等；"项目选取规则"功能适用于排名的情况，如前 10 位，后 10 位等；"数据条""图标"和"色阶"功能则可以用不同的显示方式，在所选单元格区域中建立各种直观的图形，以区别数据的大小、高低、强弱等。

2. 数据验证的更多功能

数据验证不仅可以将输入转化为选择，还可以使用提示、警告等多种功能来辅助输入，以最大限度地确保输入的正确性。

● **提示输入：** 在"数据输入"对话框中单击"输入信息"选项卡，可在其中设置提示标题和内容，当选中该单元格后，便会出现提示信息。

● **警告输入：** 单击"出错警告"选项卡，可设置警告样式，代表警告的严重程度。并可在右侧设置出错后的提示信息。一旦在单元格中输入无效数据，便将打开警告对话框，提示输入错误。

第 2 篇

第 12 章

制作员工绩效考核表

员工绩效考核，具体来讲就是对员工的工作业绩、工作能力、工作态度以及个人品德等进行评价和统计。本章将利用 Excel 制作员工绩效考核表，并对制作好的表格进行各种管理和分析。通过本章的学习，可以掌握 Excel 数据管理的基本方法。

☐ 输入并设置数据

☐ IF 函数和 RANK 函数的应用

☐ 对数据排序、筛选和分类汇总

☐ 创建数据透视表和透视图

12.1　背景说明

　　绩效考核是公司绩效管理的一个重要环节，采用的是科学的考核方式，目的是评定员工的工作任务完成情况、员工的工作职责履行程度和员工的发展情况。日常工作中，每个公司采取的绩效考核方法都可能不同，但归纳来看，一般包括以下种类。

　　● 时间不同——日常考核、定期考核

　　（1）日常考核。对员工的出勤、工作产量和质量、工作行为进行经常性考核。

　　（2）定期考核。按一定的固定周期对员工进行考核，如年度考核、季度考核等。

　　● 主体不同——主管考核、自我考核、同事考核、下属考核

　　（1）主管考核。上级主管对下属员工进行考核，能较准确地反映被考核者的实际状况。

　　（2）自我考核。员工本人对自己的工作成绩和行为表现进行客观评价。

　　（3）同事考核。同事间互相进行考核，体现了考核的民主性，但受人际关系影响较大。

　　（4）下属考核。下属员工对直接主管领导进行考核。

　　● 形式不同——定性考核、定量考核

　　（1）定性考核。对员工工作评价用文字描述，或对员工之间评价高低的相对次序以优、良、中、合格、差等形式表示。

　　（2）定量考核。以分值或系数等数量形式直接表示对员工的考核成绩。

　　● 意识不同——客观考核、主观考核

　　（1）客观考核。对可以直接量化的指标体系进行考核，如生产指标和个人工作指标。

　　（2）主观考核。由负责人根据一定标准设计的考核指标体系对被考核者进行主观评价，如工作行为和工作结果。

　　● 内容不同——特征导向考核、行为导向考核、结果导向考核

　　（1）特征导向考核。重点对员工的个人特质，如诚实度、合作性、沟通能力等进行考核，即考量员工是一个怎样的人。

　　（2）行为导向考核。重点对员工的工作方式和工作行为进行考核，如服务员的微笑和态度，待人接物的方法等，即对工作过程的考量。

　　（3）结果导向考核。重点对员工的工作内容和工作质量进行考核，如产品的数量和质量、劳动效率等，侧重点是员工完成的工作任务和生产的产品。

12.2　案例目标分析

　　本案例要求制作销售部业务员的绩效考核表，考核对象与员工的完成任务情况和销售额直接挂钩，根据考核结果做出考核评价，并结算绩效奖金。另外，为了保证相关负责人能够正常使用表格来统计和分析绩效考核结果，需要对表格数据进行适当的管理分析，以检验表格能否达到领导的使用需求。制作后的参考效果如下。

业务员绩效考核表

序号	姓名	部门	本月任务	本月销售额	任务完成率	评语	绩效奖金	奖金排名
1	郭呈瑞	销售2部	¥70,000	¥80,936	116%	优秀	¥8,902.96	11
2	赵子俊	销售1部	¥80,000	¥87,123	109%	优秀	¥9,583.55	7
3	李全友	销售2部	¥70,000	¥89,030	127%	优秀	¥9,793.26	6
4	王晓遖	销售2部	¥70,000	¥85,995	123%	优秀	¥9,459.40	8
5	杜海强	销售1部	¥80,000	¥61,714	77%	差	¥6,171.37	22
6	张嘉轩	销售3部	¥60,000	¥74,866	125%	优秀	¥8,235.24	13
7	张晓伟	销售1部	¥70,000	¥65,761	94%	合格	¥6,904.85	17
8	邓超	销售1部	¥80,000	¥83,971	105%	合格	¥8,816.97	12
9	李琼	销售3部	¥60,000	¥70,819	118%	优秀	¥7,790.09	16
10	罗玉林	销售2部	¥70,000	¥91,053	130%	优秀	¥10,015.83	4
11	刘梅	销售3部	¥60,000	¥93,076	155%	优秀	¥10,238.40	3
12	周羽	销售1部	¥80,000	¥100,158	125%	优秀	¥11,017.41	1
13	刘红芳	销售3部	¥60,000	¥84,983	142%	优秀	¥9,348.11	10
14	宋科	销售3部	¥60,000	¥90,158	150%	优秀	¥9,917.41	5
15	宋万	销售2部	¥80,000	¥76,889	96%	合格	¥8,073.37	14
16	王超	销售1部	¥60,000	¥58,679	98%	合格	¥6,161.25	24
17	张丽丽	销售2部	¥70,000	¥61,714	88%	差	¥6,171.37	22
18	孙洪伟	销售2部	¥80,000	¥63,737	80%	差	¥6,373.71	20
19	王翔	销售2部	¥70,000	¥95,100	136%	优秀	¥10,460.98	2
20	林晓华	销售2部	¥60,000	¥72,842	121%	优秀	¥8,012.66	15
21	张婷	销售2部	¥70,000	¥64,749	92%	合格	¥6,798.62	18
22	周敏	销售3部	¥80,000	¥85,878	107%	优秀	¥9,446.53	9
23	张伟杰	销售2部	¥60,000	¥59,690	99%	合格	¥6,267.48	21
24	李锐	销售1部	¥80,000	¥67,784	85%	差	¥6,778.39	19

12.3 制作过程

由于员工的姓名、所在部门，每名员工本月的任务和实际销售额等数据均已收集完毕，首先就应该利用这些数据来制作表格基本框架，然后合理利用公式和函数来计算每名员工的完成率、考核评语、绩效奖金和奖金排名等情况。接着需要对所有数据进行排序、筛选和分类汇总等管理，最后还需要利用 Excel 的数据透视表和数据透视图功能来进一步管理绩效考核数据。

12.3.1 | 输入并设置数据

下面首先利用收集到的基本数据来创建表格框架，适当设置格式，并对数据类型进行调整，其具体操作步骤如下。

微课：输入并设置数据

STEP 1 **新建工作簿**

❶新建 Excel 工作簿并保存为"绩效考核表 .xlsx"；❷将工作表重命名为"销售部"。

技巧秒杀

手动新建工作簿

启动Excel会自动新建空白工作簿。若想手动新建工作簿，则可单击"文件"选项卡，选择左侧列表框中的"新建"选项，单击右侧空白工作簿或任意一个自带模板工作簿的缩略图，即可新建工作簿。

STEP 2 **输入数据**

依次输入绩效考核表的标题、项目和前 5 个项

第 **12** 章 制作员工绩效考核表

147

目的具体数据（可使用光盘提供的素材），该素材地址为"光盘\素材\第12章\绩效考核表.xlsx"。

STEP 3　设置格式

❶合并并居中 A1:I1 单元格区域，将格式设置为"华文中宋、20、加粗"；❷为 A2:I2 单元格区域应用"汇总"单元格样式。

STEP 4　设置记录格式

选中 A3:I26 单元格区域，将字号设置为"10"，将对齐方式设置为"左对齐"。

STEP 5　设置数据格式

❶利用【Ctrl】键同时选中本月任务、本月销售额和绩效奖金项目下的单元格区域；❷在"数字"下拉列表中选择"货币"选项；❸单击"减少小数位数"按钮去掉数字的小数位。

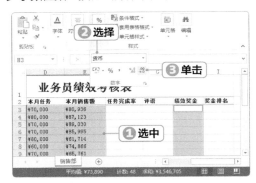

STEP 6　设置数据格式

❶选中任务完成率项目下的单元格区域；❷单击"百分比"按钮设置数据格式为百分比格式。

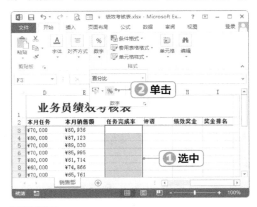

STEP 7　调整行高和列宽

手动拖动行号，调整标题和项目两行的行高，并拖动列标，适当调整各列的列宽。

12.3.2　IF 函数和 RANK 函数的应用

微课：IF 函数和 RANK
函数的应用

　　按公司要求，员工任务完成率与其任务和实际销售额相关，完成率低于 90%，评语为"差"；介于 90% 和 105% 之间，评语为"合格"；高于 105%，评语为"优秀"。绩效奖金与实际销售额和评语挂钩，具体来说，若评语为"优秀"，绩效奖金为实际销售额的 10% 与实际销售额的 1% 之和；评语为"合格"，绩效奖金为实际销售额的 10% 与实际销售额的 0.5% 之和；评语为"差"，绩效奖金就是实际销售额的 10%。因此，这里需要利用公式、IF 函数来对这些项目进行计算，完成后还需要利用 RANK 函数对数据记录进行排名，其具体操作步骤如下。

STEP 1　输入公式

选中 F3 单元格，在编辑栏中输入公式，具体过程为：输入"="→单击 E3 单元格→输入"/"单击 D3 单元格。

技巧秒杀

在单元格区域中输入公式

选中单元格区域，直接在编辑栏中输入需要的公式或函数，完成后按【Ctrl+Enter】组合键，可为所选的单元格区域中的每个单元格都应用公式或函数，公式或函数会自动根据单元格地址的变化而变化。

STEP 2　确认并填充公式

按【Enter】键确认输入。重新选中 F3 单元格，拖动其右下角的填充柄至F4:F26单元格区域，为该单元格区域填充公式。

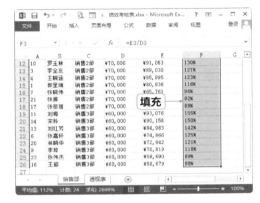

STEP 3　输入函数

选中 G3 单元格，在编辑栏中输入"=IF()"，并将光标插入点定位到括号中间。

STEP 4　设置 IF 函数的条件

在编辑栏的括号中输入"F3<90%,"，表示以任务完成率是否小于 90% 为判断条件，符合

此条件，则返回第 2 个参数的值；不满足这个条件，则返回第 3 个参数的值。

STEP 5　设置真值

继续输入 "" 差 ","，表示满足前面设置的条件后，评语就会返回 "差" 这个结果。

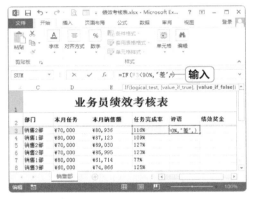

 操作解谜

公式和函数中的文本

　　如果要在公式或函数中返回中文文本，则必须利用引号将其引用起来，且引号必须是英文状态下输入的引号。

STEP 6　复制函数

在编辑栏中拖动鼠标指针选中除 "=" 以外的所有内容，按【Ctrl+C】组合键复制，将所选内容作为 IF 函数的第 3 个参数。

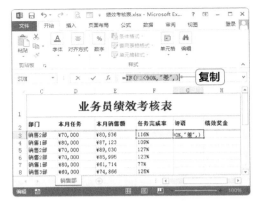

STEP 7　修改函数

将光标插入点定位到 "" 差 ","，右侧，按【Ctrl+V】组合键粘贴复制的对象，并将这个 IF 函数的条件和真值分别修改为 "F3>105%" 和 "" 优秀 ""。

 操作解谜

函数的嵌套

　　一个函数是另一个函数中的一个参数，这种情况就是函数的嵌套。上图中实际上包含两个IF函数的嵌套，其中一个IF函数是另一个IF函数的第3个参数。

STEP 8　设置参数

将光标插入点定位到 "" 优秀 ","，右侧，输入嵌套函数的第 3 个参数 "" 合格 ""。整个函数的意思是，如果 F3 单元格的数据小于 90%，则返回 "差" 这个评语；如果不符合这个条

件，将进一步判断 F3 单元格的数据是否大于
105%。如果是，则返回"优秀"这个评语；
如果不是，则返回"合格"这个评语。这样就
将优秀、合格、差这 3 个等级的评语划分为
105% 以上，90%~105% 之间，90% 以下 3
个区域来加以判断。

得销售额 0.5% 的奖励，差的评语没有奖励。

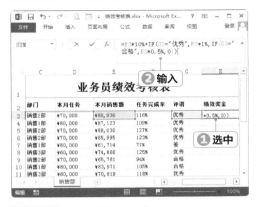

STEP 11 确认并填充函数

按【Enter】键确认函数的输入。重新选中 H3
单元格，利用其填充柄将函数填充至 H4:H26
单元格区域。

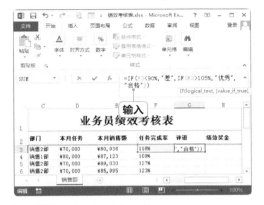

STEP 9 确认并填充函数

按【Enter】键确认函数的输入。重新选中 G3
单元格，利用其填充柄将函数填充至 G4:G26
单元格区域。

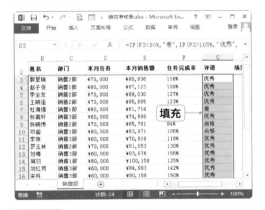

STEP 10 设置公式和函数

❶ 选中 H3 单元格；❷ 在编辑栏中输入
"=E3*10%+IF(G3=" 优秀 ",E3*1%,IF(G3="
合格 ",E3*0.5%,0))"。即绩效奖金为本月销
售额的 10%，同时还与评语挂钩，优秀的评语
还能获得销售额 1% 的奖励，合格的评语能获

STEP 12 输入函数

❶选中 I3:I26 单元格区域；❷在编辑栏中输入
"=RANK(H3,)"，表示将排名的依据指定为
绩效奖金。

STEP 13 设置参数

继续在编辑栏中设置第 2 个参数"H3:H26"，表示排名依据进行对比的数据范围。

STEP 14 转换为绝对引用

选中"H3:H26"，按【F4】键将其转换为绝对引用的形式，即在列标和行号前都添加"$"符号，变为"$H$3:$H$26"。

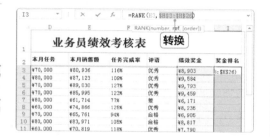

 操作解谜

相对引用转换为绝对引用

由于默认情况下公式和函数都是相对引用的形式，设置排名时，需要将对比范围的数据区域设置为绝对引用，以保证排名依据所在的单元格变化时，整个对比的数据依据并不发生变化。

STEP 15 确认输入

按【Ctrl+Enter】组合键确认输入的函数。

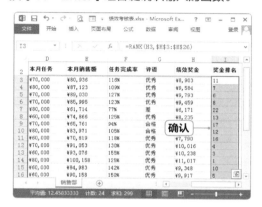

12.3.3 对数据排序、筛选和分类汇总

得到完整的员工绩效考核数据后，就可以尝试对这些数据记录进行排序、筛选和分类汇总，检验表格是否能顺利进行各种数据管理操作，以保证表格交到负责人手上时可以顺利使用。

微课：对数据排序、筛选和分类汇总

1. 数据排序

下面先利用 Excel 的简单排序方法按奖金排名对应的数字从小到大来排列记录，如果出现排名相同的情况，则进一步按任务完成率由高到低排列，其具体操作步骤如下。

STEP 1 排序数据

选中二维表格中的任意一个含有数据的单元格，在【数据】/【排序和筛选】组中单击"排序"按钮。

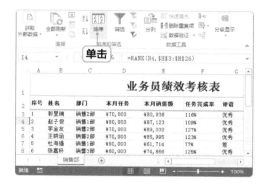

STEP 2　设置主要关键字

❶在"主要关键字"下拉列表框中选择"奖金排名"选项；❷在"次序"栏下拉列表框中选择"升序"选项；❸单击"添加条件"按钮。

STEP 3　设置次要关键字

❶在"次要关键字"下拉列表框中选择"任务完成率"选项；❷在"次序"栏下的第 2 个下拉列表框中选择"降序"选项；❸单击"确定"按钮。

操作解谜

次要关键字

　　对数据记录进行排序时，将按主要关键字排序，当主要关键字中有相同的数据时，则可按次要关键字排序，这样可以将排序结果控制得更加准确。

技巧秒杀

快速排序

如果只有主要关键字，则可直接在二维表格中选中该关键字对应项目下的任意一个数据单元格，单击"排序和筛选"组的"升序"按钮或"降序"按钮来快速排序。

STEP 4　完成排序

此时绩效考核表中的数据记录将按照排名从高到低排序，如果排名相同，则按照任务完成率从高到低排序。

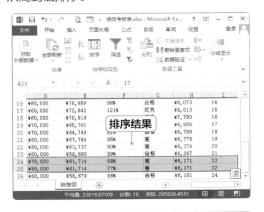

2. 数据筛选

　　数据筛选就是将需要的数据记录显示出来，将不需要的数据记录暂时隐藏。下面利用该功能筛选出奖金排名前 10 位中销售 3 部的员工绩效考核数据，其具体操作步骤如下。

STEP 1　进入筛选状态

❶选中二维表格中的任意一个单元格；❷单击"排序和筛选"组中的"筛选"按钮。

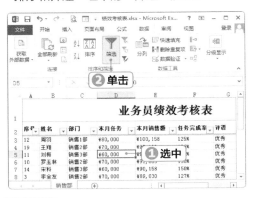

STEP 2　筛选部门

❶单击"部门"项目右侧的下拉按钮；❷在打开的下拉列表中仅选中"销售 3 部"复选框；❸单击"确定"按钮。

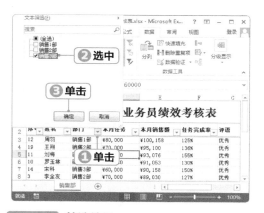

STEP 3　筛选结果

此时绩效考核表中将仅显示销售3部的所有数据记录，其余部门的数据记录被暂时隐藏起来。

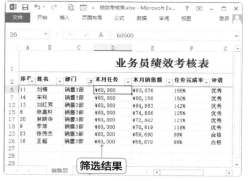

STEP 4　按条件筛选

❶单击"奖金排名"项目右侧的下拉按钮；
❷在打开的下拉列表中选择"数字筛选"选项，在打开的子列表中选择"小于或等于"选项。

STEP 5　设置条件

❶在打开的对话框右上方的下拉列表框中输入"10"；❷单击"确定"按钮。

STEP 6　筛选结果

此时将在前面筛选结果的基础上，进一步筛选出销售3部员工中，奖金排名在前10位的员工记录。

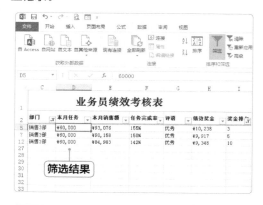

3. 数据分类汇总

数据分类汇总分为两个环节，先是分类，按某种依据将同类别的数据记录顺序排列，然后对这些类别进行汇总计算。下面便分类汇总出各销售部门的销售总额和发放的绩效奖金总额，其具体操作步骤如下。

STEP 1　取消筛选状态

单击"排序和筛选"组中的"筛选"按钮，取消筛选状态，显示所有数据记录。

STEP 2　排序

❶选中 C10 单元格；❷单击"升序"按钮；❸再次单击"分级显示"组中的"分类汇总"按钮。

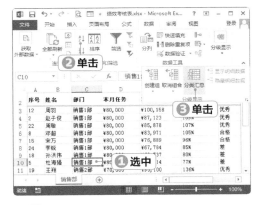

操作解谜

汇总前的排序

按哪个项目汇总，就首先需要按哪个项目排序，让这个项目下相同类别的数据记录排列在一起，否则汇总出来的结果就是分散的。

STEP 3　设置汇总参数

❶打开"分类汇总"对话框，在"分类字段"下拉列表框中选择"部门"选项；❷在"汇总方式"下拉列表框中选择"求和"选项；❸在下方的复选框中选中"本月销售额"和"绩效奖金"复选框；❹单击"确定"按钮。

STEP 4　分类汇总结果

完成分类汇总，将分别汇总出 3 个部门的销售总额和绩效奖金总额。

序号	姓名	部门	本月任务	本月销售额	任务完成率	评语	绩效奖金
				业务员绩效考核表			
12	周羽	销售1部	¥80,000	¥100,158	125%	优秀	¥11,0
2	赵子俊	销售1部	¥80,000	¥87,123	109%	优秀	¥9,58
22	周聪	销售1部	¥80,000	¥85,878	107%	合格	¥9,44
8	邓超	销售1部	¥80,000	¥83,971	105%	合格	¥8,81
15	宋万	销售1部	¥80,000	¥76,889	96%	合格	¥8,07
24	李锐	销售1部	¥80,000	¥67,784	85%	差	¥6,77
18	孙洪伟	销售1部	¥80,000	¥63,737	80%	差	¥6,37
5	杜海强	销售1部	¥80,000	¥61,714	77%	差	¥6,17
		销售1部 汇总		¥627,254			¥66,2
19	王翔	销售2部	¥70,000	¥95,100	136%	优秀	¥10,4
10	罗玉林	销售2部	¥70,000	¥91,053	130%	优秀	¥10,0
3	李全友	销售2部	¥70,000	¥89,030	127%	优秀	¥9,79
4	王晓逼	销售2部	¥70,000	¥86,995	123%	优秀	¥9,45
1	郭呈瑞	销售2部	¥70,000	¥80,936	116%	合格	¥8,90
7	张晓伟	销售2部	¥70,000	¥65,761	94%	合格	¥6,90
21	张娜	销售2部	¥70,000	¥64,749	92%	合格	¥6,79
17	张丽丽	销售2部	¥70,000	¥61,714	88%	差	¥6,17
		销售2部 汇总		¥634,338			¥68,5
11	刘梅	销售3部	¥60,000	¥93,076	155%	优秀	¥10,2
14	宋科	销售3部	¥60,000	¥90,158	150%	优秀	¥9,91
13	刘红芳	销售3部	¥60,000	¥84,983	142%	优秀	¥9,34
6	张磊轩	销售3部	¥60,000	¥74,866	125%	优秀	¥8,23
20	林晓华	销售3部	¥60,000	¥72,688	121%	优秀	¥8,01
9	李凌	销售3部	¥60,000	¥64,985	108%	优秀	¥7,79
23	张伟杰	销售3部	¥60,000	¥59,690	99%	合格	¥6,26
16	王超	销售3部	¥60,000	¥58,679	98%	合格	¥6,16
		销售3部 汇总		¥605,113			¥65,9

（表中标注"分类汇总结果"）

12.3.4　创建数据透视表和透视图

数据透视表和透视图可以更好地对数据进行分析，且分析结果也能显示得更加直观，其具体操作步骤如下。

微课：创建数据透视表和透视图

STEP 1　删除分类汇总

选中二维表格中的任意一个单元格，单击"分级显示"组中的"分类汇总"按钮，再次打开"分类汇总"对话框，单击"全部删除"按钮删除汇总结果。

STEP 2　插入数据透视表

❶单击"新工作表"按钮新增工作表；❷将工作表名称更改为"透视表"；❸在【插入】/【表格】组中单击"数据透视表"按钮。

技巧秒杀

删除工作表

如果工作簿中存在多余的工作表，可在该工作表标签上单击鼠标右键，在弹出的快捷菜单中选择"删除"命令，在打开的提示对话框中单击"删除"按钮将其删除。

STEP 3　设置数据区域

在打开的对话框中单击"表/区域"文本框右侧的"选择"按钮。

STEP 4　选择数据透视表的源数据区域

❶单击"销售部"工作表标签切换到该工作表；❷拖动鼠标指针选中 A2:I26 单元格区域；❸单击对话框右侧的"返回"按钮。

STEP 5　确认设置

返回"创建数据透视表"对话框，单击"确定"按钮。

STEP 6 数据透视表字段窗格

此时工作表左上角将创建数据透视表区域,同时将打开"数据透视表字段"窗格,其中的字段便是所选二维表格中的各个项目。

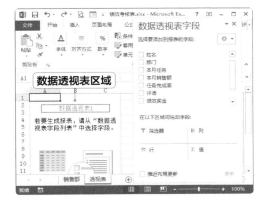

STEP 7 添加字段

在"数据透视表字段"窗格中选中需要的字段对应的复选框,这里依次选中"姓名""部门""评语""绩效奖金"复选框。数据透视表区域将同步根据选中的字段显示对应的数据,但显示比较混乱。

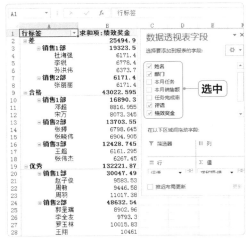

STEP 8 调整字段位置

在"数据透视表字段"窗格下方的区域中,拖动"评语"字段到"筛选器"栏;拖动"部门"字段到"列"栏。

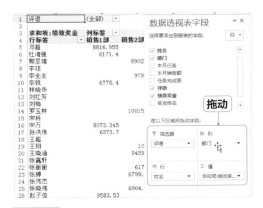

STEP 9 查看结果

此时数据透视表区域的列方向按部门显示数据,行方向按姓名显示数据,所显示的数据都是绩效奖金。

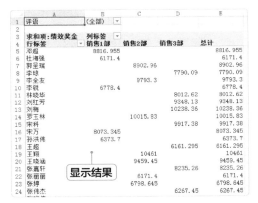

STEP 10 筛选评语

❶单击"评语"单元格右侧的下拉按钮;❷在打开的下拉列表中选择"差"选项;❸单击"确定"按钮。

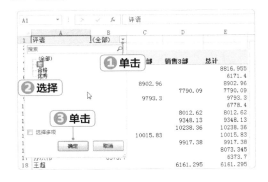

STEP 11 筛选结果

此时数据透视表中将显示评语为差的结果。

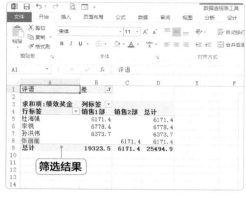

操作解谜

数据透视表的结构

数据透视表中显示的内容将与数据透视表窗格中添加的字段完全同步，窗格中字段位置的变化，会影响数据透视表的结果。因此，数据透视表是非常方便的数据管理工具，可以按需要随时变动数据情况。另外，在数据透视表中显示出来的字段都可以进行筛选处理，方法与数据筛选相同。

STEP 12 取消筛选

❶按相同的方法打开"评语"字段的下拉列表，在其中选择"（全部）"选项；❷单击"确定"按钮。

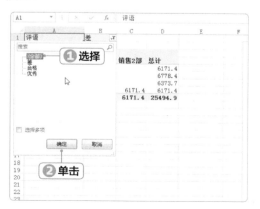

STEP 13 设置值字段

在"数据透视表字段"窗格中单击"值"栏下方的"求和项"字段，在弹出的列表中选择"值字段设置"选项。

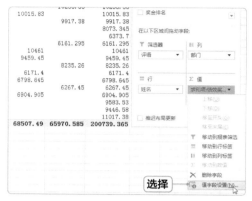

操作解谜

数据透视表各区域的作用

"数据透视表字段"窗格中的"筛选器"栏对应数据透视表的总体筛选控制栏目；"列"栏对应数据透视表的列项目；"行"栏对应数据透视表的行记录；"值"栏对应数据透视表中显示的数据。

STEP 14 设置汇总方式

❶打开"值字段设置"对话框，在下方的列表框中选择"平均值"选项；❷单击"确定"按钮。

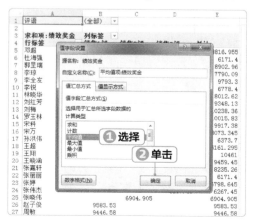

第2篇

STEP 15 显示结果

此时数据透视表中的数据将显示为平均值的结果。将鼠标指针移至某个数据上稍作停留，还会自动显示当前数据透视表中与该数据相关的所有信息。

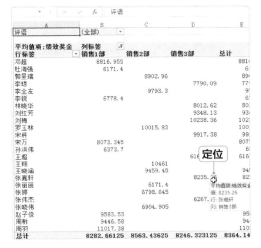

STEP 16 插入数据透视图

选中数据透视表中的任意一个单元格，在【数据透视表工具 分析】/【工具】组中单击"数据透视图"按钮。

STEP 17 选择图表类型

❶打开"插入图表"对话框，在左侧的列表框中选择"条形图"选项；❷在右侧选择第1种条形图选项；❸单击"确定"按钮。

STEP 18 插入数据透视图

此时将在当前工作表中插入数据透视图，该图表实际上是将数据透视表中的数据以图形的方式直观地进行显示的结果。

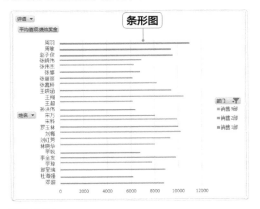

STEP 19 筛选部门

❶单击图表右侧的"部门"按钮，在打开的下拉列表中仅选中"销售2部"复选框；❷单击"确定"按钮。

第 **12** 章 制作员工绩效考核表

STEP 20 筛选结果

此时表格中将显示销售 2 部所有员工的绩效奖金数据图形，从中可以轻松观察该部门每位员工绩效奖金的对比情况。

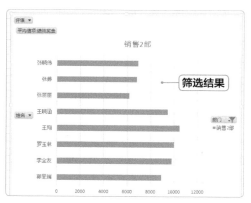

操作解谜

数据透视表与数据透视图

数据透视表和数据透视图二者是关联的，任意一个的数据发生变化，另一个也将同步发生改变。

STEP 21 筛选评语

❶单击图表左上角的"评语"按钮，在打开的下拉列表中仅选中"优秀"选项；❷单击"确定"

按钮。

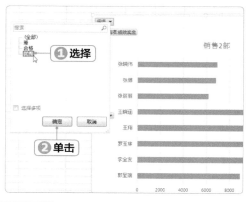

STEP 22 筛选结果

此时图表上将仅显示销售 2 部的所有员工中，评语为优秀的员工对应的绩效奖金情况。

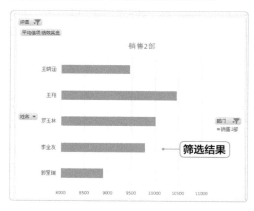

边学边做

1. 制作绩效考核汇总表

公司已确认每位员工各方面的考核成绩，现需要利用这些数据来最终确认员工年终的考核成绩、绩效评估和排名情况，具体要求如下。

- 根据表格下方的注意事项设计公式，计算每一位员工的考核成绩。
- 同样根据表格下方的注意事项，利用 IF 函数给每位员工的绩效评估返回相应的结果。
- 利用 RANK 函数，以考核成绩为标准，对每位员工进行排名统计。
- 利用条件格式将绩效评估不够理想的员工记录描红加粗显示。

公司年度绩效考核汇总表

姓名	工作业绩	工作能力	工作态度	考核成绩	绩效评估	考核排名
张明	50	83	94	68	不够理想	16
冯淑琴	72	77	86	75	合格	12
罗鸿亮	77	87	23	76	合格	11
李萍	93	84	35	84	优秀	3
朱小军	90	88	89	89	优秀	2
王超	81	78	35	75	合格	13
邓丽红	79	79	47	76	合格	10
邵文静	74	83	82	78	合格	8
张丽	57	92	37	69	不够理想	15
杨雪华	74	87	79	80	合格	6
喜静	62	84	52	70	不够理想	14
付晓宇	70	92	80	80	合格	5
洪伟	82	90	66	84	优秀	3
谭桦	76	94	39	80	合格	7
郭凯	91	92	75	90	优秀	1
陈佳倩	76	88	41	77	合格	9

注：1）工作业绩占考核成绩50%的比例；工作能力占考核成绩40%的比例；工作态度占考核成绩10%的比例
2）绩效评估结果，考核成绩>80，优秀；考核成绩<70，不够理想；考核成绩在70~80之间，合格

2. 制作部门工资表

员工的各项工资结果都已计算确认，先需要根据这些项目计算实发工资，然后需要对该工资表进行各种管理操作，查看工资的具体发放情况，具体要求如下。

- 设计公式计算每位员工的实发工资。
- 将数据记录按基本工资从高到低排列；若基本工资相同，则按绩效提成从高到低排列；若绩效提成仍然相同，则按奖金从高到低排列。
- 筛选出排版部实发工资高于 2 500 元的员工记录。
- 汇总出各部门的总绩效提成和实发工资总额。

集团出版分公司员工工资表

部门	姓名	基本工资	绩效提成	奖金	事假	病假	迟到	实发工资
编辑部	刘海东	¥2,000.00	¥600.00	¥300.00	¥100.00	¥0.00	¥50.00	¥2,750.00
排版部	刘军	¥1,800.00	¥660.00	¥300.00	¥0.00	¥100.00	¥0.00	¥2,660.00
排版部	张勇	¥2,000.00	¥750.00	¥200.00	¥0.00	¥50.00	¥25.00	¥2,875.00
印刷部	王惠	¥2,000.00	¥260.00	¥0.00	¥0.00	¥0.00	¥0.00	¥2,260.00
排版部	许大为	¥1,900.00	¥320.00	¥100.00	¥0.00	¥0.00	¥0.00	¥2,320.00
编辑部	黄梅	¥2,000.00	¥800.00	¥100.00	¥0.00	¥0.00	¥0.00	¥2,900.00
印刷部	李东海	¥1,900.00	¥350.00	¥0.00	¥100.00	¥0.00	¥0.00	¥2,150.00
排版部	李丽	¥1,900.00	¥450.00	¥100.00	¥0.00	¥0.00	¥150.00	¥2,300.00
编辑部	张永强	¥1,800.00	¥820.00	¥0.00	¥0.00	¥0.00	¥0.00	¥2,620.00
排版部	王梅	¥1,600.00	¥400.00	¥0.00	¥0.00	¥0.00	¥75.00	¥1,925.00
排版部	王静	¥1,900.00	¥650.00	¥0.00	¥0.00	¥0.00	¥0.00	¥2,550.00
编辑部	王志飞	¥1,600.00	¥750.00	¥100.00	¥0.00	¥200.00	¥0.00	¥2,250.00
排版部	王萍	¥1,800.00	¥380.00	¥250.00	¥0.00	¥0.00	¥0.00	¥2,230.00
印刷部	陈义	¥1,600.00	¥770.00	¥100.00	¥50.00	¥0.00	¥0.00	¥2,420.00
印刷部	赵国利	¥1,900.00	¥500.00	¥0.00	¥0.00	¥0.00	¥0.00	¥2,400.00

知识拓展

1. 高级筛选

通过高级筛选功能，可以自定义筛选条件，并在不影响当前数据表的情况下显示出筛选

结果。对于较复杂的筛选条件，可以使用高级筛选来进行，其具体操作步骤如下。

❶在空白单元格区域中设置筛选条件，其中项目名称必须与二维表格的项目名称完全一致。

❷在【数据】/【排序和筛选】组中单击"高级"按钮，打开"高级筛选"对话框，将列表区域设置为二维表格所在的区域；将条件区域设置为前面输入的条件区域，单击"确定"按钮即可。

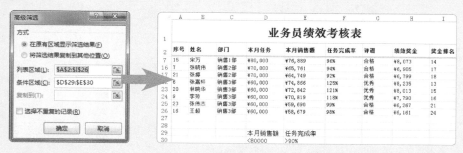

2. 使用数据透视表的字段

数据透视表中显示的数据与其字段密切相关。通过本章所讲的案例已经掌握了添加、拖动和设置值字段等一些方法，下面介绍其他一些常用的字段使用方法。

● **删除字段**：对于不需要的字段，可使用两种方法将其删除，一是取消选中该字段对应的复选框；二是直接将字段向外拖动，当鼠标指针出现"×"标记时释放鼠标即可删除。

● **多字段设置**：多字段设置是指在"数据透视表字段"窗格中的 4 个栏中，均可添加多个字段来显示数据，比如在"值"栏中可以同时显示绩效奖金和本月销售量的数据。

● **值字段的数据格式**：值字段绝大多数情况下都是数据，如果想要设置具体的数据格式，可在"数据透视表字段"窗格下方的"值"栏中单击该字段按钮，在打开的下拉列表中选择"值字段设置"选项，在打开的对话框左下角单击"数字格式"按钮，便可根据需要对数据显示方式进行设置。

第3篇

第13章

制作营销计划书

为了更好地宣传产品，开展营销活动，公司一般都会先制定营销计划，通过对该活动的策划、讨论和确定，才会开始具体实施。本章将使用 Word 制作一个营销计划书，通过学习不仅可以理解营销计划的相关内容，而且可以掌握在 Word 中使用多级列表、超链接和嵌入 Excel 图表的方法。

☐ 为文档添加页眉页脚

☐ 使用多级列表和样式设置文档

☐ 插入图片和超链接

☐ 嵌入 Excel 图表

☐ 使用 SmartArt 展现营销阶段

13.1 背景说明

营销计划书是说明性文档，是为产品和服务而制定的专业的营销计划和策略文档，即通过实施计划书中的营销方案，达到提高产品销售额和增强企业效益的最终目的。

从内容提供来看，营销计划主要由营销目标、营销战略、营销预算和营销方案调整等版块构成。各版块下可以再按细分内容进行介绍，从而形成一份完整的营销计划书。营销计划书的制作并不是一成不变的，但各环节的制定都需要以实际情况为前提，并以市场需求为导向。

- **营销目标：** 营销目标应包括制作计划书的目的、企业的概况分析、营销环境分析和最终目标等。其中营销环境分析又包括产品现有市场分析、潜在市场分析、产品发展前景分析、市场因素分析、市场机会和问题分析等内容。
- **营销战略：** 营销战略需提出明确的营销方案，主要包括营销宗旨、产品策略、价格策略、销售渠道、广告宣传和行动方案等，其中产品策略主要包括产品定位、产品品牌、产品包装、产品

服务等内容。
- **营销预算：** 营销预算是指在营销过程中投入到各环节的费用，包括阶段费用、项目费用及总费用等。其原则是以较少的投入获得最优的效果，企业可根据实际情况制定适合自己的预算方案。
- **营销方案调整：** 营销方案调整是指对营销策略环节制定的具体方案进行补充说明，如针对不能有效运作的方案提出几个备用方案。

13.2 案例目标分析

本案例制作的营销计划书，将重点从市场结构和规模、产品和技术、消费群体、品牌状况、行业政策、竞争分析、风险分析、财务分析、营销计划、产品价格方案、市场开发规划和营销预算等方面来进行分析和说明。另外，营销计划这类文件最忌讳使用空洞乏力的文字夸夸其谈，这种纸上谈兵的做法毫无说服力。因此，这里需要结合图片、图表和超链接等工具为营销计划提供真实有力的数据支持。制作后的参考效果如下。

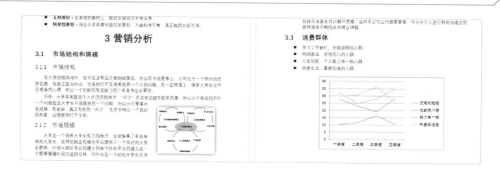

13.3 制作过程

制作本案例的重点是在输入内容后，准确而高效地设置各级标题的编号，以及在文档中使用嵌入式图表、超链接和 SmartArt 图形。整个案例的制作过程可分为以下几个环节：设计页眉和页脚→设置多级列表和样式→插入图片、超链接、图表、SmartArt 图形。

13.3.1 为文档添加页眉页脚

下面首先输入营销计划书的内容，并为文档设置简单的页眉页脚效果，其具体操作步骤如下。

微课：为文档添加页眉页脚

STEP 1 输入内容并设置页眉

❶新建"营销计划 .docx"文档，在其中输入营销计划的内容（可直接使用提供的素材文档），该素材地址为"光盘 / 素材 / 第 13 章 / 营销计划 .docx"；❷双击文档页眉区域，在其中输入文本，作为页眉内容。

STEP 2 绘制直线

❶插入水平方向上的直线，为其应用【绘图工具 格式】/【形状样式】组中第 3 行第 2 种样式；❷将长度设置为超出文档宽度的大小，并移至页眉文本下方。

STEP 3 插入页脚

❶将光标插入点定位到页脚区域；❷在【页眉和页脚工具 设计】/【页眉和页脚】组中单击"页码"按钮，在打开的下拉列表中选择"当前位置"子列表下的第 1 种选项。

STEP 4 设置对齐方式

在【开始】/【段落】组中单击"居中"按钮，将页码居中显示，按【Esc】键退出页眉页脚编辑状态。

13.3.2 | 使用多级列表和样式设置文档

营销计划书的内容较多，涉及许多方面，因此其中会用到很多级别的标题。为了保证标题编号的正确，本案例将不使用手动输入的方法，而是利用 Word 的多级列表功能和样式来自动添加，其具体操作步骤如下。

微课：使用多级列表
和样式设置文档

STEP 1　设置多级列表

❶选中第 1 段文本段落；❷在【开始】/【段落】组中单击"多级列表"按钮，在打开的下拉列表中选择"定义新的多级列表"选项。

STEP 2　设置 4 级标题

❶打开"定义新多级列表"对话框，选择列表框中的"4"选项；❷在"输入编号的格式"文本框中删除前面的 3 级标题内容，仅保留最后一个"1"；❸将文本缩进位置设置为"0 厘米"，将对齐位置设置为"1 厘米"；❹单击"确定"按钮。

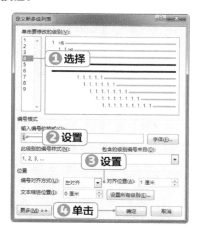

操作解谜

多级列表的各级标题

"定义新多级列表"对话框左侧的列表框中的数字，代表多级列表中各级标题的级别，选择某个级别，就可对该级别的标题编号进行设置。这里仅设置 4 级标题，表示使用默认的前 3 级标题格式。

STEP 3　复制格式

利用格式刷工具将第一段文本段落应用的格式复制到其他所有标题段落。

STEP 4　改变标题级别

❶选中文档中的"技术经营内容"文本段落；❷在【开始】/【段落】组中单击"多级列表"按钮，在打开的下拉列表中选择"更改列表级别"子列表中的第 2 个选项，即设置为 2 级标题。

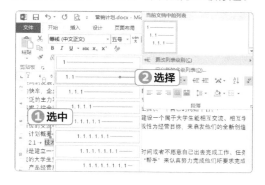

STEP 5 复制格式

利用格式刷工具将"技术经营内容"文本段落的格式复制到其他2级标题段落上。

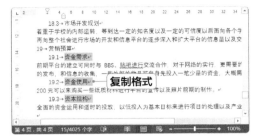

STEP 6 改变标题级别

❶选中"市场结构"文本段落；❷单击"多级列表"按钮，在打开的下拉列表中选择"更改列表级别"子列表中的第3个选项，即设置为3级标题。

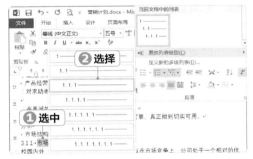

STEP 7 复制格式

❶利用格式刷工具将"市场结构"文本段落的格式复制到其他3级标题段落上；❷最后将"3.6.1"标题下的3个标题设置为4级标题的格式。

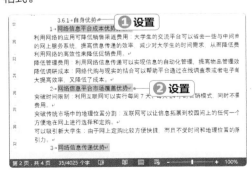

STEP 8 新建样式

❶选中"1 公司介绍"文本段落，单击【开始】/【样式】组中的"对话框启动器"按钮，打开"样式"窗格，单击其右下角的"新建样式"按钮。在打开的对话框中将名称设置为"1级"；❷将格式设置为"小一、加粗、居中对齐、大纲级别1级"。

STEP 9 应用样式

为文档中的所有1级标题段落应用设置的"1级"样式。

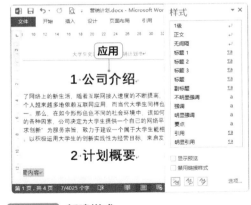

STEP 10 新建样式

❶选中"2.1 技术经营内容"文本段落，按相同的方法新建"2级"样式；❷将格式设置为"三号、加粗、左对齐、大纲级别2级"。

题的格式为"四号、左对齐、大纲级别3级、无缩进"；❷4级标题的格式为"左对齐、大纲级别4级、首行缩进1字符、段前段后距离0.3行。"

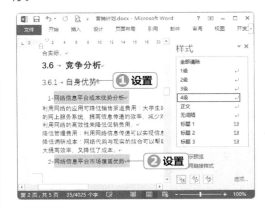

STEP 11　应用样式

为文档中的所有2级标题段落应用设置的"2级"样式。

STEP 13　设置正文格式

❶将其他非标题段落的文本段落的首行缩进设置为"2字符"；❷为所有具有并列关系的文本段落添加实心正方形项目符号，并加粗冒号前（包括冒号）的文本。

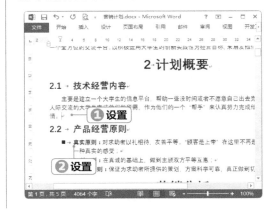

STEP 12　新建"3级"和"4级"样式

按相同的方法新建"3级"和"4级"样式，并为相应级别的标题段落应用样式。❶3级标

13.3.3　插入图片和超链接

　　由于营销计划书需要用到其他文件，这里可以为文档中的相关文本添加超链接，利用该工具将这两个文件联系起来。不过在这之前，还需要在文档中插入图片来丰富内容，其具体操作步骤如下。

微课：插入图片和超链接

STEP 1 显示导航窗格

在【视图】/【显示】组中选中"导航窗格"复选框，将其显示在文档左侧。

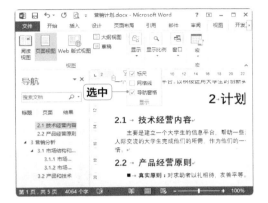

操作解谜

导航窗格的作用

前面新建样式时设置了各级标题的大纲级别，因此可以在导航窗格中显示所有设置的大纲级别的标题，利用导航窗格便可实现快速定位的效果。

STEP 2 定位并插入图片

❶单击导航窗格中的编号为"3.1.2"的标题对象，光标插入点将快速定位到该位置；❷重新将光标定位到上方正文段落的最后；❸在【插入】/【插图】组中单击"图片"按钮。

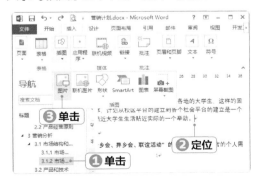

STEP 3 选择图片

❶打开"插入图片"对话框，选择提供的"xfms.jpg"图片文件；❷单击"插入"按钮。

STEP 4 设置布局方式

❶单击插入到文档中的图片右上角的"布局选项"按钮；❷在打开的下拉列表中选择"四周型环绕"选项。

STEP 5 调整图片的大小和位置

❶拖动图片顶角的控制点，缩小图片尺寸；❷将图片拖动到"市场规模"正文段落的右侧。

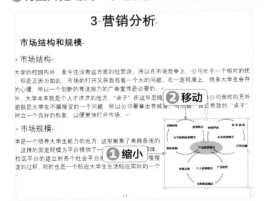

STEP 6 为图片添加效果

保持图片的选中状态，在【图片工具 格式】/【图片样式】组的"样式"下拉列表框中选择"居中矩形阴影"效果。

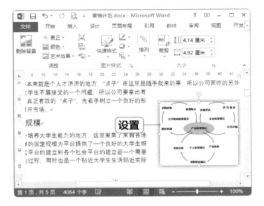

STEP 7 插入超链接

❶单击导航窗格中的编号为"3.8.2"的标题对象，将光标插入点定位到该位置；❷选中括号中的"调查报告"文本；❸在【插入】/【链接】组中单击"超链接"按钮。

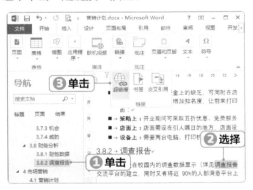

技巧秒杀

快速插入超链接

选中文本后，在其上单击鼠标右键，在弹出的快捷菜单中选择"超链接"命令可为所选对象插入超链接。

STEP 8 设置超链接

❶打开"插入超链接"对话框，在"查找范围"

下拉列表框中设置需链接的目标文件的位置；❷在下方的列表框中选择"调查报告.docx"文件选项；❸单击"确定"按钮。

STEP 9 创建成功

此时插入了超链接的文本对象将显示为蓝色，且会添加一条下划线。按住【Ctrl】键后单击该文本对象，便可打开链接到的目标文件。

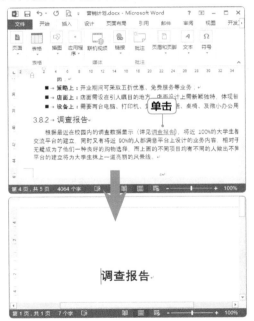

技巧秒杀

取消超链接

在插入超链接的文本上单击鼠标右键，在弹出的快捷菜单中选择"取消超链接"命令，可取消创建的超链接功能。

13.3.4 嵌入 Excel 图表

图表可以更加直观地显示数据，这里将借助 Excel 图表功能，并使其嵌入到 Word 中显示出来，其具体操作步骤如下。

微课：嵌入 Excel 图表

STEP 1 定位光标插入点

❶单击导航窗格中的编号为"3.3"的标题对象;
❷将光标插入点定位到上方"热爱生活，……"文本段落的最后，按【Enter】键换行并取消格式式。

技巧秒杀

查找文本

在导航窗格的文本框中输入需要查找的文本，Word 将同步显示查找的文本数量，并在窗格和文档中高亮显示对应的文本，单击"上一个"和"下一个"按钮可逐一定位到相应的文本。

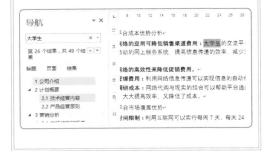

STEP 2 插入对象

在【插入】/【文本】组中单击"对象"按钮。

STEP 3 选择对象

❶打开"对象"对话框，在其中的列表框中选择"Microsoft Excel 图表"选项; ❷单击"确定"按钮。

STEP 4 输入表格数据

❶单击插入到文档中图表区域下方的"Sheet1"工作表标签; ❷在单元格区域中输入需要的数据内容。

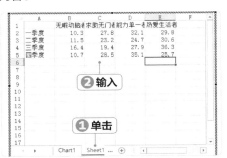

第 3 篇

STEP 5 设置数据区域

❶单击"Chart1"工作表标签；❷在图表上的空白区域单击鼠标右键，在弹出的快捷菜单中选择"选择数据"命令。

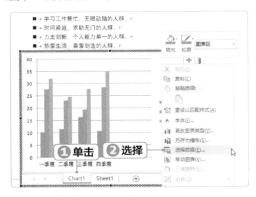

STEP 6 选择数据区域

❶重新在"Sheet1"工作表中选中 A1:E5 单元格区域作为图表的数据来源；❷在打开的"选择数据源"对话框中单击"确定"按钮。

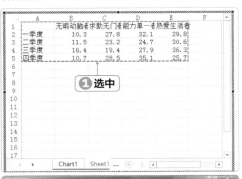

STEP 7 更改图表类型

在【图表工具 设计】/【类型】组中单击"更改图表类型"按钮。

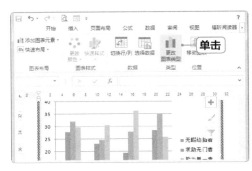

STEP 8 选择图表类型

❶打开"更改图表类型"对话框，选择左侧列表框中的"折线图"选项；❷默认选择右侧的第 1 种折线图类型，单击"确定"按钮。

STEP 9 调整图表大小

单击图表以外的区域退出图表编辑状态（双击可重新进入）。重新选择图表，拖动其顶端的控制点，适当调整图表大小，并将其对齐方式设置为"居中对齐"。

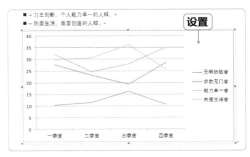

13.3.5 使用 SmartArt 展现营销阶段

SmartArt 图形可以将枯燥的文字图形化，不仅可以丰富文档，也能提高可读性，这正是营销计划书这类包含大量枯燥文字的文件所需要的。下面便在文档中插入并使用 SmartArt 图形，其具体操作步骤如下。

微课：使用 SmartArt 展现营销阶段

STEP 1　插入 SmartArt 图形

❶在"4.2"标题段落上方插入无格式的空行；❷在【插入】/【插图】组中单击"SmartArt"按钮。

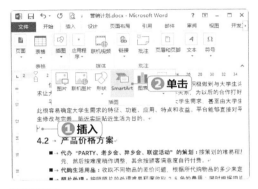

STEP 2　选择类型

❶打开"选择 SmartArt 图形"对话框，在左侧列表框中选择"流程"选项；❷在右侧列表框中选择"V 型列表"选项；❸单击"确定"按钮。

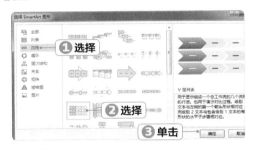

STEP 3　输入文本内容

❶在【SmartArt 工具 设计】/【创建图形】组中单击"文本窗格"按钮；❷在其中依次输入各级文本，其中按【Enter】键可以换行，按【Tab】键可以提升文本级别，按【Shift+Tab】组合键可以降低文本级别。

STEP 4　设置字体格式和颜色

❶选中 SmartArt 图形的边框将整个对象选中，将字体格式设置为"微软雅黑"；❷在【SmartArt 工具 设计】/【SmartArt 样式】组中单击"更改颜色"按钮；❸在打开的下拉列表框中选择"彩色"栏中的第 1 种样式。

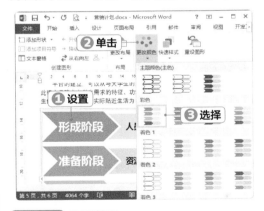

STEP 5　设置效果

在【SmartArt 工具 设计】/【SmartArt 样式】组中单击"其他"按钮，在打开的下拉列表中选择"三维"栏中的第 3 种样式。

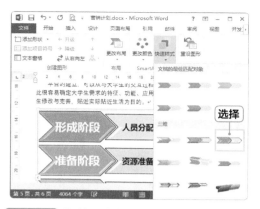

将光标插入点定位到 SmartArt 所在的段落，将其对齐方式设置为"居中对齐"。

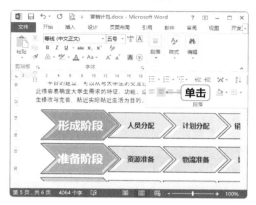

STEP 6 **调整形状字号**

❶利用【Shift】键加选 SmartArt 图形中的所有小图形对象；❷将其字号设置为"12"。

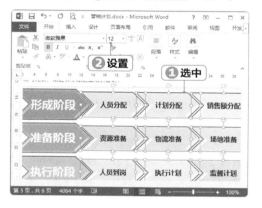

操作解谜

同时设置整个 SmartArt 图形

在为 SmartArt 图形设置字体、字号等格式时，如果没有选中整个 SmartArt 图形，而只是选中了其中的某个形状，则设置的效果只会应用到该形状上。单击 SmartArt 图形的边框或其中的空白区域可确保选中整个图形对象，此后进行的设置才会应用到 SmartArt 图形上的所有形状。

边学边做

1. 制作产品使用说明书

产品使用说明书体现的是销售产品的附加值，用户可以使用产品说明书更好地了解和使用产品。现在需要整理公司的产品使用说明信息，并将其制作成产品使用说明书，具体要求如下。

- 创建包含 3 个级别的多级列表，第 1 级标题格式为"第一章，第二章，第三章……"；第 2 级标题格式为"一、二、三……"，第 3 级标题格式为"1，2，3……"分别应用到相应的标题段落中。
- 为第 1 级标题新建"1 级"样式，格式为"小二、加粗、居中对齐、大纲级别 1 级、无缩进、段前段后间距 1 行"；为第 2 级标题新建"2 级"样式，格式为"小三、加粗、大纲级别 2 级、无缩进、段前段后间距 0.5 行；为第 3 级标题新建"3 级"样式，格式为"小四"，大纲级别 3 级、无缩进、无间距。

- 将其余非标题段落格式设置为"首行缩进 2 字符、行距 1.15"，为有顺序关系的段落添加"1），2），3），……"样式的编号（注意同标题下的编号数字要重新起始于"1"）；为有并列关系的段落添加实心圆的项目符号。

- 在"控制器面板图"文本段落上方插入无格式空行，然后插入"kzq.jpg"图片，设置图片为居中对齐，适当调整大小。

2. 制作产品介绍文档

公司将举办产品发布会，在这之前，需要编制相关的产品介绍文档，以便在产品发布会上使用，具体要求如下。

- 为标题应用"明显引用"样式，然后将字号设置为"20"。

- 将其与段落的左右缩进调整至与标题样式的宽度相同。

- 为正文段落应用"首行缩进 −2 字符"格式。

- 为"产品简介"段落下的小标题段落应用"明显参考"样式，并为其下的段落添加小圆点项目符号。

- 在"联系我们"标题下插入 SmartArt 图形，类型为"垂直 V 型列表"，适当调整字号、对齐方式，并应用样式进行美化。

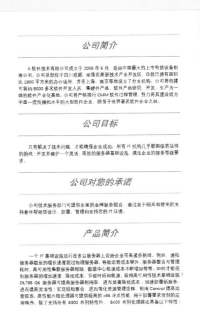

知识拓展

1. 在 Word 中嵌入已有的对象

制作本案例时，是通过在 Word 中嵌入图表并进行设置而完成的。实际上，完全可以将已经存在的 Excel 表格、图表、PowerPoint 幻灯片等其他组件的对象插入到 Word 中，共享使用，其具体操作步骤如下。

❶ 在【插入】/【文本】组中单击"对象"按钮，打开"对象"对话框，单击"由文件创建"选项卡。

❷ 单击"浏览"按钮，打开"浏览"对话框，在其中选择需要嵌入的对象，如 Excel 文件或 PowerPoint 文件等，单击"插入"按钮。

❸ 返回"对象"对话框，单击"确定"按钮即可将所选文件嵌入到 Word 中。

❹ 双击该对象即可进入编辑状态。完成编辑后按【Esc】键或单击对象以外的文档区域即可退出编辑状态。如果插入的是 PowerPoint 文件，双击该对象可以放映幻灯片，若需要编辑该对象，需在其上单击鼠标右键，在弹出的快捷菜单中选择"演示文稿 对象"子菜单下的"编辑"命令。

2. 调整 SmartArt 图形结构

插入 SmartArt 图形后，可在文本窗格中输入文本来控制 SmartArt 的显示结构。除此之外，还可在【SmartArt 工具 设计】/【创建图形】组中利用以下方法对其结构进行调整。

- **添加形状：**选中 SmartArt 图形中的某个形状，单击"添加形状"按钮后的下拉按钮，在打开的下拉列表中选择不同的选项，可在对应的位置添加形状。
- **调整形状：**选中某个形状，通过单击"升级""降级""上移""下移"按钮，可对所选形状在 SmartArt 图形中的位置进行调整。
- **改变布局：**选中整个 SmartArt 图形，单击"布局"按钮，在打开的下拉列表中选择相应的选项，可调整 SmartArt 的整体布局方式。

第3篇

第14章

制作销售分析图表

销售分析就是通过对销售数据的研究和分析，来比较和评估实际销售额与计划销售额之间的差距，为将来的销售工作提供指导。本章将利用 Excel 的图表功能对收集的销售数据进行分析，通过学习可以直观地感受到图表在数据表现方面的优势，以及 Excel 所拥有的强大的图表功能。

- ☐ 创建图表并移动位置
- ☐ 修改图表数据和类型
- ☐ 设置并美化图表
- ☐ 在图表上添加趋势线

14.1　背景说明

　　在企业的销售管理过程中，需要经常进行销售分析，以发现销售过程中存在的问题，及时对销售方案做出相应的改进，保证企业销售目标的实现。销售分析的内容很多，主要包含以下4个方面。

● **市场占有率分析：** 市场占有率又称市场份额，是指在一定时期内，企业产品在市场上的销售量或销售额占同类产品销售总量或销售总额的比重。市场占有率高，说明企业在市场所处优势明显，市场适应能力强；市场占有率低，说明企业在市场处于劣势，市场适应能力弱。

● **总销售额分析：** 总销售额是企业所有客户、所有地区和所有产品销售额的总和。这一数据可以反映一家企业的整体运营状况。对于管理者而言，销售趋势比某一年的销售额更重要，包括企业近几年的销售趋势，以及企业在整个行业的市场占有率的变动趋势，本例着重进行趋势分析。

● **地区销售额分析：** 如果企业的规模很大，销售范围涉及其他地区，仅对总销售额的分析已不能满足企业管理层对销售进行详尽管理的需要，单一的总量数据对管理层的价值有限，在这种情况下，还需要按地区对销售额进行进一步的分析。

● **产品销售额分析：** 与按地区分析销售额一样，按产品系列分析企业销售额对企业管理层的决策也很有帮助，方法如下。

（1）将企业过去和现在的总销售额具体分析到单个产品或产品系列上。

（2）如果可以获得每种产品系列的行业数据，就可以为企业提供一个标尺来衡量各种产品的销售业绩。如果产品A的销售下降了，而同期行业同类产品的销售也下降了相同的比例，则说明并非只是产品A的销售出现了问题，管理者不必过分忧虑。

（3）进一步考察每一地区的每一产品系列的销售状况，管理者可以据此确定各种产品在不同地区市场的强弱形势。如产品A的销售在某地区下降了10%，但其所在地区的销售却下降了14%，就需要管理者进一步找出出现偏差的原因，并与地区分析相对应，做出相应的改进。

14.2　案例目标分析

　　集团公司需要一份关于各分公司本年度销售业绩的数据，并在股东大会上使用。如果仅使用表格数据，不仅枯燥乏味，也不利于直观分析。为此，可以将表格数据制作成更加立体的图表，通过将各分公司每月的销售数据图形化，来更好地展示销售情况。当然，还可以在图表上使用趋势线对象，这样可以更有利于解读某个分公司在一个年度内每月的销售增长变化情况，为来年销售提供预测分析的可靠数据。制作后的参考效果如下。

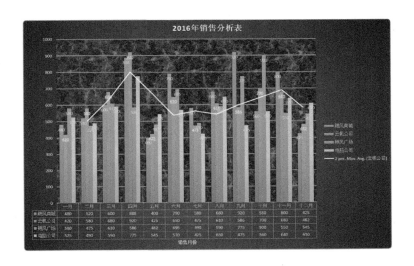

14.3 制作过程

本案例的制作过程并不复杂，只需将收集到的数据转换为图表，然后对图表对象进行各种设置和美化操作，最后为图表添加趋势线即可。

14.3.1 创建图表并移动位置

下面首先将 Excel 表格数据创建为图表，并调整图表在工作簿中的位置，其具体操作步骤如下。

微课：创建图表并移动位置

STEP 1 创建图表

❶在 Excel 空白工作簿中输入各分公司每月的销售数据；❷选中 A3:F15 单元格区域；❸在【插入】/【图表】组中单击"插入柱形图"按钮，在打开的下拉列表中选择"二维柱形图"类型下的第 1 个选项。

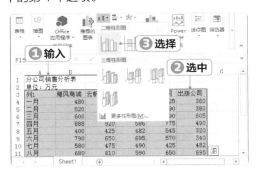

STEP 2 查看图表

此时在当前工作表中创建 5 个分公司每个月的销售数据柱形图，将鼠标指针移至某个图形上稍作停留，可显示对应的销售数据。

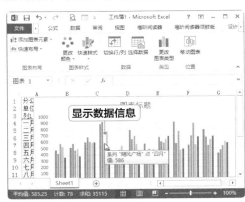

STEP 3 调整图表位置

❶选中图表，在【图表工具 设计】/【位置】组中单击"移动图表"按钮；❷打开"移动图表"对话框，选中"新工作表"单选项；❸在右侧的文本框中输入"销售分析图表"；❹单击"确定"按钮。

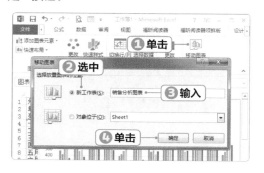

STEP 4 保存工作簿

此时新建一个名为"销售分析图表"的工作表，且原工作表中的图表将移动到该工作表中。将工作簿保存为"销售分析表 .xlsx"即可。

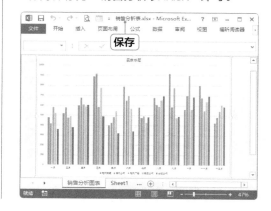

14.3.2 | 修改图表数据和类型

刚刚接到通知，出版公司正在进行清算，因此集团公司将暂不统计它的销售数据。下面需要对图表数据进行调整，同时还可以改变一下图表类型，其具体操作步骤如下。

微课：修改图表数据和类型

STEP 1 调整数据源

❶在【图表工具 设计】/【数据】组中单击"选择数据"按钮；❷打开"选择数据源"对话框，单击右上方的"选择"按钮。

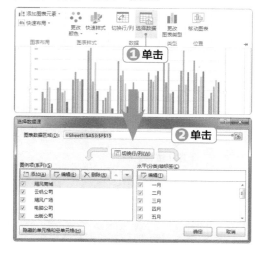

STEP 2 选择数据

❶重新在"Sheet1"工作表中选中 A3:E15 单元格区域作为图表的数据源；❷单击对话框右侧的"返回"按钮。

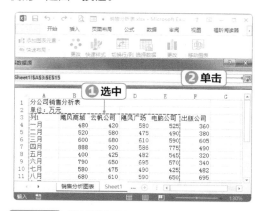

STEP 3 确认数据源

返回"选择数据源"对话框，可见左侧图例项下的列表框中已经没有"出版公司"选项，单击"确定"按钮。

STEP 4 更改图表类型

在【图表工具 设计】/【类型】组中单击"更改图表类型"按钮。

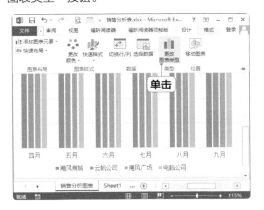

STEP 5 选择图表类型

❶打开"更改图表类型"对话框，在左侧列表框中选择"条形图"选项；❷在右侧选择第4种子类型；❸单击"确定"按钮。

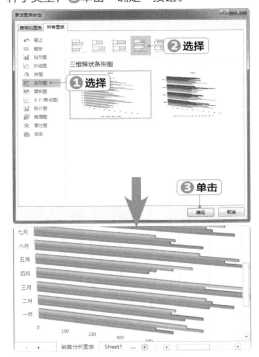

14.3.3 设置并美化图表

为了更好地查看图表内容，可以进一步对图表及其各种组成对象进行美化设置，其具体操作步骤如下。

微课：设置并美化图表

STEP 1 应用样式

在【图表工具 设计】/【图表样式】组的"样式"下拉列表框中选择倒数第3种样式选项。

技巧秒杀

熟悉图表组成结构

单击【图表工具 设计】/【图表布局】组中的"添加图表元素"按钮，在打开的下拉列表中将显示图表的所有组成元素。

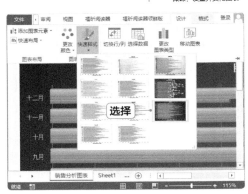

STEP 2 设置图表布局

在【图表工具 设计】/【图表布局】组中单击"快速布局"按钮，在打开的下拉列表中选择第5种布局样式。

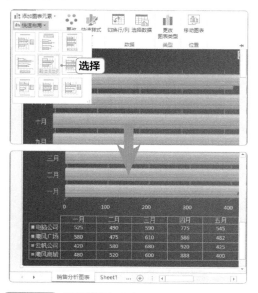

STEP 3 设置数据系列

❶选中代表飓风广场公司的灰色数据系列；
❷在【图表工具 格式】/【形状样式】组的"样式"下拉列表中选择最后一种样式。

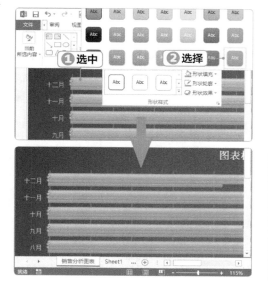

STEP 4 选择对象

在【图表工具 格式】/【当前所选内容】组的下拉列表中选择"水平（值）轴主要网格线"选项。

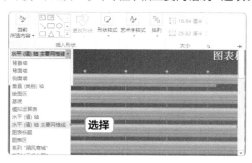

STEP 5 设置格式

在【图表工具 格式】/【形状样式】组的"样式"下拉列表中选择最后一种样式。

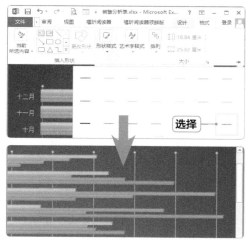

操作解谜

选中图表中的对象

利用"当前所选内容"组可以轻松选择图表中的任意对象。但如果该对象本来就容易选择，则完全可以直接在图表中单击将其选中。需要注意的是，单击一次将选中该组对象，如前面设置的数据系列和网格线。要想选中该组对象中的一个单独的对象，需要在选中的基础上再次单击才能选中。

STEP 6　选择对象

继续在"当前所选内容"组的下拉列表中选择"背景墙"选项。

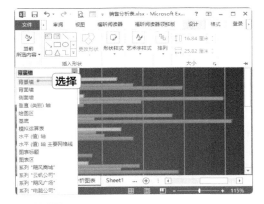

STEP 7　设置纹理

在【图表工具 格式】/【形状样式】组中单击"形状填充"按钮，在打开的下拉列表中选择"纹理"选项，在打开的子列表中选择"绿色大理石"选项。

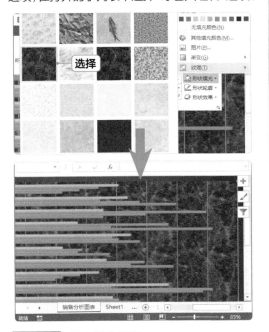

STEP 8　输入图表标题

选中图表上方默认添加的标题文本，将其修改为"2016 年销售分析表"。

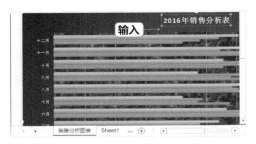

STEP 9　添加纵坐标轴标题

在【图表工具 设计】/【图表布局】组中单击"添加图表元素"按钮，在打开的下拉列表中选择"轴标题"选项，在打开的子列表中选择"主要纵坐标轴"选项。

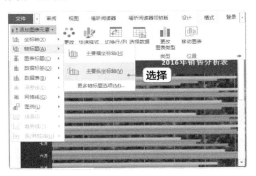

STEP 10　输入标题内容

将出现在图表左侧的纵坐标轴标题设置为"销售月份"。

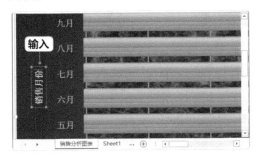

STEP 11　添加图例

再次单击"图表布局"组中的"添加图表元素"按钮，在打开的下拉列表中选择"图例"选项，在打开的子列表中选择"右侧"选项，在图表右侧添加图例。

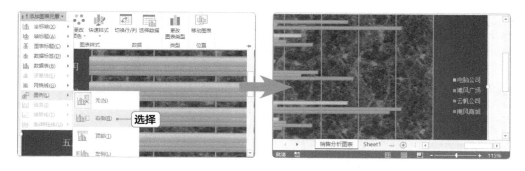

14.3.4 | 在图表上添加趋势线

按上级领导的意思，需要重点关注云帆公司每个月的销售数据和整年的销售趋势，因此可以利用趋势线工具来达到这一目的，其具体操作步骤如下。

微课：在图表上添加趋势线

STEP 1　选择趋势线类型

在【图表工具 设计】/【图表布局】组中单击"添加图表元素"按钮，在打开的下拉列表中选择"趋势线"选项，在打开的子列表中选择"移动平均"选项。

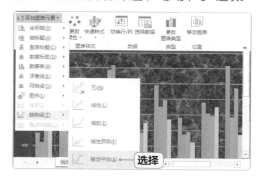

STEP 2　选择数据系列

❶打开"添加趋势线"对话框，在其中选择"云帆公司"选项；❷单击"确定"按钮。

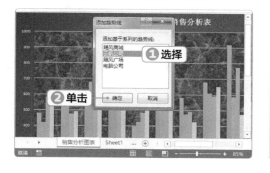

STEP 3　设置趋势线颜色

单击【图表工具 格式】/【形状样式】组中的"形状轮廓"按钮，在打开的下拉列表中选择"白色"选项。

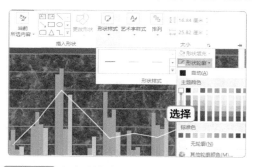

STEP 4　添加数据标签

❶利用"添加图表元素"按钮添加显示在数据系列内部的数据标签；❷将"云帆公司"的数据标签格式设置为"加粗、下划线"。

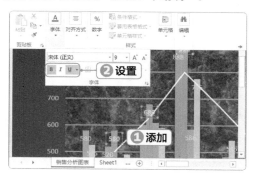

1. 制作销售季报表

公司需要对旗下商场门店第四季度的销售情况进行统计对比。目前已经收集了相关的销售数据，只需要将数据转换成合适的图表即可，具体要求如下。

● 创建柱形图，并为图表应用样式，适当调整图表大小。

● 输入图表标题并调整图例位置，然后在数据系列上显示数据标签。

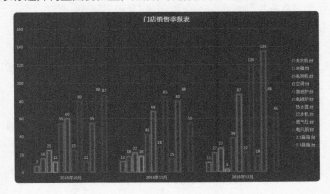

2. 制作市场份额统计表

公司需要对不同类型的汽车在不同市场所占的销售比例进行统计分析，并使用图表显示结果，现需要制作一个市场份额统计图表，具体要求如下。

● 创建条形图，并利用【图表工具 设计】/【数据】组中的"切换行/列"按钮切换图表坐标轴。

● 为图表应用样式，并为背景墙填充"qc.jpg"图片。

● 为图表、横坐标轴和纵坐标轴添加标题，设置所有文本格式为"加粗、白色"，文本框填充黑色。

● 调整图例位置到图表标题下方。

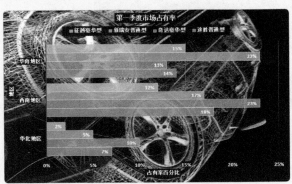

知识拓展

1. Excel 中各种图表的特点

Excel 2013 共提供了 10 种类型的图表，每种类型包含若干子类型可供选择。下面将这些图表的特点进行汇总，从而可以熟悉如何在某种数据下选择更准确的图表来进行表达。

- 柱形图：显示一段时间内数据的变化，或者显示不同项目之间的对比，侧重于对比。
- 折线图：按相同间隔显示数据的变化趋势，侧重于变化趋势。
- 饼图：显示组成数据系列的项目在项目总和中所占的比例，侧重于显示比例。
- 条形图：显示各个项目之间的对比，侧重于对比。
- 面积图：强调数据随时间而发生的变化，侧重于时间变化。
- ＸＹ（散点图）：显示若干数据系列中各数值之间的关系，侧重于科学数据的统计。
- 股价图：用于显示股票价格，也可用于科学数据的统计分析。
- 曲面图：在连续曲面上跨两维显示数值的变化趋势。
- 雷达图：对大量数据系列的合计值进行比较。
- 组合图：自定义图表中可以同时包含哪些类型，并可指定哪种类型显示次坐标轴数据。

2. 设置坐标轴刻度

图表上的坐标轴上的刻度默认会按照所选数据的大小范围自行建立，而根据需要是可以手动调整这些刻度的，其具体操作步骤如下。

❶选中需调整刻度的坐标轴，单击【图表工具 格式】选项卡下任意一个组中的"对话框/启动器"按钮，都将打开"设置坐标轴格式"窗格。

❷单击"坐标轴选项"图标，下方的参数便是调整刻度的参数。

这种设置某个对象格式的窗格适用于图表中的其他任何对象，同样也适合非图表对象，如文本框、艺术字、形状、SmartArt 图形等，使用非常灵活和直观。

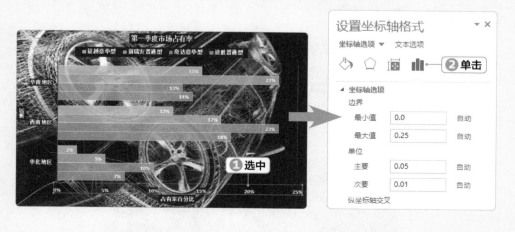

第3篇

第 15 章

制作产品介绍 PPT

产品介绍主要是针对即将在市场上销售的产品，将它们的基本情况和相关数据进行展示，让不同的对象从中了解并获取需要的信息。产品介绍的一种很有效的方法就是通过幻灯片来体现内容，本章就将使用 PowerPoint 制作产品介绍 PPT，通过学习可以掌握进行产品介绍时应该如何针对产品体现出关键内容，并进一步熟悉 PowerPoint 的相关操作。

☐ 占位符、图片与音频对象的使用

☐ 幻灯片版式的应用

☐ 插入 SmartArt 图形与形状

☐ 视频对象与 Flash 文件的应用

☐ 在幻灯片中插入表格

☐ 使用并设置图表

☐ 幻灯片母版的应用

15.1 背景说明

　　产品介绍幻灯片的主要内容是介绍产品的外观、参数、特点等信息，但在制作这类幻灯片时，还应该关注观看幻灯片的对象是谁。如果是客户，包括经销商、代理商、消费者等，介绍产品特点时可以先对产品进行简单说明，如规格、主要成分、配方和批准文号等资料；其次是作用、产品优势、适用人群、注意事项和搭配方法等。但如果观看对象是上级领导，例如在将产品投放到市场上销售之前，领导可能需要查看产品情况而最终确定销售策略。此时将不必展示产品的基本信息，而应该从大方向上考量需要提供的信息，如审计理念、产品数量、产品质量等，这些都会直接影响销售策略。而本章将要制作的幻灯片，就是在产品投放市场前，为给上级领导观看而制作的产品介绍 PPT。

15.2 案例目标分析

　　为了给产品销售带来良好的前景，公司领导要求市场部制作出一个产品介绍 PPT，希望能通过这个演示文稿，进一步分析产品情况，从而制定更有针对性的销售方案。在这个前提下，产品介绍 PPT 的内容应该省略许多基础信息，而应该从宣传、设计、生产、销售等方面着手来设计，给领导全面了解产品情况提供基础。本案例制作后的参考效果如下。

15.3 制作过程

　　本案例将采用逐张制作的方法，通过 PowerPoint 丰富的功能，灵活运用各种工具对象来完成产品介绍 PPT 的设计和制作。本案例还将涉及到幻灯片母版功能的使用，以提高整个演示文稿的制作效率。

第3篇

15.3.1　占位符、图片与音频对象的使用

微课：占位符、图片
与音频对象的使用

下面首先制作第一张幻灯片，它主要起首页或封面的作用，因此需要
具备演示文稿名称、公司名称等基本信息，其具体操作步骤如下。

STEP 1 创建产品介绍 PPT

启动 PowerPoint 2013，按【Esc】键并将空
白的演示文稿保存为"产品介绍 .pptx"。

STEP 2 插入背景图片

❶在【插入】/【图像】组中单击"图片"按钮，
打开"插入图片"对话框，选择"背景 .jpg"图片；
❷单击"插入"按钮。

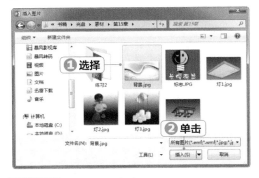

STEP 3 调整图片大小

拖动图片角上的控制点，将其调整至幻灯片的
页面大小。

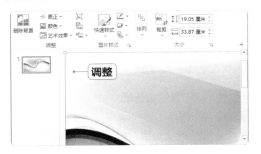

STEP 4 调整图片叠放顺序

保持图片的选中状态，在【图片工具 格式】/【排
列】组中单击两次"下移一层"按钮，将背景
图片下移两层。

STEP 5 输入并设置标题

❶在标题占位符中输入"产品介绍"文本，并
将其格式设置为"华文隶书、48 号"；❷在副
标题占位符中输入"——绿色与环保灯饰系列"
文本，将其格式设置为"微软雅黑、20 号"。

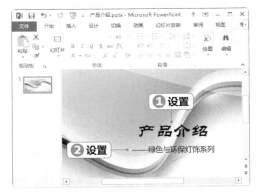

STEP 6 调整占位符位置

分别将标题占位符和副标题占位符移动到幻灯
片的左上侧。

第 **15** 章 制作产品介绍 PPT

STEP 7　复制占位符

利用【Shift】键同时选中两个占位符，然后利用【Ctrl】键拖动到幻灯片右下方，复制占位符。并将内容分别修改为"长樱德兰灯饰有限责任公司（换行）CHANGYINGDELAN"和"2017.01.15"文本。

STEP 8　修改内容

❶选中"长樱德兰灯饰有限责任公司"文本，将其格式设置为"方正平和简体、20号"；❷选中英文文本，将其格式设置为"Adobe Garam ond Pro Bold、20号"；❸选中"2017.01.15"文本，将其格式设置为"幼圆、20号"。

STEP 9　插入图片

继续在当前幻灯片中插入"标志.jpg"图片，缩小图片尺寸并移动到公司名称左侧。

STEP 10　插入音频文件

在【插入】/【媒体】组中单击"音频"按钮，在打开的下拉列表中选择"PC上的音频"选项，在打开的"插入音频"对话框中选择"背景音乐"文件，单击"插入"按钮将其插入到幻灯片中。

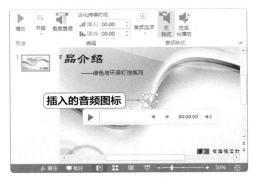

STEP 11　调整音频对象

选中插入到幻灯片中的音频图标，按设置图片大小和位置的方法，适当调整其大小，并将其移动到左下角的圆圈内。

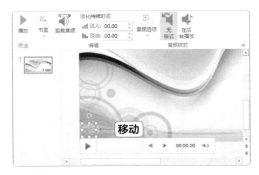

STEP 12　设置音频选项

❶保持音频图标的选中状态，在【音频工具 播放】/【音频选项】组中选中"循环播放，直到

停止"复选框；❷在"开始"下拉列表中选择"自动"选项。

技巧秒杀

隐藏音频图标

若不想在放映演示文稿时显示插入的音频图标，则可将其隐藏，方法为：在【音频工具 播放】/【音频选项】组中选中"放映时隐藏"复选框。

15.3.2 | 幻灯片版式的应用

　　合理使用幻灯片版式，可以更高效地对幻灯片内容进行布局，尤其对于产品展示的内容而言，更应该考虑怎样布局的效果更好。下面便利用幻灯片版式来制作产品展示幻灯片，其具体操作步骤如下。

微课：幻灯片版式的应用

STEP 1　新建幻灯片
在幻灯片窗格的幻灯片缩略图上单击鼠标右键，在弹出的快捷菜单中选择"新建幻灯片"命令。

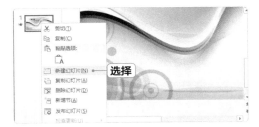

STEP 2　设置幻灯片版式
在新建的幻灯片上单击鼠标右键，在弹出的快捷菜单中选择"版式"命令，在弹出的子菜单中选择"比较"版式。

STEP 3　输入并设置标题
❶在标题占位符中输入"餐吊灯"文本，将其格式设置为"方正粗倩简体、44号、文字阴影"；❷单击左侧内容占位符中的"插入图片"按钮。

STEP 4　插入图片
在打开的对话框中选择"灯2.jpg"图片，将其插入到幻灯片中，并适当调整其大小。

STEP 5　应用图片效果

保持图片的选中状态，在【图片工具 格式】/【图片样式】组的"样式"下拉列表中选择倒数第6种版式。

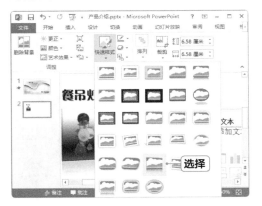

STEP 6　输入并设置文本

在图片上方的占位符中输入文本内容，将其格式设置为"微软雅黑、22 号"，并调整占位符的大小和位置。

STEP 7　插入图片并输入文本

❶在右侧的内容占位符中插入"灯 3.jpg"图片，适当调整其大小；❷在图片上方的占位符中输入文本，并设置其格式为"微软雅黑、22 号"，

同样根据需要适当调整占位符的大小和位置。

STEP 8　新建第 3 张幻灯片

按相同的方法新建版式为"比较"的幻灯片，输入并设置标题，然后插入"灯 1.jpg"和"灯 4.jpg"图片，并为图片配上相应的文本内容。

操作解谜

新建的幻灯片版式

新建的幻灯片版式是根据上一张幻灯片的版式而定的（第1张幻灯片除外）。比如第2张幻灯片的版式是"比较"，那么新建的第3张幻灯片默认的便是"比较"版式。

15.3.3　插入 SmartArt 图形与形状

SmartArt 图形和各种形状都可以提高幻灯片的可看性，这里将使用它们来制作生产流程方案幻灯片，其具体操作步骤如下。

微课：插入 SmartArt 图形与形状

STEP 1 新建幻灯片
新建一张幻灯片，将其版式更改为"仅标题"样式。

STEP 2 选择 SmartArt 图形
❶在【插入】/【插图】组中单击"SmartArt"按钮，打开"选择 SmartArt 图形"对话框，在列表框中选择"升序图片重点流程"样式；❷单击"确定"按钮。

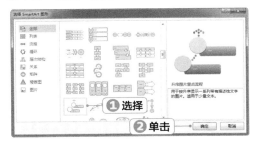

STEP 3 输入文本
插入 SmartArt 图形后，单击该图形左边框上的"展开"按钮，在打开的文本窗格中输入需要的文本。

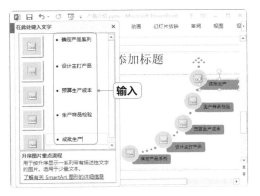

STEP 4 设置图形样式
在【SmartArt 工具 设计】/【SmartAtr 样式】组的"样式"下拉列表中选择"强烈效果"样式。

STEP 5 输入标题
❶适当调整 SmartArt 图形的大小和位置；❷在标题占位符中输入"生产流程方案"文本，将其格式设置为"方正粗倩简体、44 号"。

STEP 6 插入形状
❶在当前幻灯片中插入"四角星"形状，调整其大小和位置；❷为形状应用黄色最后一行的样式。

193

STEP 7 复制形状

按住【Ctrl】不放的同时，将四角星拖动到下一个流程的图片位置。

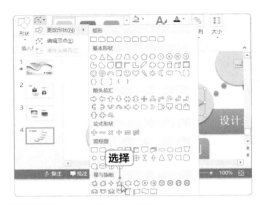

技巧秒杀

在SmartArt图形中插入图片

如果SmartArt图形中具有图片标记，就表示单击该标记可插入图片。所插入图片的外观和效果将自动应用SmartArt预设的效果。

STEP 8 更改形状

保持所复制形状的选中状态，在【绘图工具 格式】/【插入形状】组中单击"编辑形状"按钮，在打开的下拉列表中选择"更改形状"选项，在打开的子列表中选择"五角星"形状。

STEP 9 复制并更改形状

继续按照复制并更改形状的方法，为 SmartArt 图形上的其他流程添加六角星、七角星、八角星形状。

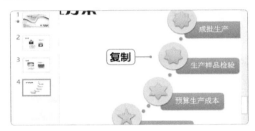

15.3.4 视频对象与 Flash 文件的应用

演示文稿本身就是丰富生动的对象，如果能在其中合理地使用一些视频和 Flash 文件，就可以更好地发挥这一特点，也为产品介绍提供了更多的途径。下面介绍在 PowerPoint 中使用视频和 Flash 的方法，其具体操作步骤如下。

微课：视频对象与 Flash 文件的应用

STEP 1 插入视频

❶新建"仅标题"版式的幻灯片；❷在【插入】/【媒体】组中单击"视频"按钮，在打开的下拉列表中选择"PC 上的视频"选项。

技巧秒杀

新建幻灯片

在幻灯片窗格中选中某个幻灯片缩略图后，按【Enter】键或【Ctrl+M】组合键均可在下方创建相同版式的幻灯片。

STEP 2 选择视频

❶ 打开"插入视频"对话框，选择需要插入

到幻灯片中的视频文件，这里选择"宣传视频 .wmv"；❷单击"插入"按钮。

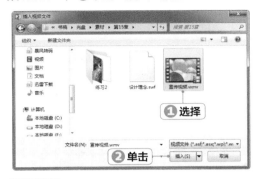

STEP 3 调整视频窗口大小

拖动视频区域四周的控制点调整其大小，并将其拖动到合适的位置。

STEP 4 设置播放方式

在【视频工具 播放】/【视频选项】组的"开始"下拉列表中选择"自动"选项。

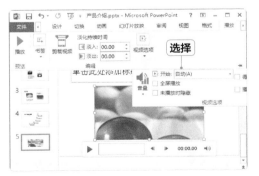

STEP 5 设置格式

在【视频工具 格式】/【视频样式】组的"样式"

下拉列表框中选择"强烈"栏中的"监视器、灰色"选项（倒数第 4 个）。

STEP 6 播放视频

将鼠标指针移动到视频区域，其下方将出现浮动播放控制条，单击"播放"按钮预览视频内容。

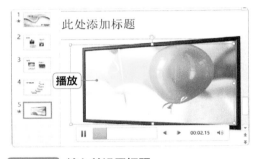

STEP 7 输入并设置标题

在标题占位符中输入"宣传视频"文本，将其格式设置为"方正粗倩简体、44 号"。

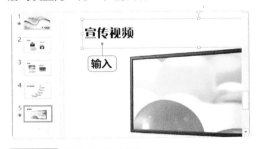

STEP 8 添加开发工具

❶在功能区空白处单击鼠标右键，在弹出的快捷菜单中选择"自定义功能区"命令，打开"PowerPoint 选项"对话框，在右侧的列表框中选中"开发工具"复选框；❷单击"确定"按钮。

STEP 9　使用开发工具

❶新建"仅标题"版式的幻灯片；❷在【开发工具】/【控件】组中单击"其他控件"按钮。

STEP 10　选择控件

❶打开"其他控件"对话框，在列表框中选择"Shockwave Flash Object"选项；❷单击"确定"按钮。

STEP 11　创建控件区域

在幻灯片中拖动鼠标指针绘制一个矩形区域，

该区域即为 Flash 动画的显示区域。

STEP 12　设置属性

在 Flash 动画的显示区域上单击鼠标右键，在弹出的快捷菜单中选择"属性表"命令。

STEP 13　指定 Flash 文件的保存路径

打开"属性"面板，在列表框的"Movie"选项后的文本框中输入 Flash 动画的保存路径。

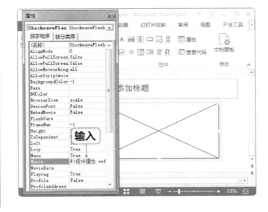

操作解谜

设置 Flash 文件路径

假设 Flash 文件名称为 "01.swf"，保存在 F 盘中，则其路径应该为 "F:\01.swf"，如果保存在 F 盘的 "动画文件" 文件夹中，则完整路径应该为 "F:\动画文件\01.swf"，以此类推。

技巧秒杀

放映幻灯片

放映幻灯片是指通过观看的角度来演示幻灯片内容。按【F5】键可以从头开始放映；按【Shift+F5】组合键则从当前幻灯片开始放映。

STEP 14 观看效果

关闭 "属性" 面板，按【Shift+F5】组合键可以放映当前幻灯片，从而可以观看 Flash 动画的效果。

STEP 15 设置标题

观看完 Flash 动画效果后，按【Esc】键退出放映状态。在标题占位符中输入 "设计理念" 文本，然后将其格式设置为 "方正粗倩简体、44 号"。

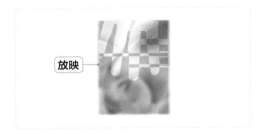

15.3.5 在幻灯片中插入表格

本案例的产品介绍 PPT 中会罗列产品数量、质量、消费群体等多种信息，这时应该使用表格来展示相关数据，体现出幻灯片精简高效的作用，其具体操作步骤如下。

微课：在幻灯片中插入表格

STEP 1 插入表格

新建 "仅标题" 版式的幻灯片，在【插入】/【表格】组中单击 "表格" 按钮，在打开的下拉列表中拖动鼠标指针创建 3 行 4 列的表格。

STEP 2 调整表格

释放鼠标即可将表格插入到幻灯片中。拖动表格四周的控制点调整表格大小。

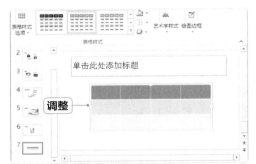

STEP 3 输入表格内容

❶在表格各单元格中输入相关数据，将其格式设置为"黑体、28号、加粗、阴影"；❷在【表格工具 布局】/【对齐方式】组中依次单击"居中"按钮和"垂直居中"按钮，调整其对齐方式。

STEP 4 设置填充颜色

在【表格工具 设计】/【表格样式】组中单击"底纹"按钮，在打开的下拉列表中选择"白色，背景1，深色15%"选项。

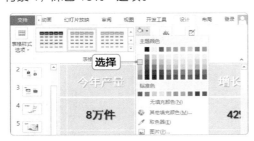

STEP 5 输入并设置标题

在标题占位符中输入"产品数量"文本，将其格式设置为"方正粗倩简体、44号"。

STEP 6 复制幻灯片

在幻灯片窗格中选中第7张幻灯片的缩略图，在其上单击鼠标右键，在弹出的快捷菜单中选择"复制幻灯片"命令。

STEP 7 修改数据

在复制的幻灯片中修改表格数据和标题占位符文本。

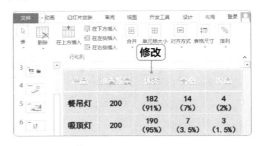

技巧秒杀

增加或删除表格行或列

拖动鼠标选中某行或某列单元格，在【表格工具 布局】/【行和列】组中单击相应的按钮，可在指定方向增加行和列，或删除所选行和列。

STEP 8 复制幻灯片

按相同的方法复制一张幻灯片，并更改表格内容和标题占位符文本。

15.3.6 使用并设置图表

虽然已创建产品质量的表格，但可以进一步使用图表来直观地体现数据，这也为领导观看提供了更多的选择，其具体操作步骤如下。

微课：使用并设置图表

STEP 1 新建幻灯片

在幻灯片窗格中第 8~9 张幻灯片缩略图之间单击鼠标右键，在弹出的快捷菜单中选择"新建幻灯片"命令。

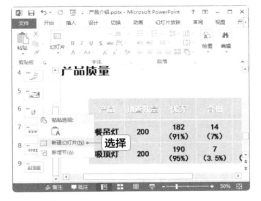

STEP 2 输入并设置标题

在新建的幻灯片的标题占位符中输入标题文本，并将其格式设置为"方正粗倩简体、44 号"。

STEP 3 插入图表

❶在【插入】/【插图】组中单击"图表"按钮，打开"插入图表"对话框，选择左侧的"柱形图"选项；❷选择右上方的第 4 种柱形图；❸单击"确定"按钮。

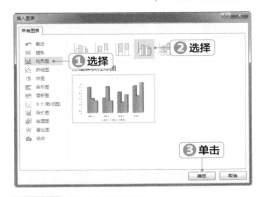

STEP 4 修改表格数据

❶在自动打开的工作表的单元格中将预设的数据按需要进行修改；❷拖动蓝色边框右下角的控制点至 D3 单元格，确认数据范围。

技巧秒杀

编辑表格数据

若想对图表的数据源进行重新编辑，可在【图表工具 设计】/【数据】组中单击"编辑数据"按钮。

STEP 5 设置图表

❶关闭工作表窗口，为图表应用"图表样式"

组中的第 2 种样式；❷删除图表自带的标题，然后按调整图片的方法适当调整图表对象的大小和位置。

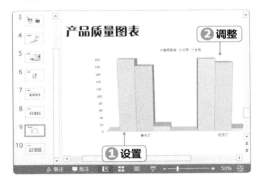

STEP 6　新建幻灯片

❶在第 9~10 张幻灯片之间单击鼠标定位光标插入点；❷在【开始】/【幻灯片】组中单击"新建幻灯片"按钮下方的下拉按钮，在打开的下拉列表中选择"标题和内容"选项。

STEP 7　输入标题和内容

❶在标题占位符中输入标题，将格式设置为"方正粗倩简体、44 号"；❷在文本占位符中输入内容，将格式设置为"微软雅黑、20 号"。

STEP 8　设置对齐方式

选中文本占位符中的所有文本，在【开始】/【段落】组中单击"对齐文本"按钮，在打开的下拉列表中选择"中部对齐"选项。

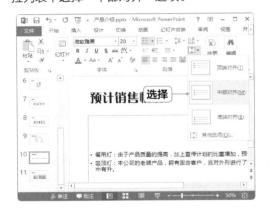

STEP 9　添加项目符号

保持文本的选中状态，利用自定义符号的方法，在"项目符号和编号"对话框中为文本添加空心三角形的项目符号。

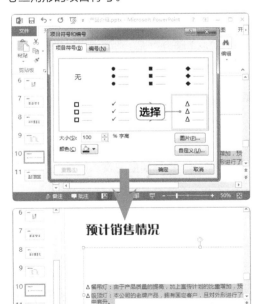

STEP 10　复制并移动幻灯片

❶复制第 1 张幻灯片；❷将复制的幻灯片缩略图拖动到幻灯片窗格的末尾。

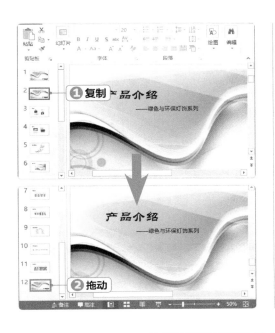

STEP 11　编辑文本内容

❶删除左下角的音频图标和右下角的日期占位符，将公司图片和名称占位符移动到左上角；
❷修改标题占位符和副标题占位符的内容，并分别将格式设置为"方正大标宋简体、20号"和"幼圆、54号"。

15.3.7　幻灯片母版的应用

微课：幻灯片母版的应用

除第1张和最后1张幻灯片外，其余幻灯片背景稍显单调。为了提高美感，同时更突出内容，应该为这些幻灯片添加统一的背景，利用幻灯片母版可以很快完成这个工作，其具体操作步骤如下。

STEP 1　进入幻灯片母版视图

在【视图】/【母版视图】组中单击"幻灯片母版"按钮。

STEP 2　插入图片

❶进入幻灯片母版视图模式后，选择左侧的"仅标题"版式的幻灯片缩略图；❷在【插入】/【图像】组中单击"图片"按钮。

STEP 3　调整图片位置

❶在打开的对话框中插入"bj.jpg"图片，并将其大小调整至幻灯片页面的大小；❷在【图片工具 格式】/【排列】组中单击"下移一层"按钮后的下拉按钮，在打开的下拉列表中选择"置于底层"选项。

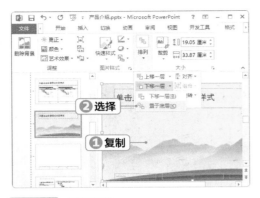

STEP 4　复制图片

❶复制图片，切换到"比较"幻灯片中，粘贴复制的图片；❷继续利用"置于底层"选项调整图片叠放顺序。

第3篇

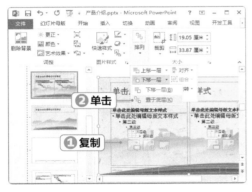

STEP 5　复制图片

❶按相同的方法将图片复制到"标题和内容"幻灯片中，并调整图片叠放顺序；❷在【幻灯

片母版】/【关闭】组中单击"关闭母版视图"按钮。

STEP 6　查看效果

在【视图】/【演示文稿视图】组中单击"幻灯片浏览"按钮，进入幻灯片浏览视图模式，从中可以查看还有没有母版没有应用到的幻灯片。

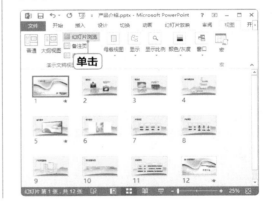

🏆 **边学边做**

1. 制作公司宣传 PPT

公司文化、历史、规模、产品等都是公司宣传的主要内容，可以更快地将公司推荐给广大客户。下面便制作一个公司宣传 PPT，具体要求如下。

● 为演示文稿应用"引用"主题，在第 1 张幻灯片中输入相应标题和副标题。

● 新建"图片与标题"版式的幻灯片，输入标题和内容，并插入"设备 .jpg"图片。

- 新建"内容与标题"版式的幻灯片，输入标题和内容，并插入视频文件，适当设置格式和播放参数。
- 新建"仅标题"版式的幻灯片，输入标题，插入 SmartArt 图形。
- 新建"仅标题"版式的幻灯片，输入标题，创建表格。
- 新建"标题幻灯片"版式的幻灯片，输入标题和副标题。

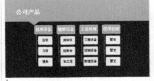

2. 制作景点推荐 PPT

某旅行社计划重点推广几个旅游景点，现需要制作一个景点推荐 PPT，希望能够让消费者在最短的时间内了解景点的大概情况，具体要求如下。

- 为演示文稿应用"镶边"主题，更改第 1 张幻灯片版式为"标题和内容"，输入相应文本，并插入"音乐 .mp3"音频。
- 为第 2~5 张幻灯片应用"图片与标题"版式，输入标题、内容，并插入图片。
- 为最后 1 张幻灯片应用"仅标题"版式，输入标题内容。
- 进入幻灯片母版视图，在第 1 张幻灯片中插入"Logo.jpg"图片，为所有幻灯片添加公司 Logo。

知识拓展

1. 为图片去除背景

为演示文稿添加背景图片时，插入的图片并不一定适合幻灯片页面，此时可利用删除背景功能将图片中无用的背景区域删除，其具体操作步骤如下。

❶选中需要删除背景的图片，在【图片工具 格式】/【调整】组中单击"删除背景"按钮。

❷此时图像中将出现一个控制框，以紫色部分覆盖图像内容，该内容即为将要被删除的部分。

❸调整控制框的大小，在【图片工具 格式】/【优化】组中单击"标记要删除的区域"按钮。

❹在需要删除的区域单击鼠标，当该区域呈紫色显示时，表示会删除掉。

❺确认标记了所有删除的区域后，单击"保留更改"按钮即可。

2. 将形状保存为图片

在幻灯片中可将绘制的形状保存为图片，以便在制作其他幻灯片时进行调用，其具体操作步骤如下。

❶在演示文稿中选中要保存为图片的形状，在其上单击鼠标右键，在弹出的快捷菜单中选择"另存为图片"命令。

❷在打开的"另存为图片"对话框中设置图片保存位置和名称，单击"保存"按钮即可。

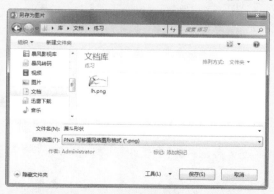

第3篇

第3篇

第 16 章

制作公司宣传 PPT

公司宣传 PPT 主要用于立体、形象地对公司历史、文化进行多媒体讲解。在制作这类 PPT 时，需要全方位地对公司历史、荣誉、团队、顾客和作品等进行介绍，突出公司的优势以及运营项目。本章将使用 PowerPoint 来制作公司宣传 PPT，通过学习掌握如何控制演示文稿中的各种对象的动画效果和幻灯片的切换效果。

☐ 幻灯片母版的使用

☐ 标题与节标题幻灯片的制作

☐ 各张内容幻灯片的制作

☐ 为节标题幻灯片设置切换效果并添加动画

16.1 背景说明

公司宣传 PPT 是公司形象宣传的一个重要环节，其重要性并不比公司宣传片低。公司宣传 PPT 一般在行业年会上进行放映，并将公司的实力资质展示给目标客户观看。由于其对外性，在制作时，并不需要太多信息，而是以更直观的图片和美观的图形进行展示。

在制作这类公司宣传 PPT 时，一般会先由行政部门收集、整理资料，再由具有一定美术功底的人员对 PPT 的版面排版方式以及细节进行优化，最后再将 PPT 交给公司负责人进行浏览查看。

在制作公司宣传 PPT 时，需要注意根据公司的 Logo 以及公司的行业风格，决定制作背景以及用色方案。如针对饮食业可使用黄色为主、针对媒体可以使用蓝色或黑色渐变等。在进行幻灯片文本颜色搭配时，则可根据背景颜色使用对比强烈或颜色对比缓和的颜色。颜色对比强烈的配色可以使整个 PPT 看起来很灵活，而颜色对比缓和的配色则会使整个 PPT 看起来稳重、平和。

16.2 案例目标分析

本案例需要制作的公司宣传 PPT，主要将从公司的发展历程、业务范围、企业文化、业绩、荣誉、团队、产品资源和合作客户等多方面着手，全方位地向大众和客户介绍公司的情况。为了达到"在丰富中需求统一，在统一中不失灵活"的要求，本案例可以利用节标题来制作类似导航栏目的幻灯片，通过它将各种丰富的对象进行规划设计。制作后的参考效果如下。

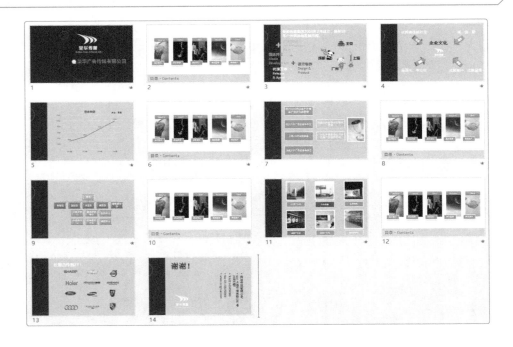

16.3 制作过程

本案例首先需要利用幻灯片母版对幻灯片进行统一设置，然后逐张制作幻灯片内容，并对需要添加动画效果的对象添加动画。最后对多张节标题幻灯片进行设置。

16.3.1 幻灯片母版的使用

为保证演示文稿中的各张幻灯片具有统一的背景和风格，首先需要在幻灯片母版中进行适当设置，其具体操作步骤如下。

微课：幻灯片母版的使用

STEP 1 设置幻灯片大小

❶新建演示文稿，将其保存为"公司宣传.pptx"；❷在【设计】/【自定义】组中单击"幻灯片大小"按钮，在打开的下拉列表中选择"自定义幻灯片大小"选项。

STEP 2 自定义宽度和高度

❶打开"幻灯片大小"对话框，在"幻灯片大小"下拉列表中选择"自定义"选项；❷将宽度和高度分别设置为"27.8厘米"和"16.05厘米"；❸单击"确定"按钮。

STEP 3 确认缩放方式

打开提示对话框，单击"确保适合"缩略图。

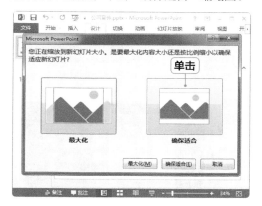

操作解谜

缩放方式

调整幻灯片大小后，都会打开提示对话框，要求选择缩放方式。其中，"最大化"是指幻灯片中已有的对象大小不变；"确保适合"是指已有对象随幻灯片缩放的比例而同步缩放。

STEP 4 在母版中插入图片

❶在【视图】/【母版视图】组中单击"幻灯片母版"按钮，进入母版编辑状态，在幻灯片窗格中选中第1张幻灯片缩略图；❷将"普通页背景.jpg"图片插入到当前幻灯片中。

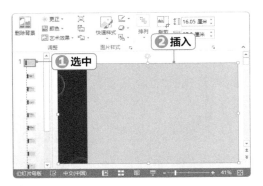

STEP 5 编辑标题页母版

❶在幻灯片窗格中选中第 2 张幻灯片缩略图；
❷在该张幻灯片中插入"标题页背景 .jpg"图片；
❸在插入的图片上单击鼠标右键，在弹出的快捷菜单中选择"置于底层"命令。

STEP 6 编辑标题页文本

删除标题占位符，选中副标题占位符中的所有文本，将其格式设置为"方正大黑简体、38"，字体颜色设置为第5列倒数第2行的颜色。

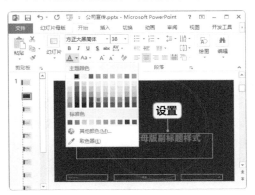

STEP 7 设置节标题母版

❶在幻灯片窗格中选中第 4 张幻灯片缩略图；
❷在该张幻灯片中插入"节标题背景 .jpg"图片，将其置于底层。

STEP 8 设置节标题文本

❶删除标题占位符，选中文本占位符中的所有文本，将其格式设置为"黑体、32"；❷字体颜色与标题的字体颜色相同；❸调整占位符大小，并将其拖动到幻灯片下方，最后退出幻灯片母版编辑模式。

技巧秒杀

快速设置相同颜色

为文本或其他对象设置颜色后，该颜色将默认为当前颜色，直接单击颜色按钮即可应用，而无需重新打开下拉列表进行选择。

第3篇

16.3.2 标题与节标题幻灯片的制作

下面开始制作标题和节标题幻灯片。标题，尤其是节标题幻灯片，将会在后面的制作中多次用到，因此需要重点留意，其具体操作步骤如下。

微课：标题与节标题
幻灯片的制作

STEP 1　编辑标题页

❶在标题页中插入"荣华 Logo.png"图片，并调整图像尺寸；❷在占位符中输入"荣华广告传媒有限公司"文本；❸插入"流程图：顺序访问存储器"形状，填充白色，缩小后移动到文本左侧。

STEP 2　为标题页设置切换效果

在【切换】/【切换到此幻灯片】组的"样式"下拉列表框中选择"华丽型"栏下的"切换"选项。

操作解谜

幻灯片切换效果

从当前幻灯片转换到其他幻灯片的过程，就是幻灯片切换。为这个过程添加一些动画效果，可使幻灯片放映时显得更加生动活泼。

STEP 3　为形状设置动画

在幻灯片中选中插入的形状，在【动画】/【高级动画】组中单击"添加动画"按钮，在打开的下拉列表框中选择"进入"动画中的"翻转式由远及近"选项。

STEP 4　新建节标题

在【开始】/【幻灯片】组中单击"新建幻灯片"按钮下的下拉按钮，在打开的下拉列表中选择"节标题"选项。

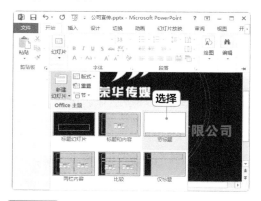

STEP 5　输入文本并插入图片

❶在下方的占位符中输入文本；❷在幻灯片中插入"关于我们（彩）.jpg"图片；❸将高度

第 **16** 章　制作公司宣传 PPT

和宽度分别设置为"6 厘米"和"4 厘米"。

按钮为其添加"映像变体"中的第 1 个样式。

STEP 6 创建形状

❶在图像上方插入一个"减去对角的矩形"形状，在其上单击鼠标右键，在弹出的快捷菜单中选择"编辑文字"命令，输入文本；❷在【绘图工具 格式】/【形状样式】组的"样式"下拉列表框中应用最后一行的橙色样式。

STEP 8 复制并修改对象

拖动鼠标选中图片和两个形状，按住【Ctrl+Shift】组合键向右水平拖动进行复制，然后修改形状中的文本内容，并删除图片，依次插入"荣华荣誉（黑白）.jpg、荣华团队（黑白）.jpg、荣华资源（黑白）.jpg、荣华客户（黑白）.jpg"图片。将图片的高度和宽度分别设置为"6 厘米"和"4 厘米"，置于底层，调整位置即可。

STEP 7 创建形状

❶按相同的方法创建矩形并添加文本；❷为矩形应用第 3 行的橙色样式，然后利用"形状效果"

16.3.3 | 各张内容幻灯片的制作

下面，以节标题幻灯片的内容为导航，逐一新建幻灯片并设置具体的内容，其具体操作步骤如下。

微课：各张内容幻灯片的制作

STEP 1 新建幻灯片

新建"空白"版式的幻灯片，绘制文本框，在其中输入文本，将格式设置为"微软雅黑、28、白色、阴影"，调整文本框至幻灯片左上方。

STEP 2 创建文本框

使用相同的方法在幻灯片中绘制文本框，并在其中输入文本（包括 4 个加号）。分别将它们的颜色设置为"深红、浅蓝、橙色、白色"。适当调整它们的位置和字号。

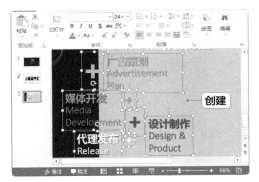

STEP 3 插入图片

在幻灯片中插入"地图.png"图片，放大后放置在幻灯片右侧，将其"置于底层"。

STEP 4 为文本设置动画

选中幻灯片左侧的所有文本，在【动画】/【高级动画】组中单击"添加动画"按钮，在打开的下拉列表框中选择"进入"栏中的"飞入"选项。

STEP 5 添加动画

再次单击"添加动画"按钮，在打开的下拉列表框中选择"退出"栏中的"随机线条"选项。

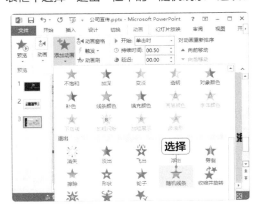

操作解谜

动画类型

进入类动画指放映幻灯片时，对象将从无到有地出现在幻灯片中；退出类动画则相反，放映时将从有到无地从幻灯片中消失。另外，还有强调类动画，指放映时对象始终存在于幻灯片中，只是稍有变化。

STEP 6　设置持续时间

在"计时"组的"持续时间"数值框中输入"3"，表示动画的播放时间为3秒。

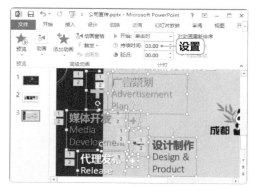

STEP 7　添加动画

选中地图对象，为其添加"飞入"动画。

STEP 8　插入图片

❶新建"空白"版式的幻灯片，绘制文本框，在其中输入文本，并设置格式为"宋体、36"；❷插入"荣华Logo.png"图片，在插入的图像上单击鼠标右键。在弹出的快捷菜单中选择"设置图片格式"命令。

STEP 9　设置阴影

❶打开"设置图片格式"窗格，单击"效果"图标；❷单击"阴影"项目将其展开，依次设置模糊、角度和距离参数的值为"3磅、11°、10磅"。

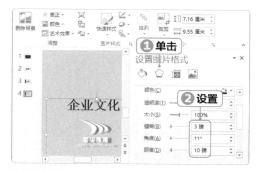

STEP 10　绘制形状

❶在幻灯片中绘制一个右箭头；❷为其设置最后一行的橙色样式。

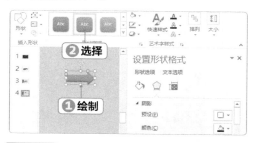

STEP 11　设置三维旋转

❶在"设置形状格式"窗格单击"效果"图标；❷单击"三维旋转"项目将其展开，依次将X旋转、Y旋转、Z旋转的参数设置为"322.7°、1.8°、341.9°"。

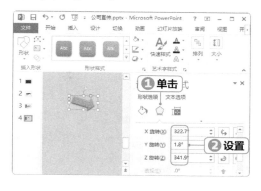

第3篇

STEP 12 设置三维格式

❶单击"三维格式"项目将其展开，依次设置顶部棱台的宽度、高度为"3磅、10.5磅"，底部棱台的宽度、高度为"3磅、5磅"；❷单击"关闭"按钮关闭窗格。

STEP 13 输入文本

在绘制的形状中输入文本，将格式设置为"方正兰亭粗黑简体、20号、加粗"，并适当旋转形状。

STEP 14 复制形状

复制箭头形状，修改其中的文本，并通过旋转、翻转等操作调整形状的位置。

STEP 15 插入文本框

在幻灯片中插入一个文本框，在其中输入文本，将格式设置为"微软雅黑、28"。通过复制和修改文本的方法快速制作其他3个文本框。

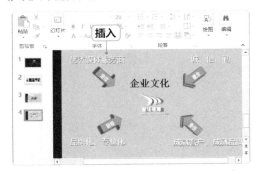

STEP 16 添加动画

❶选中左上角的文本框和形状，为其添加"飞入"动画；❷在【动画】/【动画】组中单击"效果选项"按钮，在打开的下拉列表中选择"自左上部"选项。

STEP 17 添加动画

使用相同的方法，分别为其他位置的文本框和形状，设置相同方向的"飞入"动画。

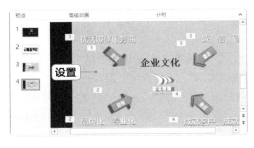

STEP 18　创建图表

❶新建"空白"版式的幻灯片，插入第 4 种折线图图表；❷单击"确定"按钮。

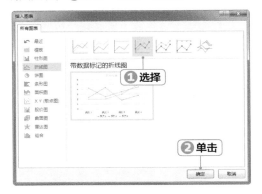

STEP 19　修改数据

❶在打开的表格中修改数据；❷拖动蓝色边框右下角的控制点至 B5 单元格，调整数据范围。

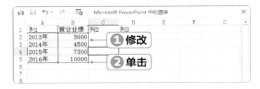

STEP 20　设置图表样式

❶关闭表格窗口，为图表应用"图表样式"下拉列表框中的最后一种样式；❷创建文本框，在其中输入单位情况，并放在图表右上方。

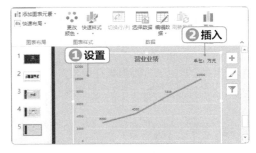

STEP 21　添加幻灯片切换效果

❶在【切换】/【切换到此幻灯片】组的"样式"下拉列表框中选择"动态内容"栏的"平移"选项；❷在"计时"组的"声音"下拉列表框中选择"风声"选项。

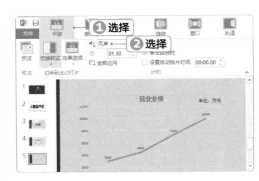

STEP 22　复制节标题幻灯片

❶复制第 2 张幻灯片，并移动到最后；❷删除"关于我们（彩）.jpg"和"荣华荣誉（黑白）.jpg"图片，重新插入"关于我们（黑白）.jpg"和"荣华荣誉（彩）.jpg"图片，调整大小、位置后，将图像置于底层。

STEP 23　创建形状

❶新建"空白"版式的幻灯片，绘制矩形形状，并在其中输入文本；❷在【绘图工具 格式】/【形状样式】组的"样式"下拉列表框中选择第 3 行绿色样式。

STEP 24　复制形状

复制形状并修改其中的文本，然后两两应用同

第3篇

一种样式，分别为第 3 行橙色样式和黄色样式。

STEP 25 插入图片

在幻灯片中插入"奖杯 .jpg"图片，在【图片工具 格式】/【图片样式】组的"样式"下拉列表框中选择第 1 种样式。

STEP 26 复制节标题幻灯片

❶复制第 6 张幻灯片，并移动到最后；❷删除"荣华荣誉（彩）.jpg"和"荣华团队（黑白）.jpg"图片，重新插入"荣华荣誉（黑白）.jpg"和"荣华团队（彩）.jpg"图片，调整大小、位置后，将图像置于底层。

STEP 27 插入 SmartArt 图形

❶新建"空白"版式的幻灯片，在【插入】/【插图】组中利用"SmartArt"按钮插入类型为"组织结构图"的 SmartArt 图形；❷打开文本窗格，并在其中输入文本。

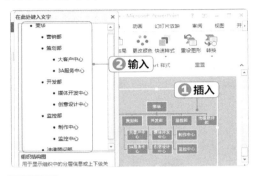

STEP 28 设置 SmartArt 图形

在【SmartArt 工具 设计】/【SmartArt 样式】组中为该对象应用彩色第 4 种颜色样式和三维第 2 种样式，然后适当调整大小和位置。

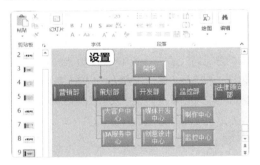

STEP 29 添加动画

❶选中整个 SmartArt 图形，在【动画】/【高级动画】组中单击"添加动画"按钮，在打开的下拉列表中选择"进入"动画中的"劈裂"选项；❷在"计时"组中将持续时间设置为"01.00"。

215

STEP 30 复制节标题幻灯片

❶复制第 8 张幻灯片，并移动到最后；❷删除
"荣华团队（彩）.jpg"和"荣华资源（黑白）.jpg"
图片，重新插入"荣华团队（黑白）.jpg"和"荣
华资源（彩）.jpg"图片，调整大小、位置后，
将图像置于底层。

STEP 31 插入图片

❶新建"空白"版式的幻灯片；❷插入"LED
屏广告 .jpg"图片，设置高度和宽度均为"5
厘米"；❸在【图片工具 格式】/【图片样式】
组的"样式"下拉列表框中选择第 1 种样式。

STEP 33 设置图片和形状

使用相同的方法在幻灯片中插入"地铁广告
位 .jpg""公关活动 .jpg""户外立柱 .jpg""机
场广告位 .jpg""静态展示位 .jpg"图片，调
整至相同大小并应用相同样式。然后复制矩形
到其他图片下方，修改文本内容后，填充不同
的颜色。

STEP 34 添加动画

选择第 1 张图片和第 1 个形状，为其添加"飞入"
动画。

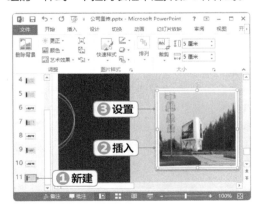

STEP 32 绘制形状

在图像下方绘制一个矩形形状，然后在其中输
入文本并调整字号。在【绘图工具 格式】/【形
状样式】组的"样式"下拉列表框中选择第 3
行橙色样式。

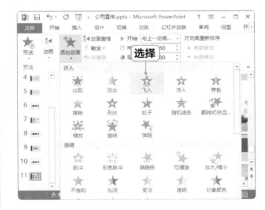

STEP 35 添加动画

按相同的方法两两一组，按从左至右、从上到下的方向，为对象添加"飞入"动画。

STEP 36 复制节标题幻灯片

❶复制第 10 张幻灯片，并移动到最后；❷删除"荣华资源(彩).jpg"和"荣华客户(黑白).jpg"图片，重新插入"荣华资源（黑白）.jpg"和"荣华客户（彩）.jpg"图片，调整大小、位置后，将图像置于底层。

STEP 37 新建幻灯片

❶新建"空白"版式的幻灯片；❷绘制文本框，并在其中输入文本，将文本格式设置为"微软雅黑、32 号、加粗"；❸插入"客户列表 .png"图片，适当调整大小和位置。

STEP 38 制作结尾幻灯片

❶新建"标题和竖排文字"版式的幻灯片；❷在标题占位符和文本占位符中输入文本，并设置合适的字号；❸在幻灯片左下角插入"荣华 Logo.png"图片，适当调整大小。

16.3.4 为节标题幻灯片设置切换效果并添加动画

为保证节标题幻灯片的风格统一，下面将为它们设置相同的切换效果和动画效果，其具体操作步骤如下。

微课：为节标题幻灯片设置切换效果并添加动画

STEP 1　添加幻灯片切换效果

❶按住【Ctrl】键的同时，在幻灯片窗格中选中所有节标题幻灯片的缩略图；❷在【切换】/【切换到此幻灯片】组的"样式"下拉列表框中选择"动态内容"栏下的"传送带"选项。

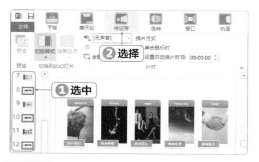

STEP 2　设置进入动画

❶在幻灯片窗格中选中第 2 张幻灯片缩略图；❷拖动鼠标框选幻灯片中的所有对象（底部的占位符除外），为其添加"浮入"动画；❸在"计时"组中将持续时间设置为"02.00"。

STEP 3　添加强调动画

选中左边第一组对象，包括一张图像和两个形状，利用【动画】/【高级动画】组的"添加动画"按钮，为其添加"加深"动画。

STEP 4　添加退出动画

选中除第一组对象以外的其他对象（同样不包括占位符），利用"添加动画"按钮为其添加"消失"动画。

STEP 5　设置其他节标题幻灯片

按相同的方法为其他节标题幻灯片添加相同的动画效果（注意彩色图像组和黑白图像组的设置）。

边学边做

1. 制作营销计划 PPT

销售部和企划部需要尽快将来年的营销计划做出来，领导要求必须使用演示文稿来制作，因此两个部门的负责人需要制作一个营销计划 PPT，首先需要将大致的计划内容应用到幻灯片，以观看效果，具体要求如下。

- 利用提供的素材输入幻灯片内容，应用"丝状"主题。
- 为所有幻灯片添加"擦除"切换效果，声音为"打字机"。
- 为所有占位符和表格对象添加"飞入"动画，持续时间为"1 秒"。注意文本占位符需要"按段落"来显示动画（通过"效果选项"按钮设置）。
- 按【F5】键放映幻灯片，通过单击鼠标实现幻灯片切换和动画效果的放映。

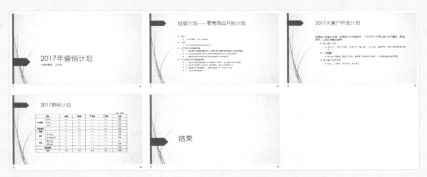

2. 制作经理培训 PPT

公司要为客户实施经理培训课程，需要在课程上利用 PPT 来指导授课，因此需要制作一个经理培训 PPT，内容需要体现课程的关键知识，具体要求如下。

- 为演示文稿应用"柏林"主题。
- 利用各种形状制作幻灯片的内容。
- 为所有幻灯片应用"框"切换效果，声音为"风铃"。
- 为第 2 张幻灯片的形状依次应用"淡出"动画，持续时间为"1 秒"。
- 为第 3 张幻灯片的形状依次应用"轮子"动画，持续时间为"1.3 秒"。
- 为第 4 张幻灯片的形状依次应用"擦除，自左侧"动画，持续时间为"1.3 秒"。
- 按【F5】键放映幻灯片，通过单击鼠标实现幻灯片切换和动画效果的放映。

知识拓展

1. 动画刷的应用

　　动画刷可以理解为以动画为格式的格式刷。也就是说，按格式刷的使用方法，可以为对象快速应用相同的动画效果。使用方法为：选中添加了动画的某个对象，在【动画】/【高级动画】组中单击"动画刷"按钮，选中幻灯片中的其余某个对象，则该对象将应用前面所选对象的动画效果。如果双击"动画刷"按钮，则可连续为其他对象应用动画效果，应用完成后按【Esc】键退出动画刷状态。

2. 使用动画窗格管理动画

　　在【动画】/【高级动画】组中单击"动画窗格"按钮，将在操作界面的右侧显示动画窗格，其中将显示当前幻灯片中已添加的所有动画情况。

- ● **编号的意义：** 在动画窗格中显示的动画编号，与幻灯片中对象的动画编号一一对应，代表动画放映的先后顺序。拖动动画窗格中的动画选项，可以调整动画的放映顺序；按【Delete】键则可删除当前选中的动画选项，幻灯片中对应对象上的动画也将删除。
- ● **调整触发动作：** 在动画窗格的某个动画选项上单击鼠标右键，在弹出的快捷菜单中选择前3项命令可以调整触发动画的动作，分别代表的是单击鼠标时反映、在上一项动画放映时放映，以及在上一项动画放映后放映。
- ● **添加动画声音：** 在动画窗格的某个动画选项上单击鼠标右键，在弹出的快捷菜单中选择"效果选项"命令，在打开的对话框的"声音"下拉列表框中可为动画添加声音。另外，在该对话框的"计时"选项卡中还可以调整动画的放映方向和动画放映时长。

第4篇

第 17 章

制作物流培训 PPT

对于制作企业内部培训文件而言，PPT 显然要比 Word 和 Excel 等 Office 组件更加适用。本章将使用 PowerPoint 来制作物流培训 PPT，且侧重点主要集中在 PPT 制作后的各种操作，如放映、打包、发布等，特别是关于放映的内容，这是制作 PPT 的最终目标。通过本章的学习，便可以掌握如何放映并控制 PPT 对象。

☐ 制作交互动作和超链接

☐ 设置放映方式和放映时间

☐ 放映和自定义放映演示文稿

☐ 打包与发布演示文稿

17.1 背景说明

对于培训类 PPT 而言，幻灯片中的内容一般都是帮助培训师，即演示文稿的演讲者更好地开展培训工作而制作的。从这个角度出发，可以将培训内容的大体框架制作到幻灯片中，然后通过一边放映一边讲解的方式，让学员们在生动的课堂上学习到需要的知识。为了更好地设计并制作培训类 PPT，应该对各种培训类别有所了解。

- **理念培训：** 理念培训是使组织成员在思维方式和观念上发生转变，树立与外界环境相适应的新观念和思维方式、培养从新角度看问题的能力。
- **心态培训：** 心态培训旨在建立个人或员工（或其他社会关系）的心态，从而为完成某项任务创造心理条件。
- **能力培训：** 能力培训是最基础的培训，可以建立个人或员工（或其他社会关系）的能力基础，应包含对完成任务的理解（内容掌握和控制）与支持（技术、管理、协调、辅助等）。
- **个人技能培训：** 个人技能培训是指除

企业培训以外的，以个人名义参加的培训，目的在于获取技能和掌握专业知识。这类培训的种类繁多，最常见的就是资格认证、学历学位培训等。

- **企业培训：** 企业培训是企业对人力资源开展的培训，一般分为公开课和内部培训两种方式。公开课就是参加讲师或培训机构组织的培训课程，这类课程往往是针对全社会开放报名的；内部培训则是聘请培训师到企业中进行针对性调研、最后进行分阶段的内部培训。

17.2 案例目标分析

本案例将在已经制作好的内部培训 PPT 上，对演示文稿进行与放映、发布、打包等相关的操作。特别将对放映进行调试，以便在正式使用时可以更好地配合培训师开展培训课程。制作后的参考效果如下。

17.3 制作过程

在完成内容、切换效果和对象动画的制作后，本案例将在此基础上，为演示文稿制作交互动作、建立超链接，并设置和放映演示文稿，最后还需要将演示文稿进行打包和发布操作，以满足实际工作中对演示文稿的各种使用需求。

17.3.1 | 制作交互动作和超链接

为便于在放映演示文稿时更好地控制幻灯片的放映过程，演讲者一般都会人为地在幻灯片中添加控制对象，而交互动作和超链接就是最常见的手段之一。下面便通过添加交互动作和超链接来实现幻灯片切换和访问企业网站的效果，其具体操作步骤如下。

微课：制作交互动作和超链接

STEP 1 插入图片

打开提供的"物流培训 .pptx"演示文稿，在第 1 张幻灯片中插入"kd.jpg"图片，将其移动到左侧。

STEP 2 设置动画

❶保持图片的选中状态，为其添加"淡出"动画效果；❷将动画开始时间设置为"上一动画之后"。

STEP 3 创建动作

继续保持图片的选中状态，在【插入】/【链接】组中单击"动作"按钮。

STEP 4 设置动作

打开"操作设置"对话框，默认超链接到"下一张幻灯片"，直接单击"确定"按钮。

第4篇

STEP 5　插入动作按钮

❶切换到第2张幻灯片；❷在【插入】/【插图】组中单击"形状"按钮，在打开的下拉列表中选择"动作按钮"栏下的第3个按钮选项。

STEP 6　设置动作

在幻灯片中单击鼠标，并在打开的"操作设置"对话框中直接单击"确定"按钮。

STEP 7　设置按钮外观

❶将动作按钮的高度和宽度均设置为"1厘米"；❷为动作按钮应用【绘图工具 格式】/【形状样式】组中的第2种样式；❸将该按钮移动到幻灯片左下角的位置。

STEP 8　插入其他动作按钮

继续按相同的方法插入另外3个动作按钮，分别实现切换到"上一张""下一张""最后一张"幻灯片的目的。然后设置为相同大小和样式，并移动到左下方。

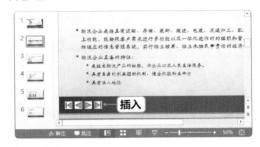

STEP 9　复制动作按钮

选中4个动作按钮，按【Ctrl+C】组合键复制。依次切换到第3~6张幻灯片中，按【Ctrl+V】组合键粘贴，最后删除第6张幻灯片中代表切换到"最后一张"的动作按钮。

STEP 10　插入文本框

❶切换到第1张幻灯片；❷插入文本框，在其中输入文本，将格式设置为"叶根友毛笔行书2.0版、32、白色、阴影"，适当调整位置和方向。

STEP 11 添加动画

❶选中文本框对象,为其添加"淡出"动画效果;
❷将动画开始时间设置为"与上一动画同时"。

STEP 12 添加超链接

保持文本框的选中状态,在【插入】/【链接】
组中单击"超链接"按钮。

STEP 13 设置链接网址

❶打开"插入超链接"对话框,在"地址"文
本框中输入企业的网址;❷单击"确定"按钮。

技巧秒杀

设置超链接

在添加了超链接的对象上单击鼠标右键,
在弹出的快捷菜单中选择相应的命令可实
现对超链接的重新编辑、取消、打开和复
制等操作。其中"取消"是指删除超链
接;"打开"是指访问链接到的目标对
象;"复制"是指复制超链接的地址,以
便为其他对象设置。

17.3.2 设置放映方式和放映时间

为配合演讲者使用演示文稿,可以为幻灯片设置指定的放映方式,甚
至还可以彩排每张幻灯片、每个动画的放映时间,这样就能实现按需要自
动放映演示文稿的目的,其具体操作步骤如下。

微课:设置放映方式和放映时间

STEP 1 设置幻灯片放映

在【幻灯片放映】/【设置】组中单击"设置幻
灯片放映"按钮。

STEP 2 设置放映类型

❶在打开的对话框中选中"演讲者放映(全屏

幕)"单选项;❷单击"确定"按钮。

操作解谜

各种放映类型的含义

"演讲者放映（全屏幕）"可以允许在幻灯片放映时控制幻灯片的切换；"观众自行浏览（窗口）"可以实现在窗口中放映幻灯片，但无法控制幻灯片的切换；"在展台浏览（全屏）"可以循环放映幻灯片，直到按【Esc】键退出放映状态。

STEP 3　排练计时

在【幻灯片放映】/【设置】组中单击"排练计时"按钮。

STEP 4　开始排练

进入排练放映状态，并自动打开"录制"对话框，其中将显示幻灯片及其中包含的各个对象的放映时间长度。

STEP 5　继续排练

按照实际放映时各个内容需要显示的大概时间来安排幻灯片的放映时间，达到时间长度时，单击鼠标即可切换到下一个动画或幻灯片。

STEP 6　保留排练计时

排练完所有对象后，继续单击鼠标将打开提示对话框，单击"是"按钮确认保留计时。

STEP 7　查看时间

在【视图】/【演示文稿视图】组中单击"幻灯片浏览"按钮，在该视图模式下可以查看每张幻灯片所需的放映时间。

第 **17** 章 制作物流培训 PPT

17.3.3 放映和自定义放映演示文稿

放映演示文稿是制作幻灯片的最终目的，幻灯片的任何内容和动画效果都是为放映服务的。下面就介绍放映和自定义放映演示文稿的方法，其具体操作步骤如下。

微课：放映和自定义
放映演示文稿

STEP 1 放映幻灯片

在【幻灯片放映】/【开始放映幻灯片】组中单击"从头开始"按钮。

STEP 2 单击超链接

进入幻灯片放映状态，此时将根据预先排练的时间来自动放映演示文稿，也可单击鼠标手动切换，这里可以单击企业名称文本框，将打开浏览器访问链接的网站。

STEP 3 单击动作按钮

继续回到 PowerPoint 中放映幻灯片，当切换到第 2 张幻灯片时，可单击左下角的动作按钮，

查看幻灯片的切换效果。

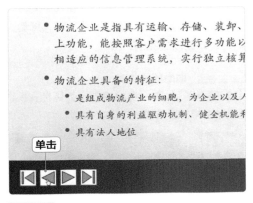

STEP 4 设置指针

在幻灯片中单击鼠标右键，在弹出的快捷菜单中选择"指针选项"命令，在弹出的子菜单中选择"激光指针"命令，可以更换指针效果，以便观众能更好地跟随演讲者的指示来观看内容。

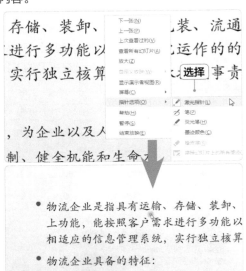

技巧秒杀

在幻灯片上做标记

在幻灯片中单击鼠标右键，在弹出的快捷菜单中选择"指针选项"命令，在弹出的子菜单中选择"笔"命令或"荧光笔"命令，可在放映幻灯片时拖动鼠标在需要的地方进行标记。退出幻灯片放映时，可选择是否保存这些标记对象。

STEP 5 退出放映状态

当放映完幻灯片时，屏幕将显示为黑色，此时再次单击鼠标即可退出放映状态。

STEP 6 自定义放映

在【幻灯片放映】/【开始放映幻灯片】组中单击"自定义幻灯片放映"按钮，在打开的下拉列表中选择"自定义放映"选项。

STEP 7 新建自定义放映

打开"自定义放映"对话框，单击"新建"按钮。

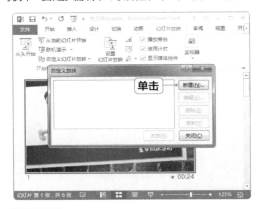

STEP 8 定义放映内容

❶打开"定义自定义放映"对话框，在上方的文本框中输入"岗位与培训"；❷在左侧列表框中选中需要放映的幻灯片对应的复选框；❸单击"添加"按钮。

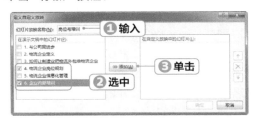

STEP 9 确认设置

所选幻灯片添加到右侧列表框后，单击"确定"按钮。

STEP 10 确认创建

返回"自定义放映"对话框，其中将显示创建的"岗位与培训"自定义放映对象，单击"关闭"按钮。

STEP 11 自定义放映

重新单击"自定义幻灯片放映"按钮,此时在打开的下拉列表中选择"岗位与培训"选项,便可进入放映状态,放映指定的幻灯片。

17.3.4 打包与发布演示文稿

打包演示文稿可以实现在没有安装 PowerPoint 或缺少字体的计算机上,也能正常放映与显示演示文稿内容的目的。而发布演示文稿则可以将指定的幻灯片创建为独立的文件,方便以后调用,其具体操作步骤如下。

微课:打包与发布演示文稿

STEP 1 打包演示文稿

❶单击"文件"选项卡,在左侧列表框中选择"导出"选项;❷选择"将演示文稿打包成 CD"选项;❸单击右侧的"打包成 CD"按钮。

STEP 2 打包到文件夹

❶打开"打包成 CD"对话框,在"将 CD 命名为"文本框中输入"物流培训";❷单击左下角的"复制到文件夹"按钮。

STEP 3 指定位置

❶打开"复制到文件夹"对话框,利用"浏览"按钮设置复制到的文件夹位置;❷单击"确定"按钮。

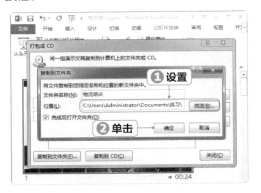

操作解谜

打包提示

如果演示文稿中链接了对象,则在打包时会打开提示对话框,直接确认操作即可,表示允许将链接的对象一起打包。

STEP 4 查看打包文件夹

此时将自动打开打包的文件夹窗口，其中将显示打包后的文件。此后无论计算机中是否安装有 PowerPoint，双击"物流培训 .pptx"文件均可正常放映演示文稿。

STEP 5 发布幻灯片

❶关闭打开的所有对话框，重新单击"文件"选项卡，在左侧列表框中选择"共享"选项；❷选择"发布幻灯片"选项；❸单击右侧的"发布幻灯片"按钮。

STEP 6 指定发布内容和位置

❶打开"发布幻灯片"对话框，在对话框左下方单击"全选"按钮，选中所有幻灯片对应的复选框；❷利用"浏览"按钮设置幻灯片发布后保存的位置；❸单击"发布"按钮。

STEP 7 查看发布后的效果

此时将自动打开发布后的文件夹窗口，其中将显示发布结果。

边学边做

1. 制作能力培训 PPT

公司近期需要开展针对员工的 3 项基本能力要求培训，现需要在已有 PPT 的基础上，以方便培训师开展课程培训为目的，对能力培训 PPT 进行适当设置并演示放映，具体要求如下。

● 利用文本框和"动作"功能制作可以切换幻灯片的对象。

- 对演示文稿进行排练计时。
- 放映幻灯片，确认放映效果无误。

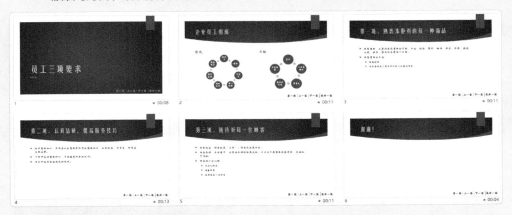

2. 制作产品展示 PPT

为进一步打开销路，公司需要重点打造几款经典产品，并邀请消费者来了解参观。为此，需要对已制作的产品展示 PPT 进行适当的设置，方便观众观看，也方便讲解员讲解，具体要求如下。

- 为第一张幻灯片中的文本添加超链接，分别链接到对应的幻灯片（利用本文档中的位置来设置）。
- 为第 5 张幻灯片中的几个镜头图片添加超链接，同样链接到对应的幻灯片。
- 创建"产品展示"自定义放映幻灯片，放映第 5~9 张幻灯片。
- 依次从头放映幻灯片和自定义放映幻灯片，查看放映效果。

知识拓展

1. 设置超链接屏幕提示

为幻灯片对象添加超链接时，可以设置屏幕提示信息。设置后，只要在放映幻灯片过程中将鼠标指针指向链接对象，就会显示出浮动框说明链接信息，其具体操作步骤如下。

❶ 为对象添加超链接时，在打开的"插入超链接"对话框中单击右上角的"屏幕提示"按钮。

❷ 打开"设置超链接屏幕提示"对话框，在其中的文本框中输入提示信息，单击"确定"按钮即可。

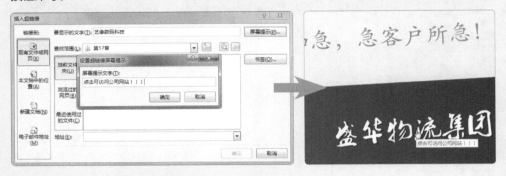

2. 将鼠标指针指向对象后发出声音

在放映幻灯片时，为了增强幻灯片的放映效果，可以设置"动作"，以实现在鼠标指针指向幻灯片中特定对象时自动发出提示音，其具体操作步骤如下。

❶ 选中对象并单击"超链接"组中的"动作"按钮。

❷ 打开"动作设置"对话框，单击"鼠标悬停"选项卡。

❸ 选中对话框下方的"播放声音"复选框，并在其下的下拉列表框中选择声音即可。

第4篇

第18章

制作库存明细汇总表

企业的库存与其日常经营紧密相关，库存量直接决定着产品的生产、销售和管理方案，对企业生存有着非常重要的影响。本章将利用 Excel 来制作库存明细汇总表，通过该表格来实现对产品库存的明细统计和汇总管理。

☐ 计算入库量和出库量

☐ 汇总产品的库存数据

☐ 建立库存量条形对比图

18.1　背景说明

库存管理是指在物流过程中对商品数量的管理。理论上讲，零库存是最好的库存管理，这是因为库存量过多，不仅占用资金多，也会增加企业销货负担；反之，如果库存量太低，则会出现断档或脱销等情况。不过，零库存是很难存在于现实中的。在这样的前提下，库存管理就应运而生了，库存管理的对象是库存项目，即企业中的所有物料，包括原材料、零部件、在制品、半成品及产品等。库存管理的主要功能是在供、需之间建立缓冲区，达到缓和用户需求与企业生产能力之间、最终装配需求与零配件之间、零件加工工序之间、生产厂商需求与原材料供应商之间的矛盾。

18.2　案例目标分析

某公司最近的一批冷水管产品销路较好，为了合理调整产销策略，防止脱销或压仓等情况的出现，需要重点对这些产品的库存数据进行分析和研究。为此，本案例将制作这些产品的库存明细表，对其名称、规格、单位以及入库量、出库量等数据进行汇总，以方便对这些产品的库存数据进行查看与分析。制作后的参考效果如下。

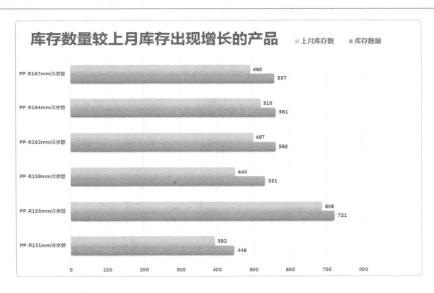

18.3　制作过程

本案例将首先制作产品当月每天的入库和出库明细统计表，并计算出总的入库和出库数据，然后汇总产品的库存数据，并对比上月库存情况。最后为库存量增加的产品创建条形对比图，对比上月库存与本月库存的情况。

18.3.1 计算入库量和出库量

下面首先创建产品的入库和出库明细表，以汇总各产品的入库量和出库量，其具体操作步骤如下。

微课：计算入库量和出库量

STEP 1 创建工作簿

❶新建并保存"库存明细汇总表.xlsx"工作簿；❷将工作表重命名为"明细"。

STEP 2 输入数据

❶为 A1:AI40 单元格区域添加样式为"所有框线"的边框；❷合并 A1:AI1 单元格区域，输入标题，设置格式为"华文中宋、20"；❸在 A2:AI2 单元格区域中输入各项目字段，其中日期可通过快速填充的方式输入；❹依次填充行号并输入产品名称以及代表入库和出库的文本；❺增加第 1 行和第 2 行的行高，然后适当调整各列列宽。

STEP 3 设置项目字段

将 A2:AI2 单元格区域填充为"黑色，文字 1，淡色 50%"（第 2 行第 2 列对应的颜色），然后将字体颜色设置为"白色"。

STEP 4 输入数据

在 D3:AH40 单元格区域中输入各产品每日的入库和出库数据。

STEP 5 新建条件格式

❶选中 C3:AH40 单元格区域，打开"新建格式规则"对话框，设置公式规则为"=$C3="入""；❷利用"格式"按钮将单元格填充为第 1 行第 3 列对应的颜色；❸单击"确定"按钮。

STEP 7　填充函数

按【Ctrl+Enter】组合键返回结果，然后将 AI3 单元格中的函数向下填充至 AI40 单元格，汇总其他产品当月的入库量和出库量。

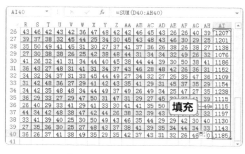

技巧秒杀

同时返回所有结果

选中 AI3:AI40 单元格区域，在编辑栏中输入函数后，直接按【Ctrl+Enter】组合键可同时返回所有产品的入库总量。这样可避免手动填充函数的麻烦。

STEP 6　求和

在 AI3 单元格中输入"=SUM(D3:AH3)"，计算对应产品当月的入库总量。

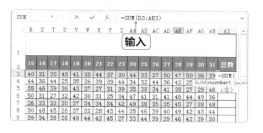

18.3.2　汇总产品的库存数据

仅仅实现明细数据的管理还不够，日常工作中常常还需要利用这些明细数据来汇总结果，以更好地管理和控制工作。下面便利用公式和函数汇总各产品的相关库存数据，其具体操作步骤如下。

微课：汇总产品的库存数据

STEP 1　创建表格框架数据

新建"汇总"工作表，在 A1:K21 单元格区域中依次输入表格标题、项目字段并适当设置格式，然后为该单元格区域添加边框。

STEP 2　输入字段数据

通过填充数据的方式快速输入行号和产品名称的数据。然后依次输入产品的规格型号、单位、单价以及上月库存数。

STEP 3　引用其他工作表的单元格

❶选中 G3 单元格，在其编辑栏中输入"="；
❷切换到"明细"工作表，选中 AI3 单元格。

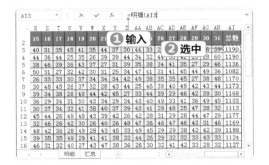

STEP 4　确认引用

按【Ctrl+Enter】组合键完成单元格数据的引用，此时将返回产品对应的入库总量。

STEP 5　填充公式

将 G3 单元格中的公式向下填充至 G21 单元格，快速引用其他单元格中的数据。

STEP 6　修改公式

由于引用的"明细"工作表中的入库总量和出库总量是交替出现的，在"汇总"工作表中需要修改引用的位置，依次将填充后的公式按奇

数递增方式修改即可，如 G3 单元格中引用的地址是"AI3"，则 G4 单元格中引用的地址应该修改为"AI5"，G5 单元格中引用的地址应该修改为"AI7"，以此类推。

STEP 7　引用并修改单元格地址

按照相同的方法引用各产品在"明细"工作表中的出库总量，即首先通过填充公式的方式快速引用，然后按偶数递增的方式逐一修改。

STEP 8　计算库存数量

选中 I3 单元格，在其编辑栏中输入"=F3+G3-H3"，表示该产品的当月库存数量为上月库存量与本月入库量之和，再减去本月出库量。

STEP 9 汇总其他产品库存数量

按【Ctrl+Enter】组合键，然后将I3单元格中的公式向下填充至I21单元格，汇总其他产品的本月库存数量。

	C	D	E	F	H	I
7	5L	桶	350	630	1113	1177	566
8	18L	桶	245	700	1169	1188	681
9	18KG	桶	660	441	1124	1127	438
10	150KG	支	20	469	1119	1220	368
11	20KG	桶	50	518	1100	1148	470
12	20KG	桶	60	448	1150	1067	531
13	20KG	桶	320	525	1208	08	525
14	20KG	桶	580	518	1206	07	517
15	20KG	桶	850	497	1201	1138	560
16	40KG	桶	350	630	1076	1186	520
17	40KG	桶	3000	518	1152	1109	561
18	40KG	桶	2000	672	1154	1238	588
19	40KG	桶	850	476	1115	1115	476
20	40KG	桶	900	490	1197	1130	557
21	40KG	桶	900	679	1143	118	637

填充

STEP 10 总结入\出库情况

选中J3单元格，在其编辑栏中输入"=IF(G3>H3,"入库大于出库",IF(G3=H3,"入\出库相等","出库大于入库"))"，即根据产品本月的入库量和出库量来判断两者的关系。

总表
输入

	E	F	G	H	库存数量	入\出库情况
	单价	上月库存数	本月入库	本月出库		
3	165	476	1190	1190	476	大于入库))
4	150	392	1136	1082	446	
5	200	350	1170	1173	347	
6	120	686	1168	1133	721	
7	350	630	1113	1177	566	
8	245	700	1169	1188	681	
9	660	441	1124	1127	438	
10	20	469	1119	1220	368	
	50	518	1100	1148	470	

STEP 11 填充函数

按【Ctrl+Enter】组合键返回结果。然后将J3单元格中的函数向下填充至J21单元格，总结其他产品的入库与出库情况。

文件 开始 插入 页面布局 公式 数据 审阅 视图 福昕阅读器

J3 =IF(G3>H3,"入库大于出库",IF(G3=H3,"入\出库相等","出库大于入库"))

10	20	469	1119	1220	368	出库大于入库
11	50	518	1100	1148	470	入库大于出库
12	60	448	1150	1067	531	入库大于出库
13	320	525	1208	1208	525	入\出库相等
14	580	518	1206	1138		入库大于出库
15	850	497	1201	1138		入库大于出库
16	350	630	1076	1186	520	出库大于入库
17	3000	518	1152	1109	561	入库大于出库
18	2000	672	1154	1238	588	出库大于入库
19	850	476	1115	1115	476	入\出库相等
20	900	490	1197	1130	557	入库大于出库
21	900	679	1143	1185	637	出库大于入库

填充

STEP 12 判断库存增减情况

选中K3单元格，在其编辑栏中输入"=IF(F3>I3,"减少："&ABS(F3-I3),IF(F3=I3,"不增不减","增加："&ABS(F3-I3)))"，表示根据产品入库和出库的数据，判断库存增减情况的同时，计算出增减的具体数据。

SUM =IF(F3>I3,"减少："&ABS(F3-I3),IF(F3=I3,"不增不减","增加："&ABS(F3-I3)))

输入

	G	H	I	J	K
	本月入库	本月出库	库存数量	入\出库情况	库存增减情况
3	1190	1190	476	入\出库相等	"增加："&ABS
4	1136	1082	446	入库大于出库	
5	1170	1173	347	出库大于入库	
6	1168	1133	721	入库大于出库	
7	1113	1177	566	出库大于入库	
8	1169	1188	681	出库大于入库	
9	1124	1127	438	出库大于入库	
10	1119	1220	368	出库大于入库	
11	1100	1148	470	出库大于入库	

操作解谜

ABS()函数

ABS()函数可以返回数值的绝对值，即返回不带符号的数字。比如，ABS(2)返回的结果是"2"，ABS(−2)返回的结果仍然是"2"。

STEP 13 填充函数

按【Ctrl+Enter】组合键返回结果。然后将K3单元格中的函数向下填充至K21单元格，判断其他产品的增减情况以及具体的增减数据。

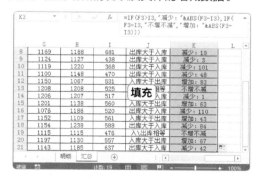

K3 =IF(F3>I3,"减少："&ABS(F3-I3),IF(F3=I3,"不增不减","增加："&ABS(F3-I3)))

	G	H	I	J	K
8	1169	1188	681	出库大于入库	减少：19
9	1124	1127	438	出库大于入库	减少：3
10	1119	1220	368	出库大于入库	减少：101
11	1100	1148	470	出库大于入库	减少：48
12	1150	1067	531	入库大于出库	增加：83
13	1208	1208	525	入\出库相等	不增不减
14	1206	1207	517	出库大于入库	减少：1
15	1201	1138	560	入库大于出库	增加：63
16	1076	1186	520	出库大于入库	减少：110
17	1152	1109	561	入库大于出库	增加：43
18	1154	1238	588	出库大于入库	减少：84
19	1115	1115	476	入\出库相等	不增不减
20	1197	1130	557	入库大于出库	增加：67
21	1143	1185	637	出库大于入库	减少：42

填充

明细 汇总 计数：19 100%

STEP 14 新建条件格式

❶ 选中A3:K21单元格区域，打开"新建格式规则"对话框，设置公式规则为

"=LEFT($K3,1)=" 增 ""；❷利用"格式"按钮将单元格填充为第2行第6列对应的颜色；❸单击"确定"按钮。

STEP 15　完成设置

此时所有库存量增加的产品对应的数据记录将填充为设置的颜色。

××企业月度产品库存汇总表

行号	产品名称	规格型号	单位	单价	上月库存数	本月入库
1	PP-R150mm冷水管	5L	桶	165	476	1190
2	PP-R151mm冷水管	5L	桶	150	392	1136
3	PP-R152mm冷水管	5L	桶	200	350	1170
4	PP-R153mm冷水管	5L	桶	120	686	1168
5	PP-R154mm冷水管	5L	桶	350	630	1113
6	PP-R155mm冷水管	18L	桶	245	700	1169
7	PP-R156mm冷水管	18KG	桶	660	441	1124
8	PP-R157mm冷水管	150KG	支	20	469	1119
9	PP-R158mm冷水管	20KG	桶	50	518	1100
10	PP-R159mm冷水管	20KG	桶	60	448	1150
11	PP-R160mm冷水管	20KG	桶	320	525	1208
12	PP-R161mm冷水管	20KG	桶	580	518	1206
13	PP-R162mm冷水管	20KG	桶	850	497	1201
14	PP-R163mm冷水管	20KG	桶	350	630	1076
15	PP-R164mm冷水管	40KG	桶	3000	518	1152
16	PP-R165mm冷水管				672	1154
17	PP-R166mm冷水管	设置后的效果			476	1115
18	PP-R167mm冷水管	40KG	桶	900	490	1197
19	PP-R168mm冷水管	40KG	桶	900	679	1143

18.3.3 | 建立库存量条形对比图

为了强调库存量增加的产品，可以通过建立条形图的方式，对比这些产品上月以及本月的库存量，其具体操作步骤如下。

微课：建立库存量条形对比图

STEP 1　创建空白图表

❶在"汇总"工作表中选中任意空白单元格，然后插入二维簇状条形图；❷选中创建的空白图表，在【设计】/【位置】组中单击"移动图表"按钮。

STEP 2　移动图表

❶打开"移动图表"对话框，选中"新工作表"单选项；❷在右侧的文本框中输入"库存增长"；❸单击"确定"按钮。

STEP 3　选择图表数据

在图表内部的空白区域单击鼠标右键，在弹出的快捷菜单中选择"选择数据"命令。

STEP 4 添加图例项

打开"选择数据源"对话框，单击"添加"按钮。

STEP 5 设置数据系列名称

打开"编辑数据系列"对话框，删除"系列名称"文本框中原有的内容，切换到"汇总"工作表，选中 I2 单元格作为数据系列名称。

STEP 6 设置数据系列值

❶删除"系列值"文本框中原有的数据，继续在"汇总"工作表按住【Ctrl】键不放，依次选中库存数量字段下具有填充颜色的单元格；❷单击"确定"按钮。

STEP 7 编辑水平轴标签

❶返回"选择数据源"对话框，单击右侧的"编辑"按钮，打开"轴标签"对话框，切换到"汇总"工作表，选中产品名称字段下具有填充颜

色的单元格；❷单击"确定"按钮。

STEP 8 添加图例项

❶再次返回"选择数据源"对话框，单击"添加"按钮。在打开的对话框中选中"汇总"工作表中的 F2 单元格作为系列名称；❷定位到"系列值"文本框，按住【Ctrl】键不放，依次选中上月库存数字段下具有填充颜色的单元格作为系列值；❸单击"确定"按钮。

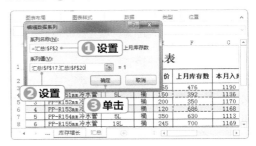

STEP 9 设置轴标签

❶返回"选择数据源"对话框，按照相同的方法为新添加的图例项设置对应的水平轴标签；❷完成后单击"确定"按钮。

STEP 10 调整表格布局

❶在图表上方添加标题，适当移至图表左侧；❷将图例移动到标题右侧，并调整宽度，使内

容呈一行显示；❸将图表文本格式设置为"微软雅黑、加粗"，并适当调整标题文本和图例文本的大小。

列应用金色和橙色最后一行的样式效果；❷为两组数据系列添加数据标签。

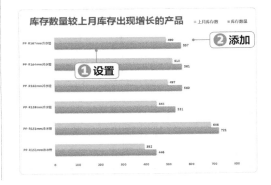

STEP 11　美化数据系列

❶分别为上月库存量和库存数量对应的数据系

边学边做

1. 制作年度库存表

某企业需要统计全年的产品库存情况，要求编制年度库存表，其中能清晰地显示各产品的全年入库量、入库金额、出库量、出库金额、库存量以及库存金额等数据。具体计算公式如下。

- 入库金额 = 单价 × 入库量
- 出库金额 = 单价 × 出库量
- 库存量 = 入库量 − 出库量
- 库存金额 = 单价 × 库存量

2. 制作库存盘点表

某企业需要编制库存盘点表，通过查看产品的入库、出库以及库存明细数据和账面数据来盘点各产品是否相符，具体要求如下。

- 月末库存数 = 月初库存量 + 入库数量 − 出库数量。
- 差数为月末库存数与月末盘点数之差，利用 ABS( ) 函数计算。
- 将账实不符的数据记录标红加粗显示。

××企业产品年度库存表

编号	品名	单价	入库量	入库金额	出库量	出库金额	库存量	库存金额
1	不锈钢合页	59.8	9951	595200	6563	392533.3	3388	202667
2	调合页	66.4	8239	546700	5992	397600	2247	149100
3	柜吸	57.9	10700	620000	4137	239733.3	6563	380267
4	晨板钉	69.2	6741	466200	5136	355200	1605	111000
5	门吸	67.3	7918	532800	6349	427200	1569	105600
6	抽屉锁	48.6	7564	367596.3	6277	305066.7	1287	62530
7	吊轨	91.6	6420	588000	6277	574933.3	143	13067
8	吊轮	92.0	10165	940500	5065	468600	5100	471900
9	门轨	76.6	7885	604271	6491	497466.7	1394	106804
10	门轮	74.8	8350	624299.1	7133	533333.3	1217	90966
11	壁纸刀	64.5	8774	565800	7062	455400	1712	110400

××企业产品库存盘点统计表

序号	产品名称	规格	月初库存量	入库数量	出库数量	月末库存数	月末盘点数	差数
1	150mm冷水管	5L	476	1190	1190	476	476	0
2	151mm冷水管	5L	392	1136	1082	446	446	0
3	152mm冷水管	5L	350	1170	1173	347	347	0
4	153mm冷水管	5L	686	1168	1133	721	721	0
5	154mm冷水管	5L	630	1113	1177	566	566	0
6	155mm冷水管	18L	709	1169	1188	681	680	1
7	156mm冷水管	18KG	441	1124	1127	438	437	1
8	157mm冷水管	150KG	469	1119	1220	368	368	0
9	158mm冷水管	20KG	518	1100	1148	470	470	0
10	159mm冷水管	20KG	448	1150	1067	531	530	1

第 **18** 章　制作库存明细汇总表

知识拓展

1. 快速显示大写中文数据

工作中有时需要将数据转换为大写中文的样式，此时无需手动修改，可直接利用 NUMBERSTRING( ) 函数实现快速转换。

NUMBERSTRING( ) 函数是 Excel 的众多隐藏函数（即无法直接通过对话框插入的函数）之一，它可以方便地实现小写到大写的转化，具有 3 种大写方式对应的参数可供选择，以适应不同的中文大写方式。NUMBERSTRING( ) 的格式为"value,type"，其中参数"value"为需要转换的数据，"type"为大写转换类型。例如，

NUMBERSTRING(54321,1) 的值为"五万四千三百二十一"。

NUMBERSTRING(54321,2) 的值为"伍万肆仟叁佰贰拾壹"。

NUMBERSTRING(54321,3) 的值为"五四三二一"。

需要注意的是，NUMBERSTRING( ) 函数不能对包含小数位数的数据实现大写样式的转换。

2. 自动修正行号

当删除、增加或对已有数据记录进行筛选后，通过快速填充录入的行号可能会发生变化，为了避免这一问题，可利用 SUBTOTAL( ) 函数来自动修正数据。对数据记录进行编辑后，行号都将自动修正，其具体操作步骤如下。

❶ 在 A2 单元格中输入"=SUBTOTAL(3,$B$1:$B2)-1"。

❷ 向下填充 A2 单元格中的公式。

❸ 此时筛选数据记录后，行号将自动修正为连续状态。

第 4 篇

第 19 章

制作材料采购表

企业为了从供应市场获取产品或服务，以保证企业生产及经营活动正常开展，就需要进行采购活动。利用 Excel 可以将采购活动发生的各种数据进行整理归纳，还可进一步对这些数据进行分析处理，为企业决策提供一定的依据。本章将利用 Excel 制作材料采购表，通过学习掌握与采购数据相关的处理方法以及 Excel 规划求解功能的使用方法。

☐ 输入并计算材料采购数据

☐ 强调显示库存量小于保有量的数据

☐ 使用公式建立规划求解模型

☐ 通过规划求解分析最佳采购方案

19.1　背景说明

日常采购是企业最常用的一种采购方式，是采购人员根据确定的供应协议和条款，以及企业的物料需求时间计划，以采购订单的形式向供应方发出需求信息，并安排和跟踪整个物流过程，确保物料按时到达企业，以支持企业的正常运营的过程。但是，如果为了将自身核心竞争力专注于非采购环节，就会将全部或部分的采购业务活动外包给专业采购服务供应商，由他们通过自身更具专业的分析和市场信息捕捉能力，来辅助企业管理人员进行总体成本控制，降低采购环节在企业运作中的成本支出，这就叫作采购外包。本案例将制作的材料采购表，便是假定在采购外包的基础上，由外包公司为企业提供的采购数据资料。

19.2　案例目标分析

为了更好地管理进货情况，及时了解采购材料的具体信息以及金额等相关数据，公司需要重新编制材料采购表。本案例制作的材料采购表，不仅具备采购材料的名称、产地、品牌等基本信息，以及价格、采购量、采购金额等采购数，而且对材料购入后的入库编号进行了整理，同时设置了提醒功能，即当库存量小于保有量时，突出显示相关记录。最后，还将利用 Excel 的规划求解功能计算最佳订货量，并计算相关采购成本、存储成本、订货成本等数据，为相关部门提供准确可靠的数据支撑。制作后的参考效果如下。

其他供应商年度供货分析

缺货材料	进口15厘板(块)	进口波音板(块)	元盛石膏板(块)	恒业熟胶粉(包)
供应商条件：各材料每次订货量不得小于	3000	2000	3500	5500
年需求量	50000	35000	85000	125000
订货成本/次	38	55	25	12
存储成本/单位	5	8	4	1
送货量/日	200	300	300	800
耗用量/日	30	20	40	80
数量折扣	2.5%	2.0%	3.0%	5.0%
单价	￥95.00	￥35.00	￥35.00	￥13.00
最佳单次订货量	3000	2031	3500	5500
采购成本	￥4,631,250.00	￥1,200,500.00	￥2,885,750.00	￥1,543,750.00
存储成本	￥1,275.00	￥947.80	￥1,516.67	￥2,475.00
订货成本	￥633.33	￥947.80	￥607.14	￥272.73
成本总计	￥4,633,158.33	￥1,202,395.61	￥2,887,873.81	￥1,546,497.73
所有缺货材料成本	￥10,269,925.48			
最佳订货次数	16.7	17.2	24.3	22.7
最佳订货周期(月)	0.72	0.70	0.49	0.53

19.3　制作过程

本例将首先输入基本数据，然后对采购数据进行计算，并设置条件格式来提醒，当库存量小于保有量时需及时补充材料。然后使用规划求解功能来建立模型，并通过设置目标单元格、可变单元格和约束条件单元格来自动找到订货量的最佳结果。

19.3.1 输入并计算材料采购数据

微课：输入并计算材料采购数据

下面首先在表格中依次输入序号、品名、产地、品牌、规格、型号、单位、库存量、保有量和单价等数据，然后利用公式和函数计算数据，其具体操作步骤如下。

STEP 1　输入数据

打开"材料采购表.xlsx"工作簿，依次输入序号、品名、产地、品牌、规格、型号、单位、库存量、保有量和单价等数据。

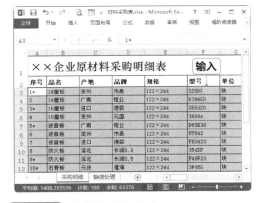

STEP 2　计算材料折扣价

❶选中 K3:K20 单元格区域；❷在编辑栏中输入函数"=IF(RIGHT(A3,1)="*",J3*0.8,J3)"，表示若序号中含有"*"符号，则单价可按八折处理。

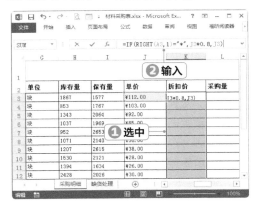

STEP 3　返回结果

按【Ctrl+Enter】组合键返回当前所有材料的折扣价。

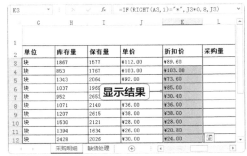

操作解谜

RIGHT() 函数

RIGHT( )函数可以返回指定单元格中包含的最后若干文本。如A1单元格中的文本内容是"材料采购表"，则RIGHT(A1)或RIGHT(A1,1)返回的结果均是"表"；RIGHT(A1,3)返回的结果则是"采购表"。

STEP 4　计算材料采购量

❶选中 L3:L20 单元格区域；❷在编辑栏中输入函数"=IF(H3>I3,I3*0.2,IF(H3*2<I3,I3*0.8,I3*0.5))"，表示当库存量大于保有量时，仅采购保有量 20% 的数量；当库存量小于保有量一半时，将采购保有量 80% 的数量；除以上两种情况外，将采购保有量 50% 的数量。

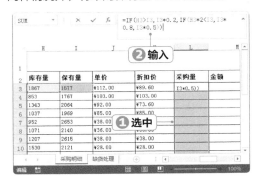

STEP 5 返回结果

按【Ctrl+Enter】组合键返回当前所有材料的采购量。

STEP 6 结果取整

❶保持所选单元格区域的选中状态，重新为编辑栏中现有函数套上取整函数 INT( )，即将原函数作为 INT( ) 函数的参数；❷按【Ctrl+Enter】组合键将采购量修正为整数。

STEP 7 计算金额

❶选中 M3:M20 单元格区域，在编辑栏中输入公式"=K3*L3"；❷按【Ctrl+Enter】组合键返回所有材料的采购金额。

STEP 8 整理入库编号

❶选中 N3:N20 单元格区域，在编辑栏中输入"="2016RK-"&REPT(0,8-LEN(F3))&F3"，表示以材料的型号为基础，在前面添"0"补足 8 位数，并加上前缀"2016RK-"的方式整理材料的入库编号；❷按【Ctrl+Enter】组合键返回所有材料的入库编号。

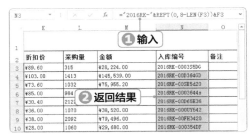

操作解谜

REPT( )函数

REPT( )函数可以返回指定次数的重复文本。如REPT(8,3)返回的结果是"888"；REPT("★",5)返回的结果是"★★★★★"。

操作解谜

LEN( )函数

LEN( )函数可以返回指定单元格包含的字符数目。如A1单元格的内容为"Phoenix"，A2单元格的内容为"ONE"，则LEN(A1)返回的结果是"7"；LEN(A2)返回的结果是"3"。因此，上述公式中的"REPT(0,8-LEN(F3))"部分，其含义就是利用REPT( )函数返回多个重复的"0"，而具体返回的数量，则根据F3单元格中字符的数目与"8"之差来确定（编号后部分的数字位数为8位）。

STEP 9 输入备注信息

依次在 O6、O9、O13、O17 单元格中输入"缺货"的备注信息。

STEP 11 计算采购金额总和

❶在 M21 单元格的编辑栏中输入函数"=SUM（M3:M20）"；❷按【Ctrl+Enter】组合键返回所有材料的采购总额。

STEP 10 计算采购总量

❶在 L21 单元格的编辑栏中输入函数"=SUM(L3:L20)"；❷按【Ctrl+Enter】组合键返回所有材料的采购总量。

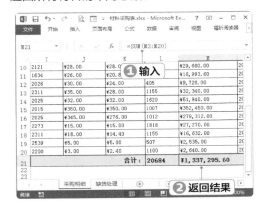

19.3.2 强调显示库存量小于保有量的数据

为避免出现缺货而导致仓促补充材料的情况，下面将对库存量数据进行强调显示，一旦低于保有量，便显示特定格式以示提醒，其具体操作步骤如下。

微课：强调显示库存量小于保有量的数据

STEP 1 新建规则

❶选中 H3:H20 单元格区域；❷在【开始】/【样式】组中单击"条件格式"按钮，在打开的下拉列表中选择"新建规则"选项。

❷在下方的文本框中输入"=H3<I3"；❸利用"格式"按钮将单元格填充颜色设置为"橙色"；❹单击"确定"按钮。

STEP 2 设置规则

❶打开"新建格式规则"对话框，在列表框中选择"使用公式确定要设置格式的单元格"选项；

STEP 3 新建规则

再次单击"条件格式"按钮，在打开的下拉列表中选择"新建规则"选项。

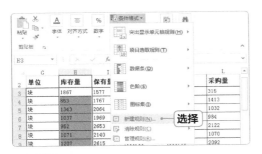

STEP 4　设置规则

❶按相同的方法在打开的"新建格式规则"对话框中输入公式"=H3*2<I3"；❷设置单元格填充颜色为"红色"；❸单击"确定"按钮。

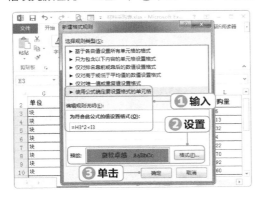

STEP 5　返回结果

此时所选单元格区域中，库存量小于保有量的单元格将被填充为橙色；而库存量小于保有量一半的单元格将填充为红色。

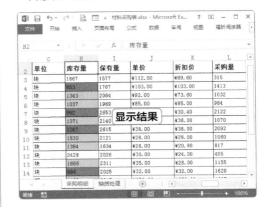

技巧秒杀

删除规则

单击"条件格式"按钮，在打开的下拉列表中选择"清除规则"选项，可在打开的子列表中选择相应的选项清除规则。

19.3.3　使用公式建立规划求解模型

　　规划求解可以计算目标单元格中公式的最佳值，能够通过调整所指定的可更改的单元格（称可变单元格）中的值，并从目标单元格公式中求得所需的结果。但在此之前，还需要通过设计公式来建立规划求解模型，其具体操作步骤如下。

微课：使用公式建立
规划求解模型

STEP 1　加载项设置

在功能区中单击"文件"选项卡，选择左侧的"选项"选项，然后在打开的"Excel 选项"对话框左侧选择"加载项"选项。

STEP 2　管理加载项

❶在下方的"管理"下拉列表框中选择"Excel加载项"选项；❷单击"转到"按钮。

STEP 3　添加加载项

❶打开"加载宏"对话框，在列表框中选中"规划求解加载项"复选框；❷单击"确定"按钮。

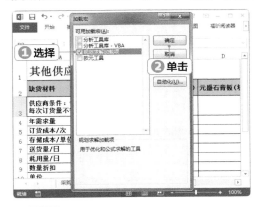

STEP 4　显示公式

❶重新打开"Excel 选项"对话框，选择左侧的"高级"选项；❷在右侧"此工作表的显示选项"栏中选中"在单元格中显示公式而非其计算结果"复选框，并确认设置。

STEP 5　调整列宽

重新缩小自动增加的各列列宽。

STEP 6　输入数据

在 B3:E10 单元格区域中输入供应商以及企业自身情况的相关材料采购数据。其中数量折扣对应的数据在输入时应输入百分数。

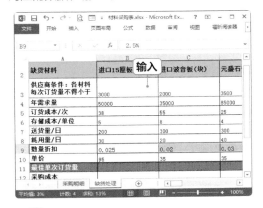

操作解谜

输入数据

　　如果工作表设置为显示公式而不是计算结果时，单元格中输入的数值会自动转换成普通数据格式。因此，上处显示的数量折扣虽然是小数，但输入时应该按百分数方式输入，如"0.025"在输入时应输入"2.5%"。

STEP 7　输入公式

❶在 B12 单元格中输入公式"=B4*B10*(1-B9)"；❷按【Ctrl+Enter】组合键确认输入。

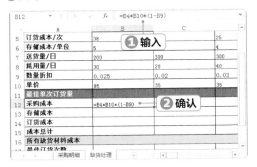

STEP 8　填充公式

将 B12 单元格中的公式填充至 C12:E12 单元格区域。

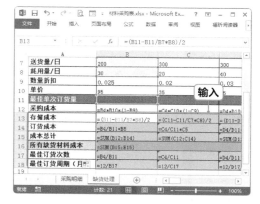

STEP 9 输入并填充公式

按相同的方法输入其他项目的公式并向右填充
至 E 列对应的单元格中。

19.3.4 通过规划求解分析最佳采购方案

微课：通过规划求解
分析最佳采购方案

完成模型的创建后，便可利用规划求解功能，通过指定目标单元格
和可变单元格，并添加约束来计算最佳采购方案，其具体操作步骤如下。

STEP 1 使用规划求解功能

在【数据】/【分析】组中单击"规划求解"按钮。

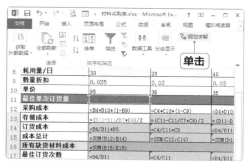

STEP 2 设置目标单元格和可变单元格

❶打开"规划求解参数"对话框，将"设置目标"
文本框中的单元格设置为 B16 单元格；❷选中
"最小值"单选项；❸将"通过更改可变单元格"
文本框中的单元格设置为 B11:E11 单元格区
域；❹单击"添加"按钮。

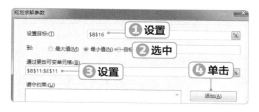

STEP 3 添加约束

❶打开"添加约束"对话框，将"单元格引用"
文本框中的单元格设置为 B11 单元格；❷在
"条件"下拉列表框中选择">="选项；❸将
"约束"文本框中的单元格设置为 B3 单元格；
❹单击"添加"按钮。

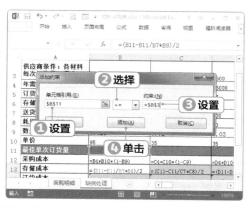

STEP 4 添加其他约束

❶按照相同的方法依次添加其他 3 个约束条件
"C11>=C3""D11>=D3""E11>=E3"；
❷确认后返回"规划求解参数"对话框，单击"求
解"按钮。

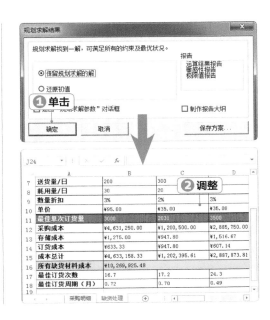

	A	B	C	D
7	送货量/日	200	300	
8	耗用量/日	30	20	
9	数量折扣	3%	2%	3%
10	单价	¥95.00	¥35.00	¥35.00
11	最佳单次订货量	3000	2031	3500
12	采购成本	¥4,631,250.00	¥1,200,500.00	¥2,885,750.00
13	存储成本	¥1,275.00	¥947.80	¥1,516.67
14	订货成本	¥633.33	¥947.80	¥607.14
15	成本总计	¥4,633,158.33	¥1,202,395.61	¥2,887,873.81
16	所有缺货材料成本	¥10,269,925.48		
17	最佳订货次数	16.7	17.2	24.3
18	最佳订货周期（月）	0.72	0.70	0.49

STEP 5　返回结果

❶打开"规划求解结果"对话框，直接单击"确定"按钮即可自动返回最佳订货量的数据；
❷重新将工作表设置为显示结果而不是显示公式的状态，并调整列宽即可。

1. 原料调配最优方案

某企业生产食品，要求该食品至少含有 3.5% 的甲成分，且至少含有 1.5% 的乙成分。生产该食品需要使用的原料分别为 A 原料和 B 原料，其中 A 原料每吨 2 400 元，含有的甲成分和乙成分分别为 10% 和 5.5%；B 原料每吨 3 500 元，含有的甲成分和乙成分分别为 18% 和 1%。现需要计算出怎样调配原料才能使生产成本最低，具体要求如下。

● 利用公式建立甲成分含有量、乙成分含有量和总成本模型。
● 利用规划求解计算 A 原料和 B 原料的用量。

2. 最佳生产计划分配

某工厂生产 1 个鼠标和 1 个键盘的时间分别是 1 分钟和 3 分钟，鼠标和键盘的成本分别为 15 元和 20 元，毛利分别为 20 元和 45 元，要求一天的生产成本控制在 10 000 元以下，且鼠标的产量不能少于 200 个，每天的工作时间为 10 小时。现要求如何分配鼠标和键盘的产量才能使工厂的利润最大化，具体要求如下。

● 利用公式建立总时间、总成本和总利润模型。
● 总成本和总利润利用 SUMPRODUCT() 函数来计算（SUMPRODUCT() 函数可以在指定的单元格区域中，将对应的单元格相乘并返回乘积之和）。
● 利用规划求解计算鼠标和键盘的产量。

251

	A原料	B原料	
价格/吨	￥2,400.00	￥3,500.00	
含有甲成分/吨	10.00%	18.00%	
含有乙成分/吨	5.50%	1.00%	
每日用量（吨）	0.26	0.05	限制
甲成分含有量	4%		3.50%
乙成分含有量	2%		1.50%
总成本	￥800.84		

	鼠标	键盘
单位生产时间（分钟）	1	3
单位成本	￥15.00	￥20.00
单位毛利	￥20.00	￥45.00
最少产量	200	
最大成本	￥10,000.00	
工作时间（分钟）	600	600
产量分配	400	200
总时间（分钟）	400	600
总成本	￥10,000.00	
总利润	￥17,000.00	

知识拓展

1. 调整 RGB 值来设置颜色

当 Excel 预设的填充颜色不能满足需要时，可通过精确调整 RGB 值的方式来设置颜色，其具体操作步骤如下。

❶ 在"设置单元格格式"对话框中单击"填充"选项卡，单击"其他颜色"按钮，打开"颜色"对话框，单击"自定义"选项卡。

❷ 在其中可通过单击、拖动、输入等方式来确定所需颜色。

2. 整理联系方式

当记录到表格中的供应商联系方式较为杂乱，如一部分联系方式中出现的内容是"手机"，一部分为"座机"，一部分为"移动电话"时，可利用函数来提取其中关键的数字内容，其方法为：在保存整理后的联系方式的单元格中输入函数"=MID(A2,MIN(FIND({0,1,2,3,4,5,6,7,8,9},A2&"0123456789")),LEN(A2))"，按【Enter】键即可。

- MID( ) 函数可以返回指定位置指定数量的字符。如 A1 单元格中的字符为"1234567890"，则 MID(A1,2,2) 表示从 A1 单元格中第 2 个字符开始，返回两个字符，结果为"23"；MID(A1,5,4) 返回的结果则是"5678"。
- FIND( ) 函数可以返回单元格中的字符所在的位置。如 A1 单元格中的字符为"findfind"，则 FIND("n",A1) 表示 A1 单元格中第 1 个字符"n"的位置，返回结果为"3"；FIND("d",A1,2) 表示 A1 单元格中第 2 个字符"d"的位置，返回结果则为"8"。上述公式中的"{0,1,2,3,4,5,6,7,8,9}"代表只要包含这个数组中的任意一个数字，就能返回它相应的位置。

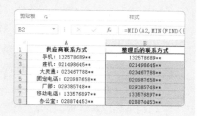

第4篇

第20章

制作商品配送信息表

企业需要销售的商品一般都会经过配送这一环节，商品配送不仅与企业成本相关，更重要的是此环节直接与客户相联系，不能因为错误导致客户利益受损，影响企业以后的经营发展。因此，为了提高安全性，应该对商品配送信息全面掌握。本章将利用 Excel 制作商品配送信息表，实现商品配送信息的建立和查询。

- ☐ 汇总商品集货信息数据
- ☐ 汇总商品配货资料
- ☐ 汇总商品配送信息
- ☐ 建立商品配送查询系统

20.1　背景说明

　　商品配送是指在经济合理区域范围内，根据客户要求，对物品进行拣选、加工、包装、分割、组配等作业，并按时送达指定地点的物流活动。 配送是物流中一种特殊的、综合的活动形式，使商流与物流紧密结合，包含了商流活动和物流活动，也包含了物流中若干功能要素。一般来说，商品配送中涉及到诸多要素，如集货、分拣、配货、配装、配送运输、送达服务以及配送加工等，本案例中仅涉及最常见的商品集货、配货以及配送等方面。

20.2　案例目标分析

　　公司在商品配送环节一直缺乏有效管理，特别是无法实现商品配送信息的全面查询。针对这种情况，本案例将重新制作商品配送信息表，其中包含有一个信息查询表格，该表格是在已经汇总的商品集货、配货以及配送等数据基础上，实现单独查询各个商品的集货地点、金额、人工费、客户、所在地、负责人、配送货站、发货日期以及发货时间等数据的效果，可以有效解决当前商品配送管理的薄弱环节。制作后的参考效果如下。

配送记录汇总查询			
输入查询的商品名称：	B商品	输入查询的商品名称：	C商品
所在集货地点：	B14仓库	金额：	¥34,739.50
输入查询的商品名称：	D商品	输入查询的商品名称：	E商品
所需人工费：	¥1,655.97	客户及所在地：	龙科，广州
输入查询的商品名称：	F商品	输入查询的商品名称：	G商品
负责人：	张正伟	配送货站：	长城专线
输入查询的商品名称：	H商品	输入查询的商品名称：	I商品
发货日期：	2016/5/10	发货时间：	14:00:00

20.3　制作过程

　　本案例将首先在"集货"工作表中输入商品配送的基本信息，然后通过单元格引用来完善"配货"工作表和"配送"工作表中的部分数据。最后利用 VLOOKUP( ) 函数实现商品各种信息独立查询的功能。

第4篇

20.3.1 汇总商品集货信息数据

微课：汇总商品集货信息数据

下面将首先在"集货"工作表中通过输入、填充和使用公式等方法，汇总多个商品的集货信息数据，为后面的配货、配送以及查询做好基础数据准备，其具体操作步骤如下。

STEP 1 填充商品编号

❶打开"商品配送信息表.xlsx"工作簿，切换到"集货"工作表；❷在 A3 单元格中输入"LQ-001"，并将其向下填充至 A23 单元格，快速输入各商品的编号数据。

STEP 2 输入其他基本数据

依次在"商品名称""集货地点""类别""数量"项目下输入各商品对应的数据。

STEP 3 输入并设置单价

在 F3:F23 单元格区域中输入各商品的单价，然后将单价数据的类型设置为货币型数据，仅显示 1 位小数。

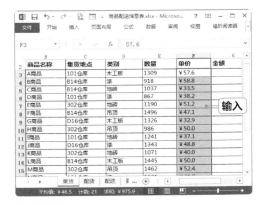

STEP 4 输入公式

❶选中 G3 单元格；❷在编辑栏中输入公式"=E3*F3"，表示"金额 = 数量 × 单价"。

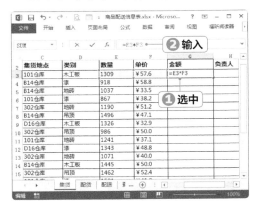

STEP 5 计算并填充公式

按【Ctrl+Enter】组合键返回 A 商品金额，然后将 G3 单元格中的公式向下填充至 G23 单元格，得到其他商品的金额数据。

技巧秒杀

为商品类别设置数据有效性

在输入各商品类别数据时，可将涉及到的各种类别添加到数据有效性序列中，通过选择输入的方式来准确录入。

第 **20** 章 制作商品配送信息表

第4篇

STEP 6　设置数据类型

选中 G3:G23 单元格区域，将其中的数据类型设置为货币型数据，仅显示 1 位小数。

STEP 7　输入负责人姓名

依次在 H3:H23 单元格区域中输入各商品集货负责人的姓名文本。

技巧秒杀

同时输入文本

由于负责人并不是完全不同的，实际上本案例中只涉及到了三位负责人，因此在输入时可以利用【Ctrl】键同时选中需要输入相同负责人的单元格，输入后按【Ctrl+Enter】组合键同时输入文本。

20.3.2　汇总商品配货资料

下面将利用"集货"工作表中的数据，完善并汇总"配货"工作表中各商品对应的配货信息，为查询系统提供数据来源，其具体操作步骤如下。

微课：汇总商品配货资料

STEP 1　复制单元格区域

在"集货"工作表中选中 A3:D23 单元格区域，按【Ctrl+C】组合键将其复制到剪贴板中。

STEP 2　粘贴数据

切换到"配货"工作表，选中 A3 单元格，按【Ctrl+V】组合键粘贴复制的数据。

STEP 3　输入等号

选中 E3 单元格，在编辑栏中输入"="，准备引用"集货"工作表中的数据。

STEP 4　引用单元格地址

❶切换到"集货"工作表；❷选中 G3 单元格，将其地址引用到输入的等号后面。

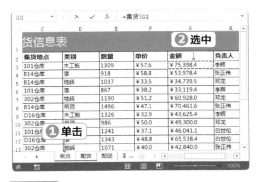

STEP 5　确认引用

按【Ctrl+Enter】组合键完成对"集货"工作表中商品金额数据的引用工作。

STEP 6　填充公式

将 E3 单元格中的公式向下填充至 E23 单元格中，得到其他商品的金额数据。

STEP 7　计算人工费

❶ 选中 F3 单元格；❷ 在编辑栏中输入"=E3*5%"，表示商品的人工费等于其金额的 5%。

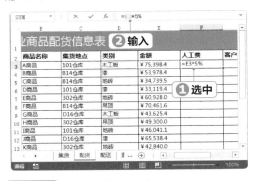

STEP 8　计算并填充公式

按【Ctrl+Enter】组合键得到计算的结果，将F3 单元格中的公式向下填充至 F23 单元格，得到其他商品的人工费数据。

257

STEP 9 输入客户姓名

在 G3:G23 单元格区域中输入各商品对应的客户姓名。

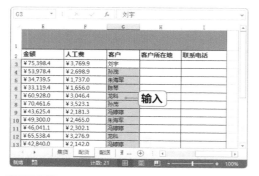

STEP 10 输入函数

在 H3 单元格的编辑栏中输入嵌套 IF( ) 函数 "=IF(G3=" 刘宇 "," 成都 ",IF(G3=" 孙茂 "," 重庆 ",IF(G3=" 朱海军 "," 北京 ",IF(G3=" 陈琴 "," 上海 ",IF(G3=" 龙科 "," 广州 "," 杭州 "))))))"，表示客户所在地的内容可以根据客户姓名进行判断。

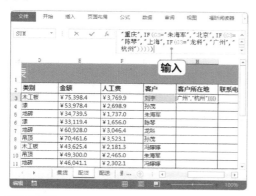

STEP 11 返回客户所在地数据

按【Ctrl+Enter】组合键，并将 H3 单元格中的函数向下填充至 H23 单元格，得到所有客户所在地的数据。

STEP 12 输入函数

在 I3 单元格的编辑栏中输入嵌套 IF( ) 函数 "=IF(G3=" 刘宇 ","028-8756****",IF(G3=" 孙茂 ","023-6879****",IF(G3=" 朱海军 ","010-6879****",IF(G3=" 陈琴 ","021-9787****",IF(G3=" 龙科 ","020-9874****","0571-8764****")))))"，表示客户联系方式的内容可以根据客户姓名进行判断。

STEP 13 返回客户联系方式数据

按【Ctrl+Enter】组合键，并将 I3 单元格中的函数向下填充至 I23 单元格，得到所有客户的联系方式。

20.3.3 汇总商品配送信息

下面继续在"配送"工作表中按照相似的方法完善其中的数据，其具体操作步骤如下。

微课：汇总商品配送信息

STEP 1 复制数据
将"集货"工作表中 A3:D23 单元格区域中的数据复制到"配送"工作表中相应的单元格区域。

STEP 2 输入函数
在 E3 单元格的编辑栏中输入嵌套 IF( ) 函数"=IF(配货 !H3=" 成都 "," 天美意快运 ",IF(配货 !H3=" 重庆 "," 捷豹专线 ",IF(配货 !H3=" 北京 "," 中发速递 ",IF(配货 !H3=" 上海 "," 神州配送中心 ",IF(配货 !H3=" 广州 "," 中华运输 "," 长城专线 ")))))"，表示货站名称根据客户所在地进行判断，其中注意 IF( ) 函数中的判断条件是引用的"配货"工作表中客户所在地的数据。

STEP 3 返回货站名称数据
按【Ctrl+Enter】组合键，并将 E3 单元格中的函数向下填充至 E23 单元格，得到所有商品需要发货的货站名称。

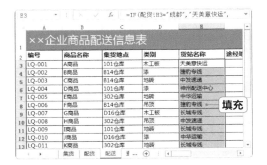

STEP 4 输入函数
在 F3 单元格的编辑栏中输入嵌套 IF( ) 函数"=IF(E3=" 天美意快运 "," 郑州→西安→成都 ",IF(E3=" 捷豹专线 "," 郑州→武汉→长沙→重庆 ",IF(E3=" 中发速递 "," 郑州→石家庄→北京 ",IF(E3=" 神州配送中心 "," 郑州→合肥→南京→上海 ",IF(E3=" 中华运输 "," 郑州→武汉→南昌→广州 "," 郑州→周口→巢湖→杭州 ")))))"，表示途径地点根据不同货站进行判断。

STEP 5 返回途径地点数据
按【Ctrl+Enter】组合键，并将 F3 单元格中的函数向下填充至 F23 单元格，得到所有商品运输时的途径地点数据。

259

STEP 6 输入发货日期

❶在 G3:G23 单元格区域中输入各商品的发货
日期数据；❷将输入的数据设置为日期类型。

STEP 7 输入发货时间

❶在 H3:H23 单元格区域中输入各商品的发货
时间数据；❷将输入的数据设置为时间类型。

STEP 8 输入函数

在 I3 单元格的编辑栏中输入嵌套 IF() 函数"=IF
(E3="天美意快运","0371-9785****",IF(E3="捷
豹专线","0371-4755****",IF(E3="中发速递","0371-
8876****",IF(E3="神州配送中心","0371-6473****",
IF(E3="中华运输","0371-1380****","0371-9103
****")))))"，表示货站联系电话根据货站名称进
行判断。

技巧秒杀

简化函数

当IF()函数中设置的判断条件内容过多，
且嵌套次数也较多时，可利用LEFT()、
RIGHT()函数等通过返回判断条件中最左
侧或最右侧的一个字符来简化条件。如
"=IF(LEFT(E3)="天","0371-9785****",
" ")"表示如果E3单元格中最左侧的文本
为"天"，则返回电话号码，否则返回
空，便可有效地减少函数内容。

STEP 9 返回联系电话数据

按【Ctrl+Enter】组合键，并将 I3 单元格中的
函数向下填充至 I23 单元格，得到各货站的联
系电话数据。

STEP 10　输入函数

在 J3 单元格的编辑栏中输入嵌套 IF( ) 函数 "=IF(E3="天美意快运","东大街 5 号",IF(E3=" 捷豹专线","凌惠路田丰大厦 B 栋 18 号 ",IF(E3="中发速递","解放西街 88 号",IF(E3=" 神州配送中心","曹门口 1 号",IF(E3="中华运 输","五星南路 8 号","兴宏小区 20 栋一单元 2 号")))))",表示货站地址根据货站名称进行判断。

STEP 11　返回货站地址数据

按【Ctrl+Enter】组合键，并将 J3 单元格中的函数向下填充至 J23 单元格，得到各货站的地址数据。

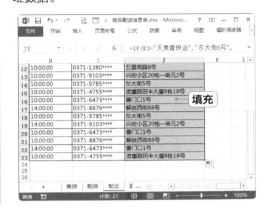

20.3.4　建立商品配送查询系统

下面将利用前面编制的 3 张工作表中的数据，建立独立的商品配送查询系统，实现快速查询各种商品相关配送数据的功能，其具体操作步骤如下。

微课：建立商品配送查询系统

STEP 1　输入函数

❶切换到"查询"工作表；❷在 B4 单元格的编辑栏中输入 "=IF(ISNA(MATCH(B3,集货!B3:B23,0)),"无此商品，请重新输入!",VLOOKUP(B3,集货!B3:C23,2,0))"，表示如果查询的区域中没有与输入的商品相同的数据，则返回"无此商品，请重新输入！"，否则返回对应的集货地点数据。

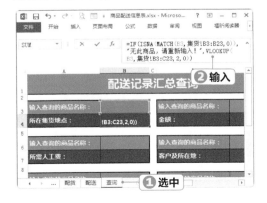

操作解谜

VLOOKUP( ) 函数

VLOOKUP( )函数可以按行查询并返回与所查找的值对应的目标值，它由4个参数组成。第1个参数为查阅值；第2个参数为查阅值所在区域，但查阅值必须位于查询区域的第一列；第3个参数是目标值在查阅区域的哪一列；第4个参数是可选的，若设置为"0"或"FALSE"，表示精确匹配并返回值；如果设置为"1"或"TRUE"，表示近似匹配并返回值。如下图 "=VLOOKUP(E2,A3:C8,3,0)"这个函数则表示查找部件号对应的价格。

操作解谜

MATCH( ) 函数

MATCH( )函数可以在指定的范围中搜索特定的项，然后返回该项在此区域中的相对位置。如果 A1:A3 区域中包含值 5、25 和 38，那么 "=MATCH(25,A1:A3,0)" 将返回数字 2，因为 25 是该区域中的第二项。

操作解谜

ISNA( ) 函数

ISNA( )函数可检验错误值 #N/A，并根据结果返回TRUE或FALSE。如=IF(ISNA(A1), "出现错误.", A1 * 2) 表示，如果A1单元格中存在错误值 #N/A，则 IF 函数返回消息"出现错误。"；如果不存在，则 IF 函数执行计算 A1*2这个公式并返回对应的结果。

STEP 2 检验查询结果

①按【Ctrl+Enter】组合键；②然后重新在 B3 单元格中输入"B 商品"，按【Ctrl+Enter】组合键，此时将返回 B 商品对应的集货地点。

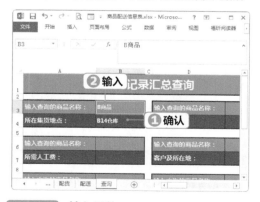

STEP 3 输入函数

在 E4 单元格的编辑栏中输入 "=IF(ISNA (MATCH(E3, 集货 !B3:B23,0)),"无此商品，请重新输入！ ",VLOOKUP(E3, 集货 !B3:G23, 6,0))"。

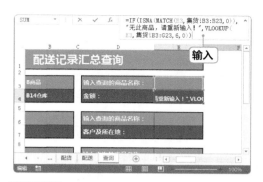

STEP 4 检验查询结果

①按【Ctrl+Enter】组合键；②然后在 E3 单元格中输入"C 商品"，按【Ctrl+Enter】组合键，此时将返回 C 商品对应的金额。

STEP 5 输入函数

在 B7 单元格的编辑栏中输入 "=IF(ISNA (MATCH(B6, 配货 !B3:B23,0)),"无此商品，请重新输入！ ",VLOOKUP(B6, 配货 !B3:F23, 5,0))"，按【Ctrl+Enter】组合键。

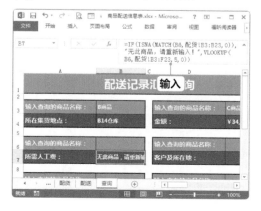

STEP 6 检验查询结果

在 B6 单元格中输入 "D 商品"，按【 Ctrl+Enter 】组合键将返回商品对应的人工费数据。

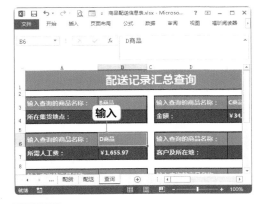

STEP 7 输入函数

在 E7 单元格的编辑栏中输入 "=IF(ISNA(MATCH(E6,配货!B3:B23,0)),"无此商品，请重新输入！ ",VLOOKUP(E6,配货!B3:G23,6,0))&"，"&IF(ISNA(MATCH(E6, 配 货 ! B3:B23,0)),"无此商品,请重新输入！ ",VLOOKUP(E6, 配货!B3:H23,7,0))"，按【 Ctrl+Enter 】组合键确认输入。

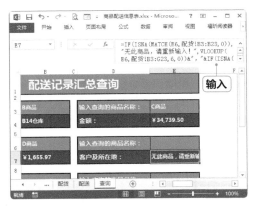

STEP 8 检验查询结果

在 E6 单元格中输入 "E 商品"，按【 Ctrl+Enter 】组合键，此时将同时返回商品对应的客户及所在地。

STEP 9 输入函数

在 B10 单元格的编辑栏中输入 "=IF(ISNA(MATCH(B9,集货 !B3:B23,0)),"无此商品，请重新输入！ ",VLOOKUP(B9, 集货 !B3:H23,7,0))"，按【 Ctrl+Enter 】组合键确认输入。

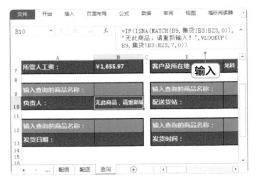

STEP 10 检验查询结果

在 B9 单元格中输入 "F 商品"，按【 Ctrl+Enter 】组合键，此时将返回商品对应的负责人姓名。

STEP 11 输入函数

在 E10 单元格的编辑栏中输入"=IF(ISNA (MATCH(E9, 配送 !B3:B23,0)),"无此商品，请重新输入！ ",VLOOKUP(E9, 配送 !B3: E23,4,0))"，按【Ctrl+Enter】组合键确认输入。

STEP 12 检验查询结果

在 E9 单元格中输入"G 商品"，按【Ctrl+Enter】组合键，此时将返回商品对应的配送货站名称。

STEP 13 输入函数

在 B13 单元格的编辑栏中输入"=IF(ISNA (MATCH(B12, 配送 !B3:B23,0)),"无此商品，请重新输入！ ",VLOOKUP(B12, 配送 !B3: G23,6,0))"，按【Ctrl+Enter】组合键确认输入。

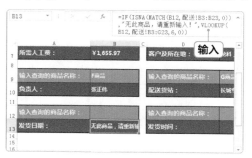

STEP 14 检验查询结果

在 B12 单元格中输入"H 商品"，按【Ctrl+Enter】组合键，此时将返回商品对应的发货日期。

STEP 15 输入函数

在 E13 单元格的编辑栏中输入"=IF(ISNA (MATCH(E12, 配送 !B3:B23,0)),"无此商品，请重新输入！ ",VLOOKUP(E12, 配送 !B3: H23,7,0))"，按【Ctrl+Enter】组合键确认输入。

STEP 16 检验查询结果

在 E12 单元格中输入"I 商品"，按【Ctrl+Enter】组合键，此时将返回商品对应的发货时间。

1. 制作商品分拣记录表

某工厂需要对分拣出的半成品进行记录，要求编制分拣记录表来实现对半成品分拣情况的汇总以及产品堆放位置的查询功能，具体要求如下。

● 编号通过"&"连接符和CONCATENATE( )函数将字母"MG"以及仓库、货架和栏/层对应的数据连接在一起组成。

● 利用VLOOKUP( )函数实现半成品存储位置的精确查询功能。

××工厂半成品分拣记录表

编号	物品名称	类别	堆放位置			数量	负责人
			仓库	货架	栏/层		
MG101\V15\203	A商品	木工板	101	\V15	\203	1309	李辉
MG516\G60\1343	B商品	漆	516	\G60	\1343	918	张正伟
MG130\S47\986	C商品	地砖	130	\S47	\986	1037	邓龙
MG105\U42\1190	D商品	漆	105	\U42	\1190	867	李辉
MG277\F13\1462	E商品	地砖	277	\F13	\1462	1190	邓龙
MG321\V48\935	F商品	吊顶	321	\V48	\935	1496	张正伟
MG111\A11\1411	G商品	木工板	111	\A11	\1411	1326	李辉
MG305\J30\1156	H商品	吊顶	305	\J30	\1156	986	邓龙
MG186\I15\1360	I商品	地砖	186	\I15	\1360	1241	白世伦
MG178\U19\1105	J商品	漆	178	\U19	\1105	1343	白世伦
MG163\E50\1054	K商品	地砖	163	\E50	\1054	1071	张正伟
MG154\A18\1360	L商品	木工板	154	\A18	\1360	1445	白世伦
MG171\G12\1343	M商品	吊顶	171	\G12	\1343	1462	李辉
MG192\E32\1394	N商品	漆	192	\E32	\1394	1581	白世伦
MG182\V44\1190	O商品	地砖	182	\V44	\1190	1530	张正伟
MG164\K27\1615	P商品	木工板	164	\K27	\1615	1428	邓龙
MG158\S50\1292	Q商品	吊顶	158	\S50	\1292	1394	李辉
MG190\S31\1666	R商品	吊顶	190	\S31	\1666	1411	李辉
MG191\E53\1530	S商品	漆	191	\E53	\1530	986	白世伦
MG160\M50\1479	T商品	地砖	160	\M50	\1479	1088	张正伟
MG390\J43\884	U商品	木工板	390	\J43	\884	1224	李辉

物品位置精确查找	仓库编号	货架编号	栏/层
G商品	111	\A11	\1411

2. 制作商品配货汇总表

某公司现需要建立商品配货汇总表，并要求实现查询单个商品配货信息的效果。注意：此表格是以列为数据记录的结构，因此重点在于实现查询效果时应使用HLOOKUP( )函数，而不是VLOOKUP( )函数，以实现对记录的垂直查询和返回。

××公司商品配货汇总表

商品名称	甲商品	乙商品	丙商品	丁商品	戊商品
数量	9711	7254	7839	6318	11349
价值	¥103,908	¥77,618	¥83,877	¥67,603	¥121,434
配送目的地	青州	万县	鲁威	万县	青州
送货单位	A单位	A单位	B单位	B单位	A单位
负责人	王涛	王涛	周瑞红	周瑞红	王涛

商品名称	数量	价值	配送目的地	送货单位	负责人
乙商品	7254	¥77,618	万县	A单位	王涛

知识拓展

1. 使用 COUNTIF( ) 函数查询

COUNTIF( ) 函数可以返回符合条件的单元格数量，但通过巧妙运用，它可以结合 VLOOKUP( ) 函数实现查询功能，这样就可以替换更为复杂的 ISNA( ) 函数和 MATCH( ) 函数。以前面编制好的商品配送信息表中查询商品集货地点为例，在 B5 单元格中输入函数 "=IF(COUNTIF(集货 !B3:B23,B3),VLOOKUP(B3, 集货 !B3:C23,2,0)," 无此商品，请重新输入！ ")"，同样可以查询商品对应的集货地点数据。

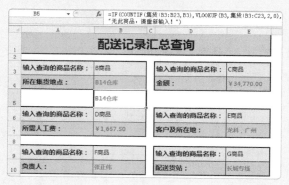

2. LOOKUP( ) 函数无序查询

使用 LOOKUP( ) 函数进行查询时，首先需要对搜索数据所在字段进行升序排序。但通过以下方法，同样可以让 LOOKUP( ) 函数实现无序查询的功能。比如当需要查询商品的集货地点时，利用 VLOOKUP( ) 函数可以实现查询功能，即在 F3 单元格中输入 "=VLOOKUP(F2,B2:C6,2)" 即可。但若使用 LOOKUP( ) 函数，除了首先对商品名称进行升序排列再进行查询外，还可直接通过输入函数 "=LOOKUP(1,0/(B2:B6=F2),C2:C6)" 来达到无序查询的目的。

第5篇

第 21 章

制作固定资产统计表

每个企业都有自己的固定资产，也都需要对固定资产进行各种管理，如盘点、折旧、租用、出售等。这些财务方面的工作，实际上也可以利用 Excel 来完成。本章将使用 Excel 制作固定资产统计表，通过学习掌握固定资产的统计方法以及使用 Excel 管理固定资产数据的方法。

☐ 汇总并管理固定资产资料信息

☐ 利用渐变色强调报废的固定资产

☐ 对固定资产计提折旧

☐ 使用数据透视表分析固定资产

21.1　背景说明

　　企业常见的固定资产主要包括房屋、建筑物、机器、机械、运输工具以及其他与生产经营活动有关的设备、器具、工具和各种价值高、使用时间长的办公用品等。财务会通过建立固定资产卡片来登记各项固定资产的数据资料，并按会计期间对固定资产进行折旧处理，也会根据情况对固定资产的变动等进行相应处理。本案例将重点介绍折旧固定资产的方法。

21.1.1　固定资产折旧的计算方法

　　企业计提固定资产折旧的方法有多种，这些方法基本上可以分成两大类，即直线法和加速折旧法。实际操作时，应当根据固定资产所含经济利益预期实现方式选择不同的方法。因为折旧方法的不同，计提折旧额的结果就会不同。常见的固定资产折旧方法主要包括年限折旧法、工作量法、年数总和法以及双倍余额递减法等。本例采用的折旧方法是工作量法，这种方法是根据实际工作量计提折旧额的一种方法，可以弥补年限折旧法只重时间、不考虑使用强度的缺点。

● **年限折旧法：** 又称直线法，是指将固定资产的应当折旧额均衡地分摊到固定资产预定使用寿命内的一种方法，采用这种方法计算的每期折旧额相等。计算公式如下：

年折旧率 =(1- 预计净残值率)÷预计使用寿命 (年)×100%

月折旧率 = 年折旧率 ÷12

月折旧额 = 固定资产原价 × 月折旧率

● **工作量法：** 工作量法是根据实际工作量计算每期应提折旧额的一种方法。计算公式如下：

单位工作量折旧额 = 固定资产原价 ×(1- 预计净残值率)÷ 预计总工作量

某项固定资产月折旧额 = 该项固定

资产当月工作量 × 单位工作量折旧额

● **年数总和法：** 采用年数总和法时，应知道设备的账面价值 (M)，预计使用年限 (N)，残值 (L)，则第 X 年计提折旧的公式为：

$(M-N)*(N-X+1)/((N+1)*N/2)$

● **双倍余额递减法：** 采用双倍余额递减法时，应知道设备的账面价值 (M)，预计使用年限 (N)，残值 (L)，则：

第一年折旧公式为：$Y(1)=M*2/N$

第二年折旧公式为：$Y(2)=(M-Y(1))*2/N$

第三年折旧公式为：$Y(3)=(M-Y(1)-Y(2))*2/N$

以此类推。

21.1.2　固定资产折旧的范围和年限

　　计提折旧的固定资产主要包括房屋建筑物，在用的机器设备、仪器仪表、运输车辆、工具器具，季节性停用及修理停用的设备，以经营租赁方式租出的固定资产和以融资租赁形式租入的固定资产等。不同类型的固定资产，其计算的最低折旧年限也不同，具体情况如下。

固定资产类别	最低折旧年限
房屋、建筑物	20 年
飞机、火车、轮船、机器、机械和其他生产设备	10 年
与生产经营活动有关的器具、工具、家具等	5 年
飞机、火车、轮船以外的运输工具	4 年
电子设备	3 年

21.2 案例目标分析

本案例的目标主要是利用 Excel 实现固定资产资料的管理、变动情况的统计以及折旧的计算和管理等功能，因此需要制作的固定资产统计表应该包含 4 张工作表，分别用于实现固定资产数据的汇总、固定资产变动情况的反映、固定资产折旧数据的计算以及折旧数据的分析。制作后的参考效果如下。

××企业固定资产折旧明细统计表

固定资产名称	类别	原值	购置日期	使用年限	已使用年份	残值率	月折旧额	累计折旧	固定资产净值
高压厂用变压器	设备	¥100,004.50	1998/7	17	19	5%	¥465.71	¥106,181.25	(¥6,176.75)
零序电流互感器	设备	¥102,039.90	1998/7	21	19	5%	¥384.67	¥87,705.72	¥14,334.18
UPS改造	设备	¥60,355.80	2005/12	12	12	5%	¥398.18	¥57,338.01	¥3,017.79
稳压源	设备	¥100,593.00	2009/12	24	8	5%	¥331.82	¥31,854.45	¥68,738.55
地网仪	设备	¥101,202.20	2009/12	14	8	5%	¥572.27	¥54,938.34	¥46,263.86
叶轮给煤机输电导线改为卷扬	零部件	¥75,302.80	2005/1	13	12	5%	¥458.57	¥66,034.76	¥9,268.04
工业水泵改造频调速	设备	¥84,704.40	2005/12	26	12	5%	¥257.91	¥37,139.62	¥47,564.78
螺旋板冷却器及阀门更换	零部件	¥60,002.70	2006/12	10	11	5%	¥475.02	¥62,702.82	(¥2,700.12)
盘车装置更换	设备	¥75,302.80	2006/12	49	11	5%	¥121.66	¥16,059.47	¥59,243.33
翻水水位计	仪器	¥65,091.20	2002/1	10	15	5%	¥515.31	¥92,754.96	(¥27,663.76)
发汽器	设备	¥109,406.10	1998/7	29	19	5%	¥298.67	¥68,095.87	¥41,310.23
汽轮发电机	设备	¥95,303.70	1998/7	33	19	5%	¥228.63	¥52,128.24	¥43,175.46
变送器芯等设备	设备	¥67,008.90	1998/7	20	19	5%	¥265.24	¥60,475.53	¥6,533.37
测振仪	仪器	¥94,016.00	2010/12	14	7	5%	¥531.64	¥44,657.60	¥49,358.40
单轨吊	设备	¥109,046.10	1999/1	30	19	5%	¥287.76	¥62,156.28	¥46,889.82
低压配电变压器	设备	¥77,608.20	1998/7	20	19	5%	¥307.20	¥70,041.40	¥7,566.80
电动葫芦	仪器	¥10,946.10	2010/12	8	7	5%	¥108.32	¥9,098.95	¥1,847.15
二等标准水银温度计	仪器	¥9,416.00	2010/12	11	7	5%	¥67.77	¥5,692.40	¥3,723.60
高压热水冲洗机	设备	¥109,406.10	2008/12	14	9	5%	¥618.67	¥66,815.87	¥42,590.23
割管器	设备	¥10,475.30	2010/12	35	7	5%	¥23.69	¥1,990.31	¥8,484.99
光电传感器	设备	¥10,122.20	2010/12	19	7	5%	¥42.18	¥3,542.77	¥6,579.43

21.3 制作过程

下面将以表为单位，依次制作资料汇总表、资产变动表、折旧明细表、透视分析表。

21.3.1 汇总并管理固定资产资料信息

下面将首先登记企业的所有固定资产数据，相当于为其建立固定资产卡片，然后使用 Excel 的筛选功能随心所欲地查看需要的固定资产记录，其具体操作步骤如下。

微课：汇总并管理
固定资产资料信息

第5篇

STEP 1　输入固定资产基本数据

打开"固定资产统计表.xlsx"工作簿，在"资料汇总"工作表的 A3:H24 单元格区域中输入固定资产的相关数据，包括行号、固定资产名称、规格型号、生产厂家、计量单位、数量、购置日期和汇总日期等。

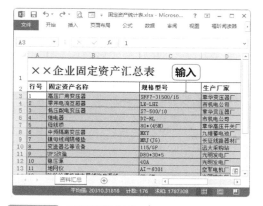

STEP 2　设置筛选条件

❶在【数据】/【排序和筛选】组中单击"筛选"按钮，单击出现在"生产厂家"右侧的下拉按钮；❷在打开的下拉列表中仅选中"光明发电厂"复选框；❸单击"确定"按钮。

STEP 3　查看筛选结果

此时便可查看所有生产厂家为光明发电厂的固定资产数据记录。查看后单击【数据】/【排序和筛选】组中的"清除"按钮。

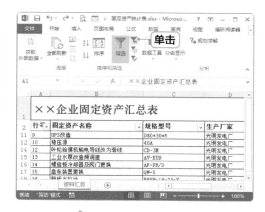

技巧秒杀

重新应用筛选结果

如果对筛选后的数据记录进行了更改，为了保证筛选准确，可以单击【数据】/【排序和筛选】组中的"重新应用"按钮，对当前记录重新进行筛选。

STEP 4　自定义筛选

❶单击"购置日期"项目右侧的下拉按钮；❷在打开的下拉列表中选择"日期筛选"选项；❸在打开的子列表中选择"自定义筛选"选项。

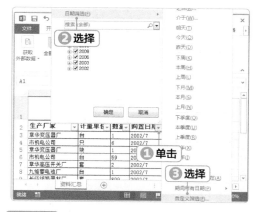

STEP 5　设置筛选条件

❶打开"自定义自动筛选方式"对话框，在"购置日期"栏下的第 1 个下拉列表框中选择"在以下日期之后"选项；❷在右侧的下拉列表框中输入"2004/1"；❸在下方左侧的下拉列

框中选择"在以下日期之前"选项；④在右侧的下拉列表框中输入"2014/12"；⑤单击"确定"按钮。

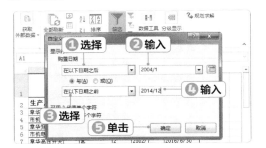

STEP 6 查看筛选结果

此时将显示购置日期在 2004 年 1 月至 2014 年 12 月之间的固定资产记录。

21.3.2 利用渐变色强调报废的固定资产

下面在"资产变动工作表"中，将固定资产的变动情况汇总，然后以渐变色方式强调报废的固定资产记录，其具体操作步骤如下。

微课：利用渐变色强调报废的固定资产

STEP 1 输入基础数据

在"资产变动"工作表中依次输入行号、固定资产名称、规格型号、生产厂家、变动原因、计量单位、数量和变动日期等数据。

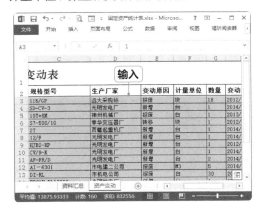

STEP 2 设置公式

①选中 A3:H22 单元格区域；②新建条件格式规则，在打开的"新建格式规则"对话框的"选择规则类型"列表框中选择"使用公式确定要设置格式的单元格"选项；③在下方的文本框中输入"=$E3="报废""；④单击"格式"按钮。

STEP 3 设置单元格格式

①打开"设置单元格格式"对话框，单击"填充"选项卡；②单击"填充效果"按钮。

STEP 4 　设置渐变色

❶打开"填充效果"对话框，在"颜色1"下拉列表框中选择"红色"选项；❷在"颜色2"下拉列表框中选择"黄色"选项；❸选中"斜下"单选项；❹在右侧的"变形"栏中选择第1种样式选项；❺单击"确定"按钮。

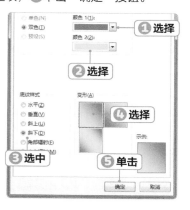

STEP 5 　查看效果

返回前面的对话框，依次单击"确定"按钮确认设置，此时将为报废的固定资产记录填充设置的渐变色。

规格型号	生产厂家	变动原因	计量
115/GP	远大采购站	报废	块
SD-CV-3	光明发电厂	新增	台
10T*8M	神州机械厂	报废	台
S7-500/10	章华变压器厂	转移	块
2T	西疆起重机厂	新增	台
12/F	光明发电厂	新增	台
HJB2-HP	光明发电厂	新增	台
CV/9-K	光明发电厂	新增	台
AF-FR/D	光明发电厂	新增	台
AI-6301	市电建二公司	报废	M3
DZ-RL	市机电公司	报废	台
EPSON DLQ3000	光明发电厂	新增	台
80*(45M)	章华高压开关厂	转移	套
EPSON DLQ3000	大西洋电焊机厂	新增	套
MRJ(JG)	长征线路器材厂	报废	套
WAC-2J/X	光明发电厂	转移	套
N200-130/535/535	南方汽轮机厂	转移	台
FC-B-45	光明发电厂	新增	台
CD-FX-12/AS	光明发电厂	新增	台
MXY	九维蓄电池厂	转移	台

第 5 篇

21.3.3 ｜ 对固定资产计提折旧

接下来继续汇总所有需要计提折旧的固定资产数据记录，然后计算月折旧额、累计折旧额以及残值等项目，以得到各固定资产的折旧明细，其具体操作步骤如下。

微课：对固定资产计提折旧

STEP 1 　输入数据

在"折旧明细"工作表中依次输入行号、类别、原值、购置日期、使用年限和残值率等数据。

折旧明细统计表

类别	原值	购置日期	使用年限	已使用年份	残值率	月折
设备	￥100,004.50	2002/7	17		5%	
设备	￥102,039.90	2002/7	21		5%	
设备	￥60,355.80	2009/12	12		5%	
设备	￥100,593.00	2013/12	24		5%	
设备	￥101,202.20	2013/12	14		5%	
零部件	￥75,302.80	2009/1	13		5%	
设备	￥84,704.40	2009/12	26		5%	
零部件	￥60,002.70	2010/12	10		5%	
零部件	￥75,302.80	2010/12	49		5%	
仪器	￥65,091.20	2006/1	10		5%	
设备	￥109,406.10	2002/7	29		5%	
设备		2002/7	33		5%	

资产变动　折旧明细

STEP 2 　输入公式

❶选中F3:F34单元格区域；❷在编辑栏中输入公式"=YEAR(NOW())–YEAR(D3)"，表示已使用年份＝当前年份–购置日期的年份。

SUM　　fx =YEAR(NOW())-YEAR(D3)

折旧明细统计表

类别	原值	购置日期	使用年限	已使用年份	残值率	月折
设备	￥100,004.50	2002/7	17	)-YEAR(D3)	5%	
设备	￥102,039.90	2002/7	21		5%	
设备	￥60,355.80				5%	
设备	￥100,593.00	2013/12	12		5%	
零部件	￥75,302.80	2009/1	13		5%	

STEP 3 　返回结果

❶按【Ctrl+Enter】组合键返回所有固定资产的已使用年份数据；❷将所选单元格区域的数据格式设置为"常规"。

类别	原值	购置日期	使用年限	已使用年份	残值率	月折
设备	￥100,004.50			15		
设备	￥102,039.90			15		
设备	￥60,355.80	2009/12	12	8	5%	
设备	￥100,593.00	2013/12	24	4	5%	
设备	￥101,202.20	2013/12	14	4	5%	

STEP 4 计算月折旧额

❶选中 H3:H34 单元格区域；❷在编辑栏中输入公式"=(C3*(1-G3)/E3)/12"，表示按工作量法计提月折旧额。

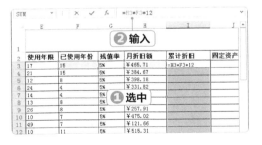

STEP 5 返回结果

按【Ctrl+Enter】组合键返回所有固定资产的月折旧额。

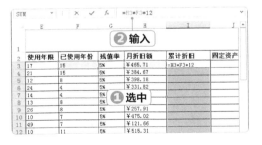

STEP 6 计算累计折旧

❶选中 I3:I34 单元格区域；❷在编辑栏中输入公式"=H3*F3*12"，表示根据月折旧额和已使用年份来计算累计折旧。

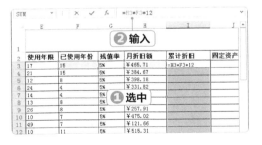

STEP 7 返回结果

按【Ctrl+Enter】组合键返回所有固定资产的累计折旧。

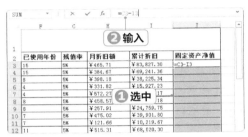

STEP 8 计算固定资产净值

❶选中 J3:J34 单元格区域；❷在编辑栏中输入公式"=C3-I3"，表示固定资产的净值＝原值－累计折旧。

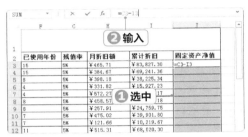

STEP 9 返回结果

按【Ctrl+Enter】组合键返回所有固定资产的净值。

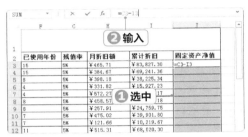

21.3.4 使用数据透视表分析固定资产

固定资产折旧与企业会计做账紧密相关，下面就以"折旧明细"工作表中的数据创建数据透视表，对各固定资产的折旧数据进行动态查看和分析，确保企业账目的正确，其具体操作步骤如下。

微课：使用数据透视表
分析固定资产

STEP 1　创建数据透视表

❶在"折旧明细"工作表中选中 A2 单元格，在【插入】/【表格】组中单击"数据透视表"按钮，打开"创建数据透视表"对话框。自动将数据区域扩展为 A2:J34 单元格区域，选中"新工作表"单选项；❷单击"确定"按钮。

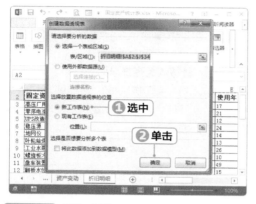

STEP 2　添加字段

将工作表名称更改为"透视分析"，并拖动该标签移至所有工作表标签最后。然后分别将任务窗格中的"类别""固定资产名称""月折旧额"字段拖动到"筛选器""行""值"列表框中，查看所有固定资产的月折旧额。

STEP 3　添加字段

继续在"值"列表框中添加"累计折旧"和"固定资产净值"字段。

STEP 4　设置样式

选中数据透视表中任意包含数据的单元格，在【数据透视表工具 设计】/【数据透视表样式】组的下拉列表框中选择倒数第 2 行第 3 种样式选项。

STEP 5　设置数据格式

将 B4:D36 单元格区域中的所有数据类型设置为货币型，并将字体颜色设置为"白色"。

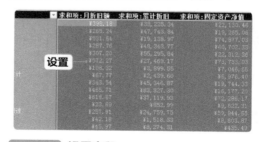

STEP 6　设置字段

单击任务窗格中"值"列表框中的"月折旧额"字段，在打开的下拉列表中选择"值字段设置"选项。

STEP 8　完成设置

此时可以查看所有固定资产的平均月折旧额以及累计折旧和净值的总和。

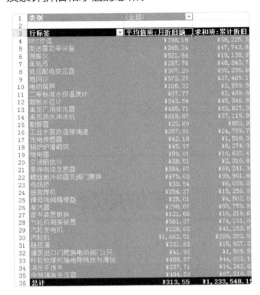

STEP 7　设置计算方式

❶在打开的对话框的列表框中选择"平均值"选项；❷单击"确定"按钮。

边学边做

1. 创建固定资产出租汇总表

某投资公司需要对近期出租的固定资产和资源进行汇总统计，要求制作出租汇总表，以清晰地显示各项出租记录的资产名称、租赁人、使用地点、面积和租金的收取情况等内容，具体要求如下。

- 租金相关数据设置为货币型，无千位分隔符，1 位小数的样式。
- 将尚欠租金的数据记录填充为黄色强调显示（提示：公式为 =$H4<>""）。

2. 创建固定资产折旧明细表

某公司需要对所有固定资产进行折旧汇总计算，要求计算出各固定资产的年折旧额和月折旧额，并实现按计量单位查看不同固定资产折旧情况的效果，具体要求如下。

- 年折旧额利用 SLN( ) 函数计算；月折旧额直接将计算的数据除以 12 即可。
- 创建数据透视表，将计量单位拖动到"筛选器"列表框中，然后筛选需要显示的单位来查看固定资产年折旧额和月折旧额。

提示：SLN( ) 函数将采用直线折旧法计提固定资产，其语法结构为 SLN (cost,salvage,life)，其中 cost 代表原值；salvage 代表残值；life 代表使用年限，即折旧期数。

××投资公司固定资产、资源出租汇总表

序号	资产名称	租赁人	使用地点	面积（亩/平方米）	应交租金（元/年）	收取情况 已交	收取情况 尚欠
1	针织厂	万学华	渔业礼堂	34×13×1	￥8000.0		￥8000.0
2	木材厂	张国良	紫菜场西	0.67	￥2600.0	￥8670.0	
3	食品厂	宋建国	紫菜场东	4.5	￥1000.0		￥1000.0
4	鲍鱼场	林银玉	解放三溏	2	￥4000.0	￥4000.0	
5	煤炭加工厂	王强	解放三溏	1.5	￥2000.0		￥2000.0
6	村部楼下店面	李建华	村部楼下店面	一间	￥3000.0	￥3000.0	
7	针织厂楼下店面	周德彪	针织厂楼下店面	一间	￥3000.0		￥3000.0
8	木材厂楼下店面	宋万	木材厂楼下店面	一间	￥3000.0		￥3000.0
9	食品厂楼下店面	刘志强	食品厂楼下店面	一间	￥3000.0	￥3000.0	
10	鲍鱼场前排店面	郑万奇	鲍鱼场前排店面	一间	￥3000.0	￥3000.0	
11	村部楼下店面	卢子华	村部楼下店面	一间	￥3000.0		￥3000.0
12	针织厂楼下店面	邓学良	针织厂楼下店面	一间	￥3000.0	￥3000.0	

××公司固定资产折旧明细表

固定资产名称	数量	单位	购置日期	原值	预计净残值	使用年限
吊装变压器	1	台	2011/9/10	￥2,300.0	￥115.0	12
变压器	1	台	2004/10/16	￥10,476.0	￥0.0	12
空调	40	台	2011/10/12	￥189,651.1	￥9,482.6	12
点钞机	1	台	2013/11/12	￥1,900.0	￥95.0	12
打印机	1	台	2004/10/12	￥10,700.0	￥0.0	12
传真机	2	台	2007/3/12	￥1,830.0	￥0.0	12
覆印机	1	台	2001/3/12	￥20,300.0	￥0.0	12
电话交换机	1	台	2005/10/12	￥51,978.0	￥0.0	12
刻字机	1	台	2006/7/12	￥3,400.0	￥0.0	12
网络交换机	1	台	2006/11/12	￥20,000.0	￥0.0	12
实习交换机	1	台	2013/5/12	￥2,000.0	￥100.0	12
投影仪	1	个	2008/1/12	￥28,800.0	￥1,000.0	12
电视机	1	台	1999/9/12	￥30,150.0	￥0.0	12
热水器	2	个	2012/12/12	￥1,900.0	￥95.0	12
书柜椅子	1	把	2005/9/12	￥16,000.0	￥0.0	12
会议桌	1	张	2005/9/12	￥4,000.0	￥0.0	12
沙发	2	套	2005/10/12	￥9,500.0	￥300.0	12
防盗门	1	个	2006/6/12	￥24,449.5	￥1,222.5	12
家具	1	套	2006/12/12	￥18,800.0	￥200.0	12
办公家具	1	套	2006/12/12	￥3,600.0	￥180.0	12
文体板	5	个	2006/12/12	￥3,500.0	￥95.0	12

知识拓展

1. 使用不同折旧方法的函数

Excel 2013 中的财务类函数中包含多个用于计算折旧的函数，这类函数的使用方法和语法结构都基本类似，除了 SLN( ) 函数外，还有 SYD( ) 函数和 DB( ) 函数。

- **SYD( ) 函数：** 此函数采用年限总和折旧法计提固定资产，其语法结构为 SYD(cost,salvage,life,per)，其中 cost、salvage 和 life 参数与 SLN( ) 函数中对应参数的作用相同；per 代表需计算折旧的年数。
- **DB( ) 函数：** 此函数采用固定余额递减法计提折旧，其语法结构为：DB(cost,salvage,life,period,month)，其中 period 即 per；month 代表购入第 1 年可以使用的月份数，如 7 月份购入，则 month 值为 5，表示还有 5 个月可以使用。

2. 计算固定资产现值

当需要对某个固定资产的现值进行预估或计算时，可直接利用 PV( ) 函数来实现。

- **使用：** PV( ) 函数可以返回投资的现值（即一系列未来付款的当前值的累积和）。其语法结构为 PV(rate,nper,pmt,fv,type)，其中 rate 代表利率；nper 参数代表付款总期数；pmt 代表每期支付的金额；fv 代表未来价值；type 代表付款时间。type 中，0 或省略代表期末付款，1 代表期初付款。
- **举例：** 某公司预计投资的房产在 5 年后的价值可达 1 200 000 元，现需要计算在年利率为 8.5%，分 8 期付款的情况下该房产的现值。这时，便可利用 PV( ) 函数计算，即 PV(8.5%,8,1 200 000)。

第5篇

第5篇

第 22 章

制作财务预测分析表

Excel 具备强大的预测分析功能，可以实现各种复杂的数据计算和分析。对于企业而言，更准确地预测到各种数据，可以有效保证企业在进销存等方面处于更为合理的层面。本章将利用 Excel 制作财务预测分析表，重点介绍如何对产品的销售数据、利润数据和成本数据进行分析的方法。

☐ 计算产品相关销售数据

☐ 预测并分析销售数据

☐ 根据目标利润预测销售数据

☐ 动态分析产品利润

☐ 预测并分析销售成本

22.1 背景说明

　　利用数据进行预测分析常采用两种方法，即定量预测法和定性预测法。定量预测法是在掌握与预测对象有关的各种要素的定量资料的基础上，运用现代数学方法进行数据处理，以此建立能够反映有关变量之间规律性联系的各类预测模型的方法体系，它又可分为趋势外推分析法和因果分析法；定性预测法是指由有关方面的专业人员或专家根据自己的经验和知识，结合预测对象的特点进行综合分析，对事物的未来状况和发展趋势做出推测的预测方法。本案例制作的预测分析表使用的是定量预测这种方法。

22.2 案例目标分析

　　单位领导需要对某个产品的销售数据、利润数据以及成本数据等进行预测分析，以通过科学地方法了解该产品的销售前景和利润情况，为产品的生产提供科学可靠的数据支持。本案例将根据此要求来制作财务预测分析表，充分利用 Excel 的数据分析功能，以该产品的销售明细数据为基础，实现对产品的销售、利润和成本的预测分析。制作后的参考效果如下。

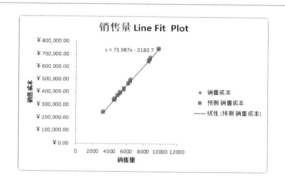

22.3 制作过程

　　本案例将首先汇总产品的基本销售数据，包括销售量、售价、销售额、销售成本以及实现利润等，然后通过这些销售数据，分别利用回归分析法预测销售数据；利用公式预测利润数据；利用公式和控件建立敏感型分析模型，动态分析利润。最后，再次利用回归分析法预测销售成本。

22.3.1 | 计算产品相关销售数据

　　产品的销售数据是进行预测分析的依据，下面将首先录入并计算产品的相关销售数据，并通过命名单元格区域的方式为后面预测分析引用数据时提供便利，其具体操作步骤如下。

微课：计算产品相关销售数据

STEP 1 录入月份并命名单元格区域

❶在"明细"工作表中利用填充数据的方式在 A3:A14 单元格区域中输入各月份数据；❷选中 A3:A14 单元格区域，在名称框中输入"月份"，按【Enter】键确认命名。

技巧秒杀

快速选中命名的单元格区域

为单元格区域命名后，可直接在名称框的下拉列表框中选择对应的名称，Excel将同步选中对应的单元格区域。

STEP 2 输入并命名单元格区域

❶依次在 B3:B14 和 C3:C14 单元格区域中输入各月份产品的销售量和售价；❷将这两个单元格区域分别命名为"销售量"和"售价"。

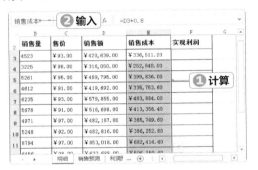

STEP 3 计算销售额并命名单元格区域

❶按照"销售额 = 销售量 × 售价"的公式，依次在 D3:D14 单元格区域中计算各月份销售额；❷将 D3:D14 单元格区域命名为"销售额"。

STEP 4 计算销售成本并命名单元格区域

❶按照"销售成本 = 销售额 × 0.8"的公式，依次在 E3:E14 单元格区域中计算各月份销售成本；❷将 E3:E14 单元格区域命名为"销售成本"。

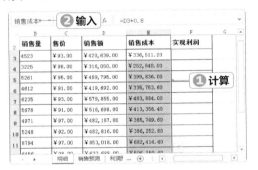

STEP 5 计算利润并命名单元格区域

❶按照"利润 = 销售额 − 销售成本"的公式，依次在 F3:F14 单元格区域中计算各月份销售利润；❷将 F3:F14 单元格区域命名为"实现利润"。

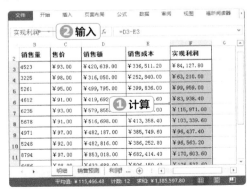

22.3.2 预测并分析销售数据

实现产品的销售预测工作，需要引用"明细"工作表中的部分数据，并结合回归计算方法来分析，其具体操作步骤如下。

微课：预测并分析销售数据

STEP 1　引用单元格区域

❶切换到"销售预测"工作表；❷选中A3:A14单元格区域。在编辑栏中输入"=月份"，按【Ctrl+Enter】键确认引用。

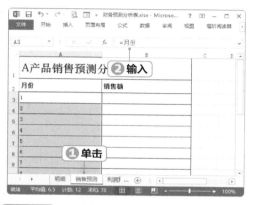

STEP 2　引用单元格区域

❶按相同的方法选中B3:B14单元格区域；❷在编辑栏中输入"=销售额"，按【Ctrl+Enter】组合键返回对应的数据。

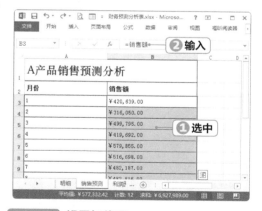

STEP 3　设置加载项

❶打开"Excel选项"对话框，选择左侧的"加载项"选项；❷在"管理"下拉列表框中选择

"Excel加载项"选项；❸单击"转到"按钮。

STEP 4　加载分析工具库

❶打开"加载宏"对话框，在其中的列表框中选中"分析工具库"复选框；❷单击"确定"按钮。

STEP 5　使用回归分析工具

❶在【数据】/【分析】选项卡中单击"数据分析"按钮；❷打开"数据分析"对话框，在其中的列表框中选择"回归"选项；❸单击"确定"按钮。

STEP 6 设置回归参数

❶打开"回归"对话框，指定"Y 值输入区域"和"X 值输入区域"的单元格区域分别为 B2:B14 和 A2:A14 单元格区域；❷选中"标志"复选框；❸选中"输出区域"单选项，将输出区域指定为 D1 单元格；❹选中"残差"和"线性拟合图"复选框；❺单击"确定"按钮。

STEP 7 查看结果

此时将显示回归数据分析工具根据提供的单元格区域的数据得到的预测结果，其中还配以散点图来直观地显示数据趋势。通过图表以及工作表中"RESIDUAL OUTPUT"栏下的数据便可查看预测的销售数据及趋势。

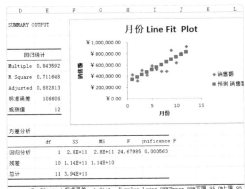

操作解谜

标志

在设置回归分析的输入区域时，如果引用了非数值型区域，就需要选中"标志"复选框。如上例中引用了"月份"和"销售额"两个非数值型区域，就应该表明它们是两组数据的标志，而不是数值内容。

22.3.3 根据目标利润预测销售数据

下面将在"利润预测"工作表中通过假定目标利润数据，来计算产品的其他相关销售数据的预测情况，其具体操作步骤如下。

微课：根据目标利润预测销售数据

STEP 1 假定目标利润

❶切换到"利润预测"工作表；❷在 C8 单元格中输入目标利润数据，此数据便是企业预期需要获得的利润。

STEP 2 计算实际销售量总和

❶选中B3单元格，在编辑栏中输入"=SUM(销售量)"，表示将计算名称为"销售量"的单元格区域中所有数据之和；❷按【Ctrl+Enter】组合键返回结果。

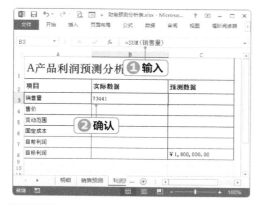

STEP 3 计算实际平均售价

❶选中B4单元格，在编辑栏中输入"=AVERAGE(售价)"，表示将计算名称为"售价"的单元格区域中所有数据的平均值；❷按【Ctrl+Enter】组合键返回结果。

STEP 4 计算实际售价的变动范围

❶选中B5单元格，在编辑栏中输入"=AVERAGE(MAX(售价)-'利润预测'!B4,'利润预测'!B4-MIN(售价))"，表示变动范围等于最高售价减去平均售价，与平均售价减去最低售价的平均值；❷按【Ctrl+Enter】组合键返回结果。

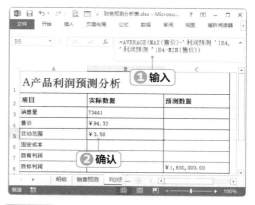

STEP 5 计算实际销售成本总和

❶选中B6单元格，在编辑栏中输入"=SUM(销售成本)"；❷按【Ctrl+Enter】组合键返回结果。

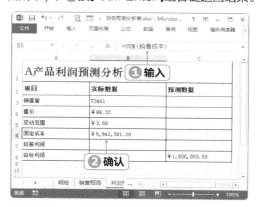

STEP 6 计算实际利润总和

❶选中B7单元格，在编辑栏中输入"=SUM(实现利润)"；❷按【Ctrl+Enter】组合键返回结果。

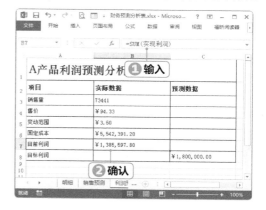

第5篇

STEP 7 预测销售量

❶选中 C3 单元格，在编辑栏中输入"=(C8+B6)/(B4-B5)"，即预测的销售量由预计的利润与实际成本之差，除以售价而定；❷按【Ctrl+Enter】组合键返回结果。

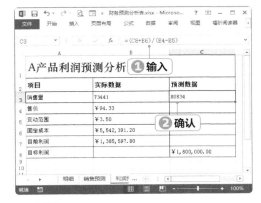

STEP 8 预测售价

❶选中 C4 单元格，在编辑栏中输入"=(C8+B6)/B3"，即预测的售价由预计的利润与实际成本之和，除以实际销售量而定；❷按【Ctrl+Enter】组合键返回结果。

STEP 9 预测固定成本

❶选中 C6 单元格，在编辑栏中输入"=B3*(B4-B5)-C8"，即预测的成本由实际销售额与预计的利润之差而定；❷按【Ctrl+Enter】组合键返回结果。

22.3.4 动态分析产品利润

接下来将利用公式创建产品的敏感性分析报告模型，并利用滚动条这一控件来实现动态分析产品利润的在不同因素变化的情况下，得到不同的结果，从而明确利润与其他因素的关系，其具体操作步骤如下。

微课：动态分析产品利润

STEP 1 命名单元格区域

❶在"利润预测"工作表中选中 B3:B6 单元格区域；❷将其命名为"实际数据"。

STEP 2 引用数据

❶切换到"利润分析"工作表，选中 B3:B6 单元格区域，在编辑栏中输入"= 实际数据"；❷按【Ctrl+Enter】组合键返回结果。

第 22 章 制作财务预测分析表

STEP 3 添加开发工具

❶在功能区的任意区域单击鼠标右键，在弹出的快捷菜单中选择"自定义功能区"命令，在打开的对话框右侧的列表框中选中"开发工具"复选框；❷单击"确定"按钮。

第5篇

STEP 4 选择控件

❶在【开发工具】/【控件】组中单击"插入"按钮；❷在打开的下拉列表中选择滚动条对应的选项（第2行第3个）。

STEP 5 绘制控件

❶在E3单元格处拖动鼠标指针绘制大小与单元格大小相近的区域，释放鼠标，即可完成滚动条控件的绘制；❷按相同的方法在下方继续绘制3个滚动条控件。拖动其上的控制点可进一步调整大小，按键盘上的方向键可微调其在单元格中的位置。

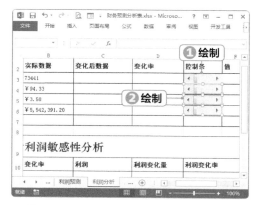

操作解谜

选中控件

对于滚动条控件而言，直接单击鼠标不能将其选中，因此需要单击鼠标右键进行选中。选中后便可按处理形状对象的方式对其进行拖动、缩放、复制、剪切、粘贴等各种操作。

STEP 6 计算实际利润

❶选中B7单元格，在其编辑栏中输入"=B3*B4-B5*B3-B6"；❷按【Ctrl+Enter】组合键返回结果。

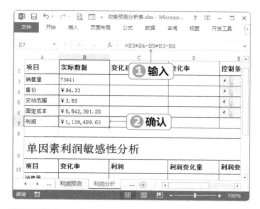

STEP 7 计算变化后的销售量

❶选中C3单元格，在编辑栏中输入"=B3*D3/100+B3"；❷按【Ctrl+Enter】组合键返回结果。

STEP 8　填充公式

将 C3 单元格中的公式向下填充至 C6 单元格。

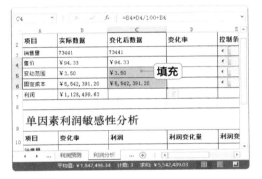

STEP 9　计算变化后的利润

❶ 选中 C7 单元格，在其编辑栏中输入
"=C3*C4-C5*C3-C6"； ❷按【Ctrl+Enter】
组合键得到返回结果。

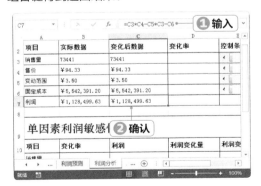

STEP 10　输入并填充公式

❶ 在 D3 单元格中输入公式 "=F3-50"；
❷确认后将该公式向下填充至 D6 单元格。

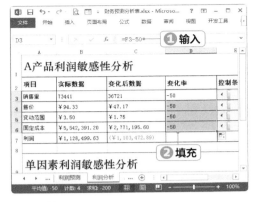

STEP 11　计算利润变化率

❶选中 D7 单元格，在编辑栏中输入 "=(C7-
B7)/B7"； ❷按【Ctrl+Enter】组合键得到返
回结果。

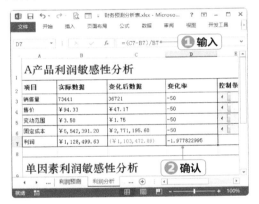

STEP 12　输入并填充公式

❶ 在 B11 单元格中输入公式 "=D3"；
❷确认后将该公式向下填充至 B14 单元格。

STEP 13 输入并填充公式

❶在 C11 单元格中输入公式"=$C$7"；❷确认后将该公式向下填充至 C14 单元格。

STEP 14 输入并填充公式

❶在 D11 单元格中输入公式"=$C$7-$B$7"；❷确认后将该公式向下填充至 D14 单元格。

STEP 15 输入并填充公式

❶在 E11 单元格中输入公式"=D11/$B$7"；❷确认后将该公式向下填充至 E14 单元格。

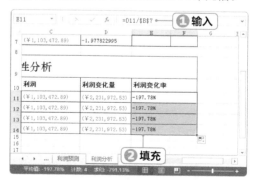

STEP 16 设置滚动条

在 E3 单元格上的滚动条上单击鼠标右键，在弹出的快捷菜单中选择"设置控件格式"命令。

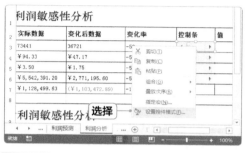

STEP 17 链接单元格

❶打开"设置控件格式"对话框，单击"控制"选项卡；❷将 F3 单元格的地址引用到"单元格链接"文本框中；❸单击"确定"按钮。

STEP 18 设置其他滚动条

按相同的方法依次将 E4、E5 和 E6 单元格中的滚动条分别链接到 F4、F5 和 F6 单元格。

第5篇

STEP 19 将滚动条归零

拖动滚动条，将所有项目的变化率都调整为 0。

技巧秒杀

微调滚动条

如果拖动滚动条中间的滑块不容易将滚动条归零，则可单击滚动条左右两侧的按钮逐步调整数值大小。

STEP 20 分析销售量与利润的关系

将销售量的变化率调整为"5"，可见在其他因素不变的前提下，利润将增加 30% 左右。

STEP 21 分析成本与利润的关系

将销售量的变化率恢复为 0，并将固定成本的变化率调整为"-5"，此时利润将增加 25% 左右。

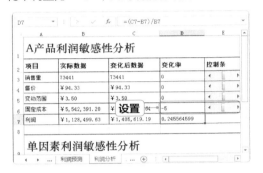

22.3.5 预测并分析销售成本

下面将再次利用回归分析方法结合趋势线的使用，预测并分析销售成本数据，其具体操作步骤如下。

微课：预测并分析销售成本

STEP 1 引用数据

切换到"成本预测"工作表，分别为 A3:A14、B3:B14、C3:C14 单元格区域引用"月份""销售量""销售成本"数据。

STEP 2 使用回归分析

❶在【数据】/【分析】组中单击"数据分析"按钮；❷在打开的对话框中选择"回归"选项；❸单击"确定"按钮。

第5篇

STEP 3　设置回归参数

❶打开"回归"对话框，指定"Y 值输入区域"和"X 值输入区域"的单元格区域分别为 C2:C14 和 B2:B14 单元格区域；❷选中"输出区域"单选项，将输出区域指定为 Z1 单元格；❸单击"确定"按钮。

STEP 4　查看结果

此时可在工作表中查看预测的销售成本数据。

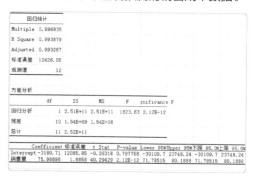

STEP 5　添加趋势线

在图表上的预测销售成本数据系列上单击鼠标右键，在弹出的快捷菜单中选择"添加趋势线"命令。

STEP 6　显示公式

打开"设置趋势线格式"窗格，在窗格下方选中"显示公式"复选框，然后将窗格关闭。

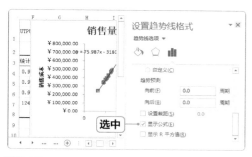

STEP 7　查看趋势线

此时将在图表上显示趋势线，通过公式可以查看回归分析工具的计算方法。适当移动公式至图表空白区域，以便更清晰地显示内容。

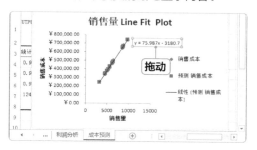

边学边做

1. 成本预测

某公司需要统计去年每月各产品的成本数据，然后通过 Excel 表格实现简单的成本预测功能，具体要求如下。

● 分别创建 4 个折线图，依次表示各系列产品去年每月的成本变动情况。

● 利用趋势线对 4 个图表进行趋势预测。

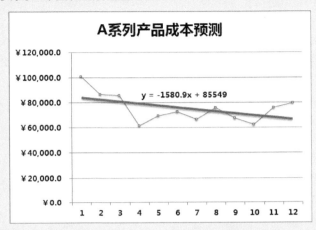

2. 产品销售预测

某公司需要对产品进行统计，并通过本月计划销售量和实际销售量来预测下月销售情况，现需要编制表格来实现这一功能，具体要求如下。

● 偏差公式 =（实际 - 计划）÷ 计划。

● 偏差小于 0 的数据记录以红色强调显示。

● 利用回归分析工具，通过实际与计划的数量来预测下月销售量。

	A	B	C	D	E	F	G	H	I	J
1				××公司产品销售预测					SUMMARY OUTPUT	
2	编号: 10-1			制表: 范华		区域: 东北大区				
3	产品名称	单位	本月			下月预测		回归统计		
4			计划	实际	偏差%			Multiple	0.585982817	
5	康乐1号	吨	539	686	27%	562		R Square	0.343375862	
6	康乐2号	吨	476	441	-7%	515		Adjusted	0.304750913	
7	康乐3号	吨	441	511	16%	489		标准误差	99.46875305	
8	康乐4号	吨	686	581	-15%	671		观测值	19	
9	康乐5号	吨	644	658	2%	640				
10	康乐6号	吨	630	700	11%	630		方差分析		
11	康乐7号	吨	399	378	-5%	458			df	SS
12	康乐8号	吨	658	686	4%	650		回归分析	1	87957.96813
13	康乐9号	吨	490	644	31%	525		残差	17	168198.5582
14	康乐10号	吨	525	441	-16%	551		总计	18	256156.5263
15	康乐11号	吨	511	595	16%	541				
16	康乐12号	吨	469	371	-21%	510			Coefficients	标准误差
17	康乐13号	吨	546	497	-9%	567		Intercept	160.7581818	131.8140721
18	康乐14号	吨	588	665	13%	598		计划	0.744090909	0.249560058
19	康乐15号	吨	350	602	72%	421				
20	康乐16号	吨	420	420	0%	473				
21	康乐17号	吨	567	686	21%	583				
22	康乐18号	吨	532	413	-22%	557		RESIDUAL OUTPUT		
23	康乐19号	吨	413	434	5%	468				
24								观测值	预测 实际	残差
25								1	561.8231818	124.1768182

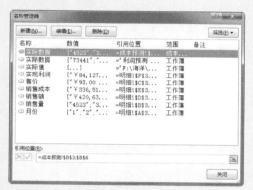

知识拓展

1. 删除单元格区域名称

为单元格区域命名后，即使删除了该区域中的内容，名称仍然保留在工作表中。如果要想删除该名称，可在【公式】/【定义的名称】组中单击"名称管理器"按钮，打开"名称管理器"对话框，在其中选择需要删除的名称选项后，单击对话框上方的"删除"按钮。当然，利用该对话框还可实现其他功能。

- **新建名称：** 单击"新建"按钮，可在打开的"新建名称"对话框中指定新的名称、名称所在范围以及名称对应的单元格区域。
- **编辑名称：** 单击"编辑"按钮，可在打开的对话框中重新对名称进行修改。
- **删除所有名称：** 利用【Shift】键依次选择第 1 个和最后一个名称选项，单击"删除"按钮可删除所有名称。

2. 查看所选数据的基本计算结果

所谓查看所选数据的基本计算结果，是指在不使用函数或公式的情况下，就能知道该单元格区域中数据的总和、平均值、最大值、最小值、数量等。方法为：选中单元格区域，在状态栏右方就能同步显示相应结果。在该结果上单击鼠标右键，在弹出的快捷菜单中还可设置需要显示或隐藏的结果。

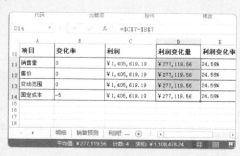

第5篇

第 23 章

制作投资计划表

企业投资是其获取更大利润的一种常见渠道，使用 Excel 可以为投资计划提供准确的数据参考，可以给企业决策带来帮助。本章将介绍使用 Excel 选择最优信贷方案，计算在条件变动的情况下每期还款额的情况，通过学习掌握如何使用 Excel 来制作与投资相关的表格。

☐ 按信贷方案计算每期还款额

☐ 选择最优信贷方案

☐ 计算不同年利率下的年还款额

☐ 计算年利率与还款期限变动下的年还款额

23.1 背景说明

投资就会遇到选择，也会承受市场波动带来的压力。为减小企业在这两方面的风险，Excel 分别提供了方案管理器和模拟运算表两大与财务投资相关的功能。只要输入可靠的数据，就能得到准确的投资分析结果。

● **方案管理器：** 方案管理器是 Excel 提供的模拟分析工具，它可以保存多种方案数据，然后通过删除摘要的方式来对比各个方案的数据情况。使用方案管理器之前，需要依次创建各个方案，然后通过确定含有公式的结果单元格，来输出与之对应的其他方案结果。除输出摘要之外，方案管理器还能输出数据透视表，实现动态分析输出结果的目的。

● **模拟运算表：** 模拟运算表可以分析在

一种或两种数据产生波动的情况下与之相关的数据变化情况。当在"模拟运算表"对话框中仅指定引用的行或列之中的任意一种单元格时，将得到单变量模拟运算结果；同时指定行和列的单元格，则得到双变量模拟运算结果。本例将利用该工具分别计算在年利率波动以及年利率和还款期限同时变动的情况下，每期还款数额的具体数值。

23.2 案例目标分析

公司准备投资一个大项目，需要向银行贷款。为了最小化成本，需要分析多家银行提供的贷款方案，以找出最符合公司目前状况的一种。同时还需要计算出贷款后在不同利率或还款期限下，每期还款的具体情况和误差范围。为此，本案例将制作投资计划表，通过相关数据的计算和分析，挑选出最优信贷方案，并得到在年利率以及还款期限变动时，所选信贷方案每期还款数额。最后还将根据公司的具体情况对每期还款进行误差分析，从而最大限度地获取每期还款的最大值和最小值，避免公司资金短缺。制作后的参考效果如下。

甲银行信贷方案

方案	贷款总额	期限(年)	年利率	每年还款额	每季度还款额	每月还款额
1	¥1,000,000.0	3	6.60%	¥378,270.1	¥92,538.8	¥30,694.5
2	¥1,500,000.0	5	6.90%	¥364,857.0	¥89,318.7	¥29,631.1
3	¥2,000,000.0	5	6.75%	¥484,520.7	¥118,655.9	¥39,366.9
4	¥2,500,000.0	10	7.20%	¥359,241.6	¥88,214.4	¥29,285.5

方案摘要		当前值:	乙银行方案1	乙银行方案2	丙银行方案1	丙银行方案2
可变单元格：						
$B$3		¥1,000,000.0	¥1,000,000.0	¥1,500,000.0	¥2,000,000.0	¥2,500,000.0
$C$3		3	4	5	6	9
$D$3		6.60%	6.70%	6.80%	6.80%	7.10%
结果单元格：						
$G$3		¥30,694.5	¥23,807.3	¥35,780.3	¥33,906.3	¥31,392.5

注释："当前值"这一列表示的是在建立方案汇总时，可变单元格的值。每组方案的可变单元格均以灰色底纹突出显示。

23.3 制作过程

本案例将利用 PMT( ) 函数计算甲银行提供的各种信贷方案的还款额，然后将其他银行提供的方案建立到方案管理器中，从而输出摘要，选择最优信贷方案。最后，主要利用模拟运算表来分别计算年利率单独波动以及年利率与还款期限同时波动的情况下，每期还款额的变化和趋势。

23.3.1 按信贷方案计算每期还款额

下面将首先打开工作簿，并在其中录入甲银行提供的各种信贷方案数据，然后根据这些数据计算年还款额、季度还款额和月还款额，其具体操作步骤如下。

微课：按信贷方案
计算每期还款额

STEP 1 输入基本信贷数据

打开"投资计划表 .xlsx"工作簿，在"方案选择"工作表中依次输入方案序号、贷款总额、还款期限和年利率数据。

STEP 2 插入函数

❶选中 E3 单元格；❷ 单击编辑栏上的"插入函数"按钮。

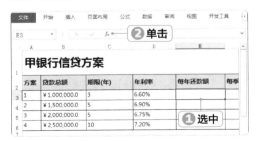

STEP 3 选择函数

❶打开"插入函数"对话框，在"或选择类别"

下拉列表框中选择"财务"选项；❷在"选择函数"列表框中选择"PMT"选项；❸单击"确定"按钮。

STEP 4 设置函数参数

❶打开"函数参数"对话框，依次引用 D3、C3 和 B3 单元格地址为"Rate""Nper""Pv"3个参数的计算对象，并在引用的 B3 单元格地址前面增加负号"−"；❷单击"确定"按钮。

操作解谜

为什么使用负号

由于还款属于支出，Excel 默认将支出设计为负数形式。为便于理解，这里将贷款总额假设为负数，人为将支出调整为正数。

第

23

章

制作投资计划表

STEP 5 返回结果并填充函数

按【Ctrl+Enter】组合键显示在该方案下每年的还款额。将 E3 单元格中的函数向下填充至 E6 单元格，得到其他方案下每年的还款额。

STEP 6 插入函数

❶选中 F3 单元格；❷ 单击编辑栏上的"插入函数"按钮。

STEP 7 选择函数

❶打开"插入函数"对话框，在"或选择类别"下拉列表框中选择"常用函数"选项，其中将

显示最近使用过的多个函数；❷在"选择函数"列表框中选择"PMT"选项；❸单击"确定"按钮。

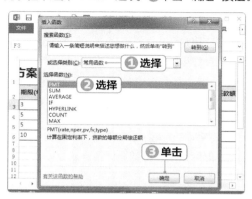

STEP 8 设置利率参数

打开"函数参数"对话框，将"Rate"参数设置为"D3/4"，将年利率转换为季度利率。

STEP 9 设置还款期限参数

将"Nper"参数设置为"C3*4"，即将年还款期限转换为季度还款期限，与利率保持一致。

STEP 10 设置贷款总额参数

❶将"Pv"参数设置为"-B3"；❷单击"确

定"按钮。

STEP 11 返回结果并填充函数

按【Ctrl+Enter】组合键显示在该方案下每年的还款额。将 F3 单元格中的函数向下填充至 F6 单元格,得到其他方案下每季度的还款额。

STEP 12 设置参数

❶选中 G3 单元格,按相同的方法选择 PMT() 函数,并设置其参数,注意将利率和还款期限均转换为以月为单位;❷单击"确定"按钮。

STEP 13 返回结果并填充函数

按【Ctrl+Enter】组合键显示在该方案下每年的还款额。将 G3 单元格中的函数向下填充至 G6 单元格,得到其他方案下每月的还款额。

直接修改函数

通过插入函数来设置参数更加直观,但熟悉该函数后,可以在编辑栏中直接修改函数以提高工作效率。

23.3.2 选择最优信贷方案

　　Excel 提供的方案管理器可以很方便地实现方案的建立和选择。下面便建立其他银行提供的信贷方案,并通过计算来对比各方案下月还款额与年还款额的情况,其具体操作步骤如下。

微课:选择最优信贷方案

STEP 1 使用方案管理器

❶在【数据】/【数据工具】组中单击"模拟分析"按钮;❷在打开的下拉列表中选择"方案管理器"选项。

第 5 篇

STEP 2 添加方案

打开"方案管理器"对话框，单击"添加"按钮。

STEP 3 指定方案名称和可变单元格

❶打开"添加方案"对话框，在"方案名"文本框中输入"乙银行方案1"；❷将"可变单元格"指定为B3:D3单元格区域；❸单击"确定"按钮。

STEP 4 设置可变单元格的值

❶打开"方案变量值"对话框，输入该方案的具体数值；❷单击"确定"按钮。

STEP 5 添加方案

返回"方案管理器"对话框，此时将显示添加的方案选项，继续单击"添加"按钮。

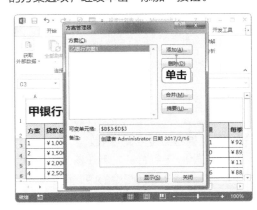

技巧秒杀

重新修改已有方案

打开"方案管理器"对话框后，选择列表框中的某个已有方案选项，单击"编辑"按钮可对该方案的名称、可变单元格和对应的数值进行更改。

STEP 6 指定方案名称

❶打开"添加方案"对话框，在"方案名"文本框中输入"乙银行方案2"，可变单元格默认设置；❷单击"确定"按钮。

STEP 7 设置可变单元格的值

❶打开"方案变量值"对话框，输入该方案的

具体数值；❷单击"确定"按钮。

STEP 8　添加方案

❶按相同的方法添加"丙银行方案 1"，并输入具体的方案数据；❷单击"确定"按钮。

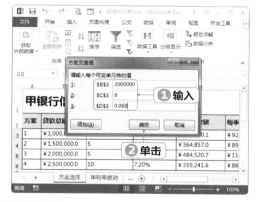

STEP 9　添加方案

❶继续添加方案"丙银行方案 2"，并输入具体的方案数据；❷单击"确定"按钮。

STEP 10　设置摘要

返回"方案管理器"对话框，单击"摘要"按钮。

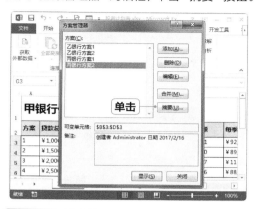

STEP 11　输出摘要

❶打开"方案摘要"对话框，选中"方案摘要"单选项；❷将 G3 单元格地址引用到"结果单元格"文本框中；❸单击"确定"按钮。

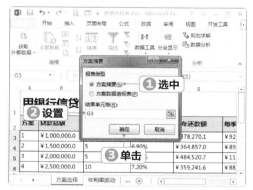

STEP 12　复制摘要

切换到自动创建的"方案摘要"工作表中，选中所有包含数据的单元格区域，按【Ctrl+C】组合键复制。

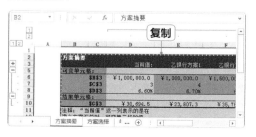

第 23 章　制作投资计划表

297

STEP 13 粘贴摘要

切换到"方案选择"工作表，粘贴复制的摘要
数据，并删除创建者信息所在的一行单元格。

STEP 14 输出摘要

再次打开"方案管理器"对话框，单击"摘要"
按钮。

STEP 15 设置结果单元格

❶打开"方案摘要"对话框，将 E3 单元格地
址引用到"结果单元格"文本框中；❷单击"确
定"按钮。

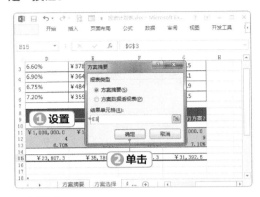

STEP 16 复制摘要数据

按相同的方法将输出的摘要数据复制到"方案
选择"工作表中，然后删除自动新建的两个工
作表即可。

23.3.3 计算不同年利率下的年还款额

利用模拟运算表可以轻松计算在年利率波动的情况下每年的还款额。下
面便着手计算每年还款额，并通过建立柱形图和添加趋势线的方式来查看具
体的还款趋势，其具体操作步骤如下。

微课：计算不同年利率
下的年还款额

STEP 1 复制数据

❶将"方案选择"工作表中 A3:G6 单元格区
域的数据复制到"年利率波动"工作表对应的
单元格区域中；❷为 A6:G6 单元格区域填充
黄色底纹。

STEP 2　复制函数

通过编辑栏将 E6 单元格中的函数复制到 B9
单元格中。

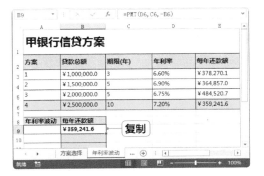

STEP 3　录入年利率波动数据

在 A10:A20 单元格区域中输入年利率波动的
各项具体数据。

STEP 4　使用模拟运算表

❶选中 A9:B20 单元格区域；❷在【数据】/【数
据工具】组中单击"模拟分析"按钮；❸在打
开的下拉列表中选择"模拟运算表"选项。

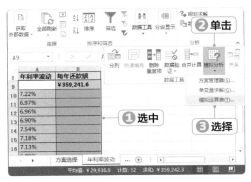

STEP 5　指定输入单元格

❶打开"模拟运算表"对话框，将 D6 单元格
地址引用到"输入引用列的单元格"文本框中；
❷ 单击"确定"按钮。

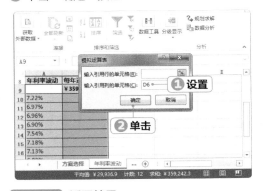

STEP 6　返回结果

此时 Excel 将自动返回不同年利率下对应的年
还款额数据。

STEP 7　插入图表

❶选中 A10:B20 单元格区域；❷单击【插入】/
【图表】组中的"插入柱形图"按钮；❸ 在打开
的下拉列表中选择第 1 种图表类型。

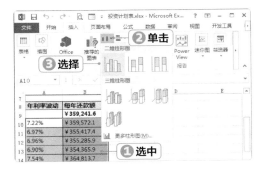

STEP 8　设置数据源

在插入的图表上单击鼠标右键，在弹出的快捷菜单中选择"选择数据"命令。

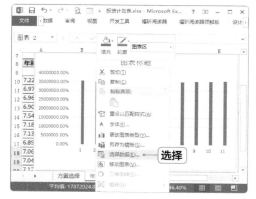

STEP 9　删除图例项

❶打开"选择数据源"对话框，在左侧的列表框中选择"系列 1"选项；❷单击"删除"按钮。

STEP 10　编辑图例项

❶在列表框中选择"系列 2"选项；❷单击"编辑"按钮。

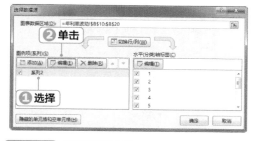

STEP 11　设置系列名称

❶将 B8 单元格地址引用到打开的对话框中的"系列名称"文本框中；❷单击"确定"按钮。

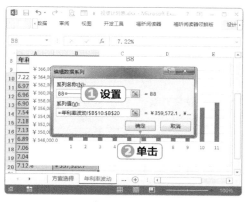

STEP 12　设置水平轴

返回"选择数据源"对话框，单击右侧列表框中的"编辑"按钮。

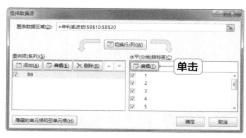

STEP 13　引用单元格区域

❶将 A10:A20 单元格区域的地址引用到"轴标签区域"文本框中；❷单击"确定"按钮。

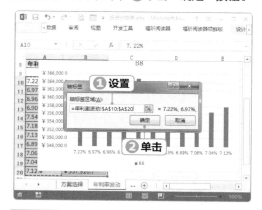

STEP 14　确认设置

返回"选择数据源"对话框，单击"确定"按钮确认设置。

第5篇

STEP 15 设置图表布局

删除图表下方的图例对象，将图表标题修改为"不同年利率下每年还款额"。

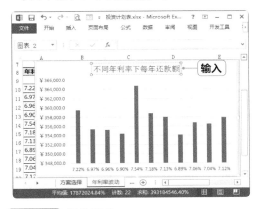

STEP 16 美化图表

❶将图表中所有文本的字体格式设置为"微软雅黑、加粗"；❷将数据系列设置为绿色。

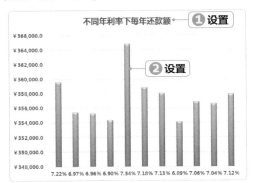

STEP 17 添加趋势线

在数据系列上单击鼠标右键，在弹出的快捷菜单中选择"添加趋势线"命令。

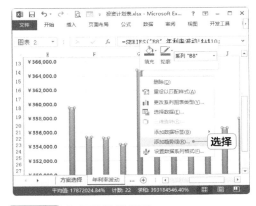

STEP 18 设置趋势线类型

在打开窗格中选中下方的"移动平均"单选项，然后关闭窗格。

STEP 19 美化趋势线

将显示的趋势线设置为橙色，此时可以观察年利率变动下每年还款额的变化趋势。

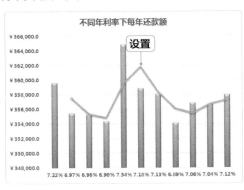

第 **23** 章 制作投资计划表

23.3.4 │ 计算年利率与还款期限变动下的年还款额

下面将继续利用模拟运算表计算在年利率以及还款期限同时变动时，每年的还款额情况，并通过建立柱形图和添加误差线的方式来查看具体的还款范围，其具体操作步骤如下。

微课：计算年利率与还款
期限变动下的年还款额

STEP 1 复制数据

❶将"方案选择"工作表中 A3:G6 单元格区域的数据复制到"年利率还款期限波动"工作表对应的单元格区域中；❷为 A6:G6 单元格区域填充黄色底纹。

STEP 2 复制函数

将 E6 单元格中的函数复制到 A8 单元格中。

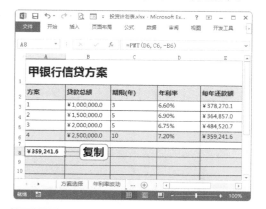

STEP 3 输入变动数据

❶在 B8:G8 单元格区域中输入变动的还款期限及对应的项目字段；❷在 A9:A20 单元格区域中输入变动的年利率及对应的项目字段。

STEP 4 使用模拟运算表

❶选中 A8:F19 单元格区域，打开"模拟运算表"对话框，分别将输入引用行和输入引用列的单元格指定为 C6 和 D6 单元格；❷单击"确定"按钮。

STEP 5 查看结果

此时将显示出不同年利率与不同还款期限下对应的年还款额数据。

STEP 6 　插入图表
❶同时选中 A9:A19 和 D9:D19 单元格区域；
❷单击【插入】/【图表】组中的"柱形图"按钮，在打开的下拉列表中选择第 1 种图表类型。

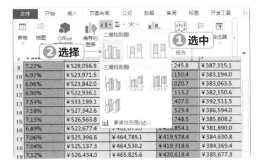

STEP 7 　设置数据源
在插入的图表上单击鼠标右键，在弹出的快捷菜单中选择"选择数据"命令。

STEP 8 　删除图例项
❶打开"选择数据源"对话框，在左侧的列表框中选择"系列 1"选项；❷单击"删除"按钮。

STEP 9 　设置水平轴
在对话框右侧的列表框中单击"编辑"按钮。

STEP 10 　引用单元格区域
❶将 A9:A19 单元格区域的地址引用到"轴标签区域"文本框中；❷单击"确定"按钮。

STEP 11 　确认设置
返回"选择数据源"对话框，单击"确定"按钮。

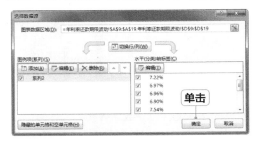

STEP 12 　设置图表布局
删除图表下方的图例对象，然后将图表标题设置为"8 年还款期限下不同年利率的还款情况"。

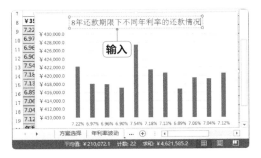

第 23 章　制作投资计划表

STEP 13 设置字体

将图表中所有文本的字体格式设置为"微软雅黑、加粗"。

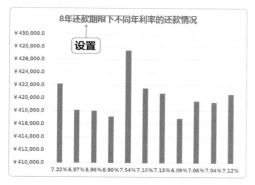

STEP 14 设置坐标轴

在垂直坐标轴上单击鼠标右键，在弹出的快捷菜单中选择"设置坐标轴格式"命令。

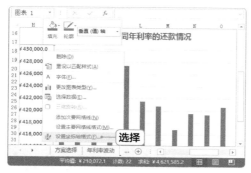

STEP 15 设置坐标轴数据类型

❶在打开的窗格下方展开"数字"选项；❷在"类别"列表框中选择"常规"选项，然后关闭窗格。

STEP 16 设置数据系列

❶为图表上的数据类型应用绿色样式；❷在【图表工具 设计】/【图表布局】组中单击"添加图表元素"按钮，在打开的下拉列表中选择"误差线"选项，在打开的子列表中选择"其他误差线选项"选项。

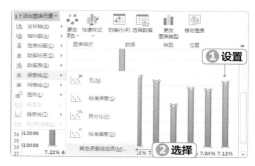

STEP 17 设置误差线

在打开的窗格中选中"百分比"单选项，并在右侧的文本框中输入"2.0"，然后关闭窗格。

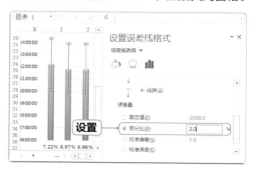

STEP 18 美化误差线

将插入到数据系列上的误差线设置为橙色即可。

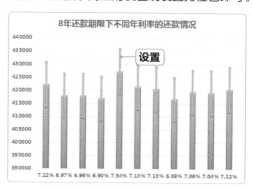

1. 制作工程施工计划表

某公司投资了一项工程建设，目前有多种施工方案可供选择，现需要利用方案管理器，通过计算后选择其中最优的方案，具体要求如下。

● 计算 A 队预计完工时间，公式为人数 × 质量系数 × 人均工作量。
● 利用方案管理器建立 B 队、C 队、D 队和 E 队的方案，其中可变单元格为 B3:B5 单元格区域。
● 将结果单元格设置为 B6，生成摘要查看结果。

项目施工A队情况	
施工队伍	A队
人数	15
质量系数	1.5
人均工作量（小时）	11.6
预计完工时间（小时）	3920

其他方案			
施工队伍	B队	C队	D队	E队
人数	20	10	10	15
质量系数	1.2	1.4	1.2	1.3
人均工作量（小时）	8.4	14.3	15.8	8.5

方案摘要	当前值：	B队	C队	D队	E队
可变单元格：					
$B$3	15	20	10	10	15
$B$4	1.5	1.2	1.4	1.2	1.3
$B$5	11.6	8.4	14.3	15.8	8.5
结果单元格：					
$B$6	3920	4032	2002	1896	2486.25

2. 制作产量预计表

某公司新购置了 10 台相同的机器，现需要计算在该机器不同速率和纠错率的情况下，预计产量情况，具体要求如下。

● 产品产量 = 机器效率 × 数量 × 速率 – 机器效率 × 数量 × 速率 × 纠错率。
● 利用模拟运算表计算速率与纠错率波动时的产量数据。
● 创建纠错率为 0.1 时不同速率的折线图，并添加误差线。

某产品产量预计情况表							
固定速率	固定纠错率	机器效率	机器数量	产量			
1.2	0.05	200	10	2280			
2280	0.03	0.04	0.06	0.07	0.08	0.09	0.1
1.05	2037	2016	1974	1953	1932	1911	1890
1.1	2134	2112	2068	2046	2024	2002	1980
1.15	2231	2208	2162	2139	2116	2093	2070
1.25	2425	2400	2350	2325	2300	2275	2250
1.3	2522	2496	2444	2418	2392	2366	2340
1.35	2619	2592	2538	2511	2484	2457	2430
1.4	2716	2688	2632	2604	2576	2548	2520
1.45	2813	2784	2726	2697	2668	2639	2610
1.5	2910	2880	2820	2790	2760	2730	2700
1.55	3007	2976	2914	2883	2852	2821	2790
1.6	3104	3072	3008	2976	2944	2912	2880

第 23 章 制作投资计划表

知识拓展

1. 单变量求解

单变量求解是解决假定一个公式要取得某一结果值，其中变量的引用单元格应取值多少的问题。举例来说，假设某职工的年终奖金是其全年销售额的 10%，在其前三个季度的销售额已知的情况下，该职工想知道第四季度的销售额为多少时，才能保证年终奖金为 15 000 元。此时便可利用单变量求解工具进行计算，其具体操作步骤如下。

❶ 建立表格数据，输入前三季度该职工的销售额业绩，并建立年终奖金的计算公式，然后向下填充至 B7 单元格即可。

❷ 在【数据】/【数据工具】组中单击"模拟分析"按钮，在打开的下拉列表中选择"单变量求解"选项，在打开的对话框中依次设置目标单元格、目标值以及可变单元格。

❸ 确认后即可得到需要的结果。

2. PV( ) 函数与 NPV( ) 函数

PV( ) 函数和 NPV( ) 函数可分别用于计算出售时和投资时的参考价格，其用法分别如下。

● **PV( ) 函数：** 假设某企业需要将价值 100 万元的房屋出售，已知年利率为 7%，回报期数为 15 年，每期有 9 000 元进账，此时利用 PV( ) 函数便可计算房屋出售时的价值，以此判断是否值得出售。

● **NPV( ) 函数：** 假设某企业需要投资商铺，购买成本为 120 万元，已知年利率为 7%，前 3 年的回报额分别为 19 万元、30 万元和 60 万元，此时利用 NPV( ) 函数便可根据前 3 年的回报总额，判断该商铺是否值得投资。

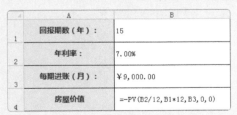

	A	B
1	购买成本：	￥1,200,000.00
2	年利率：	7.00%
3	第1年回报：	￥190,000.00
4	第2年回报：	￥300,000.00
5	第3年回报：	￥600,000.00
6	3年后总回报	=NPV(B2,B3:B5)